U0310577

全国高等院校计算机基础教育研究会发布

China Vocational-computing Curricula 2014

中国高等职业教育
计算机教育课程体系
2014

中国高等职业教育计算机教育改革课题研究组

中国铁道出版社
CHINA RAILWAY PUBLISHING HOUSE

内容简介

《中国高等职业教育计算机教育课程体系》（以下简称：CVC）是全国高等院校计算机基础教育研究会与中国铁道出版社合作推出的重要成果，已出版2007、2010两版。2014年是我国职业教育深化改革的一年，全国职业教育工作会议召开、《关于加快发展现代职业教育的决定》（国发〔2014〕19号）《现代职业教育体系建设规划（2014—2020年）》相继颁布，这为我国高等职业教育计算机教育改革发展提供了历史性机遇，研制推出新一版《CVC 2014》是历史赋予的重要使命。

《CVC 2014》编写中采用系统思维的研究视角，国际经验与中国实际相结合，以提高人才培养质量为目标，以教学改革实践中出现的新问题为重点，理论研究为导向，校企合作为基础，理论指导实践，构建解决方案，以典型案例展现。主要内容包括：高职计算机公共课程改革、高职计算机类专业和课程改革以及引导教育信息化进课堂等方面的内容。

本书可为教育主管部门、相关教学指导委员会领导、专家制定政策及方案提供参考，也可为高职高专院校管理者、专业带头人、教师、高等职业教育研究人员和企业界相关人士制定专业及课程改革方案提供参考。

图书在版编目（CIP）数据

中国高等职业教育计算机教育课程体系2014/中国高等职业教育计算机教育改革课题研究组编著. —北京：中国铁道出版社，2014.10

ISBN 978-7-113-19385-0

Ⅰ. ①中… Ⅱ. ①中… Ⅲ. ①高等职业教育－电子计算机－课程设计－研究－中国 Ⅳ. ①TP3-4

中国版本图书馆CIP数据核字(2014)第234862号

书　　名： 中国高等职业教育计算机教育课程体系2014
作　　者： 中国高等职业教育计算机教育改革课题研究组

策　　划： 严晓舟　秦绪好　　　　**读者热线：** 400-668-0820
责任编辑： 翟玉峰　彭立辉
封面设计： 付　巍
封面制作： 白　雪
责任校对： 汤淑梅
责任印制： 李　佳

出版发行： 中国铁道出版社（100054，北京市西城区右安门西街8号）
网　　址： http:// www.51eds.com
印　　刷： 三河市宏盛印务有限公司
版　　次： 2014年10月第1版　　2014年10月第1次印刷
开　　本： 787 mm×960 mm　1/16　**印张：** 18　**字数：** 290千
印　　数： 1～2 000册
书　　号： ISBN 978-7-113-19385-0
定　　价： 46.00元

中国高等职业教育计算机教育改革课题研究组暨编委会人员名单

前言

FOREWORD

一

2014年是我国全面贯彻落实党的十八届三中全会精神、深化改革的开局之年，成就中国梦的战略部署与伟大征程已经开启，在此背景下，我国高等职业教育计算机教育的改革发展也被定位于三维的历史坐标上。

一维是社会经济发展的需要。近年来，我国经济社会的转型发展和产业结构的优化升级，对一线应用性技术人才的能力和素质要求越来越高。高等职业教育计算机教育，要加快缩小人才培养的偏差，提高人才培养质量，服务好经济社会发展与产业结构的转型升级。

二维是新一代信息技术发展的需要。"十二五"期间我国加快推进物联网、信息安全、下一代互联网、集成电路、移动通信等新一代信息技术的发展是重要的战略任务。由此带来对新一代信息技术应用的技术技能型人才需求呈现不断上涨的趋势。高等职业教育计算机教育急需跟上新一代信息技术和国家电子信息产业的发展，配合新一代信息技术改造升级传统产业与新的人才需求，及时调整专业定位，更新教学内容，改革课程模式，已间不容息。

三维是改革深化发展的需要。随着我国社会主义市场经济改革的逐步深化，有力地推动着各行各业深化改革。2014年6月，《国务院关于加快发展现代职业教育的决定》（国发[2014]19号，以下简称《决定》）发布，吹响了职业教育划时代的改革动员令；而以计算思维为切入点的新一轮大学计算机基础教育改革，也对高职计算机教育产生影响。三者改革的深化发展倒逼着高等职业教育计算机教育的综合改革。

因此，这是高等职业教育计算机教育改革发展的历史性机遇，把握机遇，脚踏实地，开拓进取，研制推出新一版《中国高等职业教育计算机教育课程体系 2014》(简称《CVC 2014》)，是历史赋予的重要使命。

二

自2006年开始，全国高等院校计算机基础教育研究会（简称研究会）和中国铁道出版社合作，以其高职高专专业委员会为基础，成立"中国高等职业教育计算机教育改革课题研究组"，研制和编写《中国高等职业教育计算机教育课程体系》(简称《CVC》)，已出版2007、2010两版，本书出版与发布的是《CVC》最新版本2014。《CVC 2014》的研制秉承了以往版本的主导思想和原则：坚持体现高等职业教育教学理念；将计算机教育课程体系寓于高等职业教育教学改革和建设的大环境中去研究；以专业为高等职业教育教学改革和建设的基本单元；开辟了高等职业教育专业类平台课程和计算机公共课程等新的研究领域；注意在编写中采用系统思维的研究视角，国际经验与中国实际相结合，以提高人才培养质量为目标，以教学实践中的问题为导向，以理论指导实践，校企分工合作完成。

《CVC 2014》的研制面临着高等职业教育发展的新形势。首先，2014年发布《国务院关于加快发展现代职业教育的决定》，提出加快构建现代职业教育体系，要求创新发展高等职业教育，包括高等职业教育专科要密切产学研合作培养技术技能型人才；探索发展本科层次高等职业教育；建立符合职业教育特点的专业学位研究生培养模式等。现代职业教育体系建设涉及现在高等职业教育专科各个专业，要求从人才培养目标开始到课程教学都要实施下接中等职业教育专业，上接高等职业教育本科层次的课程教学，从而为高等职业教育教学改革提出新任务，这也必然是计算机类高等职业教育今后一个时期教学改革的新任务。其次，建立产教融合、校企合作的职业教育体制和机制。在高等职业教育中实施产教融合、校企合作已提出多年，但总体看来仍存在"号召多、试验多，建设产教融合、校企合作的体制和机制相对滞后"的现象。2014 国家教学成果奖申报显示，在产教融合、校企合作机制建设方面已有较大进展，但仍有推广意义的局限性。电子信息类行业企业发展已开始具有关注和参与职业教育的积极性，尽快创新建立具有普适推广意义的"产教融合、校企合作的人才培养机制"已成为电子信息和计算机类专业改革发展的新机遇。第三，深化改革，提高人才培养质量。深化高等职业教育教学改革已提出多年，示范校、骨干校建设取得重大进展；专业规范、资源库、精品课等基础资源建设成效显著；实训基地实力提升；可持续发展的产学合作机制取得进展。然而，从提高人才培养质量的视角，高等职业教育教学改革还需要认真反思。第四，创新中国特色高等职业教育教学理论体系。2014 职业教育国家级教学成果奖的评审非常重视成果的理论贡献，在评审的基本要求中提出：特等奖要求“在职业教育教学理论上有重大创新”；一等奖要求“在职业教育教学理论上有创新”；二等奖要求“在职业教育教学理论某一方面有重大突破”。这说明我国高等职业教育要从引进国外人才培养理念和模式的模仿阶段，进入创新中国特色高等职业教育理论体系阶段。第五，实施高等职业教育信息化。信息技术不断发展，信息时代已经来临，信息社会改变着人们工作生活的各个领域，因此各专业都开设有信息技术的课程。然而，长期以来信息技术对教育本身的改造却相对滞后，2012 年开启的基于网络的“大规模开放性课程(MOOC)”开启了教育信息化的新时代，尽管对 MOOC 还存在很多讨论，较为普遍的认识是“MOOC 不可能完全替代传统的教育，但会给传统教育带来革命性的变化”，因此高等职业教育要抓住这一新发展机遇，以提高人才培养质量为目标，积极推进高等职业教育信息化。

《CVC 2014》的研制也面临着一些教学中的问题，第一，人才培养模式仍需凝练。高等职业教育历经多年学习借鉴，改革实践，已公开发表的人才培养模式无数，但哪个是具有中国特色的高等职业教育人才培养模式？其理论基础是什么？人们认识不同也讲不清楚，这说明高等职业教育人才培养模式仍需凝练。中国特色的高等职业教育人才培养模式归根结底要解决好“职业要求的技术技能训练；支持技术技能要求的理论知识的学习；运用技术技能和理论知识解决问题、完成任务的思维和行动能力的培养；工作过程需要的态度和价值观念的养成；个人生涯中的文化素养的培育”这五方面有效达成的问题，而且能将这五方面真正落实于专业和课程教学中。目前提出的高等职业教育人才培养模式在“解构学科体系”观念影响下，较多的还是突出“技术技能的训练”方面，对其他方面兼顾不够，恐怕难以适应经济社会发展对人才要求提高的需要。第二，教学中的“形式化”问题。其表现在两个方面，其一是空喊口号，少见行动；其二是大量引用或自创概念，但内涵不清或混乱，使一些所谓“改革或创新”实践走形式，甚至提供负能量。第三，教师执教能力要求提高。无论是高等职业教育发展的新形势要求，还是教学改革实践中面临的新问题，以及职业技术发展需要不断更新专业课程和教学内容，这一切都要求教师适应新的发展要求。采用现代教育技术，调动学生学习积极性；更新专业知识体系，增长职业实践经验；改变传统教学习惯，学习和掌握职业教育教学方法，是提升教师执教能力的重要方面。

《CVC 2014》是结合高等职业教育改革发展的新形势，针对当前教学存在的问题进行研究和编写的。《CVC 2014》适应新的高等职业教育改革发展需要，考虑信息技术的快速发展，力求体现新技术应用融入专业课程教学；并以理念引导，构建解决方案，用典型案例展现，形成研究编写的思路。

《CVC 2014》的主要内容包括以下方面：

1. 高职计算机公共课程改革

高职计算机公共课程改革是受教育部高教司本科新一轮大学计算机基础教育教学改革的影响，结合高等职业教育的实际开展的。高等职业教育计算机公共课程改革主要包括两个方面内容：首先是使学生计算机基本应用能力达标，为此研制了《大学生计算机基本应用能力标准》，并以此标准为基础开发高职计算机公共课程和教材。其二是实施因材施教，提升学生在高职计算机公共课程中运用计算机解决问题的能力，在工作过程中培养学生的普适性思维和行动能力，并研究编写了多版本的《计算机公共基础》教材。

《CVC 2014》对上述高职计算机公共课程改革的指导思想进行了综述，并分别给出多模式的课程案例。

2. 高职计算机类专业和课程改革

《CVC 2014》从两个方面阐述了高职计算机类专业和课程改革。一是提出了专业平台课程的概念，并探讨了专业平台课程的特征、设置依据和开发方法，给出了计算机类专业平台课程的典型方案。二是提出高职计算机类专业课程体系构建的新任务，给出了计算机类专业课程体系的典型方案。在阐述的内容中突出了以下三点：其一是发展新专业。由于计算机技术的快速发展和普及应用，新的职业岗位不断涌现，要求及时设置新专业以满足需求。因此，在这部分选择了新设专业作为典型案例。其二是改革人才培养模式，解决专业教学稳定与发展关系问题。综合考虑构建高等职业教育人才培养模式的五个方面，并将这五方面融入专业和课程解决方案，形成典型案例；其三是以解决工作中专业问题为目标，提升学生工作过程中的科学行动和思维能力，培养学生的综合职业能力。

3. 引导教育信息化进课堂

当前 MOOC 的讨论和试点基本还在重点本科院校进行，但教育部职业院校信息化教学指导委员会的成立，对推动高等职业教育信息化教学起了很大作用。在此基础上，《CVC 2014》分析了高职院校信息化教学的现状、面临的机遇和挑战；收集了教育信息化课程平台、微课程和翻转课堂等的课程与教学案例，以及对教学实践的反思和总结，以期推动高等职业教育信息化教学的广泛开展。

三

最近党中央国务院做出加快发展现代职业教育的重大战略部署，尤其是在现代职业教育体系建设中，创新发展高等职业教育，提出将高等职业教育分为专科、本科、研究生层次，同时研究建立符合职业教育特点的高等职业教育学位制度，为全国高等院校计算机基础教育研究会和高职高专专业委员会提出了新的研究课题，研究会和专业委员会要抓住这一机遇，开展对现代职业教育体系中专业和基础的计算机教育研究，争取尽快取得优秀成果，推动高等职业教育计算机教育改革发展，也为现代职业教育体系建设做出贡献。相信这些研究成果将成为下一版《CVC》的主要内容。

四

《CVC 2014》是全国高等院校计算机基础教育研究会的重要成果和品牌，在研制和编写中研究会领导高度重视并精心指导，许多专家给予了热情的关心和帮助，中国铁道出版社给予了大力支持，台湾师范大学戴建耘教授对本书的编写提出了很好的建议并参与了编写，众多高职院校的老师、企业人员参与了研讨和编写工作。

参与研讨和编写的院校有：北京联合大学、北京信息职业技术学院、深圳职业技术学院、天津电子信息职业技术学院、江苏经贸职业技术学院、深圳信息职业技术学院、宁波职业技术学院、黄冈职业技术学院、渤海船舶职业学院、内蒙古乌海职业技术学院、陕西工业职业技术学院、广东轻工职业技术学院、天津现代职业技术学院、苏州工业园区职业技术学院、上海电子信息职业技术学院、河南商丘职业技术学院、武昌职业学院、武汉软件工程职业学院、北京青年政治学院、保定职业技术学院等。

参与研讨和编写的企业有：中兴通讯有限公司、浙江求是科教设备有限公司、西安开元电子实业有限公司等。

给予指导的专家顾问有：王路江、谭浩强、严晓舟、吴文虎、刘瑞挺、刘贵龙、武马群、李畅、戴建耘、吴家礼、李国桢、孙元政、陈西玉、张勇、温希东、梁永生、熊发涯、王津、李峰、任君庆、李洛等。

参加研讨和编写核心工作的人员有：高林、鲍洁、秦绪好、武马群、戴建耘、聂哲、贾清水、刘松、袁玫、侯冬梅、徐宁仪、翟玉峰等。参加研讨和编写的人员有（以姓氏笔画为序）：万忠、王仕勋、王坤、兰春霞、古凌岚、刘瑞新、张晓蕾、张海建、李娜、陈永庆、陈建潮、林涛、罗幼平、郑志刚、赵丽艳、赵俊英、唐文晶、钱国梁、黄燕等。还有以下人员参与了研讨与编写（以姓氏笔画为序）：马蓉平、王若东、刘丽、孙晓燕、邬郑希、张伟、张智彬、李志菁、李林、杨美霞、徐明、袁贵民等。全书由鲍洁统稿，高林总审。

《CVC 2014》是以上各位参与者和单位共同努力的智慧结晶，在此向所有给予《CVC 2014》支持、指导、帮助、贡献、关注的人们一并表示真诚的感谢！

本书编写中的疏漏与不当之处，敬请读者指正。

编　者
2014年9月

CONTENTS

目录

第1章　导　论

2014年5月2日，国务院印发了《关于加快发展现代职业教育的决定》（国发〔2014〕19号，简称《决定》），明确提出“到2020年，形成适应发展需求、产教深度融合、中职高职衔接、职业教育与普通教育相互沟通，体现终身教育理念，具有中国特色、世界水平的现代职业教育体系”。高职教育作为我国教育发展中不可缺少的一种类型，作为整个职业教育体系中的重要一环，肩负着培养面向生产、建设、服务和管理第一线需要的高素质技术技能型人才的使命。

经过多年努力，我国高职教育取得了重要成就，教学改革发展站在了新的起点。今后一个时期，高职教学改革发展面临着新的形势和要求，既是机遇，也是挑战。

1.1　高职教学改革取得的新进展

我国职业教育的历史可以追溯到19世纪，而真正的蓬勃发展始于新中国改革开放以后。1978年，教育部召开全国教育工作会议，要求改革教育结构，职业教育开始进入恢复阶段。1991年，国务院颁布的《关于大力发展职业教育的决定》提出了积极发展高等职业教育，建立初等、中等、高等职业技术教育体系。在此后的一段时期内，中国职业教育以“高等职业技术教育”为突出特点蓬勃兴起。1996年颁布的《中华人民共和国职业教育法》提出“高等职业学校教育根据需要和条件由高等职业学校实施，或者由普通高等学校实施”，首次明确了高职教育的法律地位。经过30多年曲折探索，作为职业教育的重要组成部分，高等职业教育取得了长足的发展。全国1985年高等职业技术学校只有118所，在校生6万多人，发展到2012年全国高等职业院校接近1 300所，在校生人数超过964万人。高职教育在与社会需求的反复磨合中，开始从规模发展转向内涵发展，逐渐总结自身的问题与经验，关注高职教育人才培养的质量，改革探索更为理性的发展之路，并取得了丰富的阶段性成果。

1. 高职教育实践层面硕果累累

首先，初步形成与经济社会发展要求相适应的高职教育专业结构，为加快我国工业化进程做出了贡献。打破了高职到本科、中职到高职的升学障碍，建立了考核途径。在课程方面，逐渐探索出了摒弃学科本位，按职业需求教学的多元路径，如建立实训基地、安排顶岗实习等。在教学内容和方法上逐渐向以能力为核心转变，并积累了大量优质教学资源，如精品课程、精品资源共享课、精品教材、网络资源库、专业教学资源库等。同时，经过高水平示范性院校和骨干院校建设项目、职业教育实训基地建设项目、“双师型”教师培训项目等重大工程，建立了一批示范性高职院校和骨干校，大力提升这些学校培养高素质技术技能型人才的能力，促进它们在深化改革、创新体制和机制中起到示范作用,带动全国职业院校办出特色，提高水平。

2. 高职教育改革和发展思路更加明确

经过近几年探索，在国家和地方政府的大力支持下，更加明确了发展任务，进一步深化了高职教育的内涵建设，特点逐步形成，高职教育改革和发展的思路日益清晰。要坚持“以服务发展为宗旨，以促进就业为导向，适应技术进步和生产方式变革以及社会公共服务的需要，深化体制机制改革，统筹发挥好政府和市场的作用，加快现代职业教育体系建设，深化产教融合、校企合作，培养数以亿计的高素质劳动者和技术技能人才。”“专科高等职业院校要密切产学研合作，培养服务区域发展的技术技能人才，重点服务企业特别是中小微企业的技术研发和产品升级，加强社区教育和终身学习服务。”（国务院《关于加快发展现代职业教育的决定》，国发〔2014〕19 号）这些指导思想正在引导着高职教育不断深化和创新教育改革。

3. 高职教育在社会发展中的重要地位更为巩固

高等职业教育发展多年以来，为我国高等教育的大众化做出了重要贡献，为社会输送了大量高技能型人才，社会对高职教育的认可度逐步提高。2002 年，国务院发布了《关于大力推进职业教育改革与发展的决定》(国发〔2002〕16 号)指出职业教育是我国教育体系的重要组成部分,是国民经济和社会发展的重要基础。2005 年,《国务院关于大力发展职业教育的决定》（国发〔2005〕35 号）提出“把发展职业教育作为经济社会发展的重要基础和教育工作的战略重点”。2014年，国务院印发了《关于加快发展现代职业教育的决定》提出，要牢固确立职业教育在国家人才培养体系中的重要位置，要把加快发展现代职业教育摆在更加突出的战略位置。这就真正确立了高职教育在高等教育中的重要地位，以及在经济社会发展中的重要战略地位。

1.2 高职教学改革面临的新问题

面对国内外环境和教育趋势的变化，我国高职教育教学改革在继续深化的同时，应该厘清当前发展中面临的新问题。

1. 需要进一步凝练人才培养模式

随着工业化、信息化、国际化的深入发展，市场对人才有了新的要求，比如更扎实的计算机技能、英语交流能力、更灵活的跨领域交流能力等，以培养高素质技术技能型人才为己任的高职教育需要紧跟时代变化，调整人才培养模式，适应市场需求。同时，由于网络社会信息传播和创造的惊人速度，知识与技能的半衰期缩短，学会学习的能力更加重要，构建终身学习型社会赋予了高职教育新的要求。面临外部环境的快速变化，只有深入提炼科学的人才培养模式，使培养出的高素质技术技能型人才具备良好的市场竞争力，才能体现高职教育在教育体系中的重要地位。人才培养模式不仅要适应市场需求，还要解决好技能训练与理论学习、解决问题的思维与行动能力的培养、态度价值观的培养和文化素养的培养等问题，还要做好与中职教育和普通高等教育在内容体系和互通途径上的衔接。虽然高职教育改革历经多年实践，不断探索人才培养模式，然而具有中国特色的高职教育人才培养模式却始终未能得到清晰阐释，在未来的高职教学改革中还应该继续探索和突破。

2. 需要深入落实教育改革先进理念

面临社会发展和市场需求的变化，人才培养模式改革与创新的背后需要先进的教学理念作为基础。当前部分高职院校不能准确把握职业教育的性质，将高职办成本科的压缩型和中专的放大型。“空喊口号，少见行动”也在高职院校教学改革中普遍存在，一些所谓“改革或创新”只是走形式，内涵不清。这些都是未能建立高职先进教学理念并落实到教学实践中造成的突出问题。高职院校的教学改革应该从实际出发，针对自身情况提高教学质量，关注学生终身发展，并关注区域经济社会发展，走产学合作道路，努力突出教学特色。同时，应该关注和引进国外先进经验，并根据国内情况有所借鉴和创新，大胆改革，办出特色。只有通过这些实际举措将教育改革先进理念落到实处，才能从根本上确保教育改革进一步深入的有效性。

3. 需要加强建设师资队伍

无论是高职教育发展的新形势要求，还是教学改革中面临的新挑战，以及高职教育本身需要不断的更新升级专业课程，这一切都需要一支高水平的教师队伍。因此，要求教师要能适应新的发展，在教学中落实先进教学理念，采用现代教学技术，增长职业实践经验，学习和开发先进的教学模式，从而提升执教能力，充分开发学生潜力。另一方面，高职教育机构应该建立和健全长效的教学发展机制，持续激发教师的教学积极性和创造性，吸引大学、企业、政府机关的社会精英为高职教育注入新的活力和创新力。

4. 需要提高高职教育的社会认可度

由于历史原因，社会对技术技能型人才的认识不如学术型人才，始终未能形成良好的尊重技术技能型人才的社会氛围。家长学生不支持，用人单位不重视，专门以培养高素质技术技能型人才为己任的职业教育也就缺乏良好的发展环境。随着近年来教育政策中多次突出职业教育不可或缺的重要的战略地位，以及社会发展带来的观念转变，特别是 2014 年，为了进行中国教育结构调整，将有 600 多所地方本科院校向应用技术型高校转型，重点举办本科职业教育。现代职业教育体系中将不仅只有中职生、专科生，还会有本科生、研究生，形成多层次的教学。越来越多的人认识到职业教育和普通教育将共同支撑我国教育体系。随着高职教育改革的不断深入，高职教育将进一步得到完善和提升，需要更多有力的宣传，让社会看到高职教育的效果和积极的贡献，提高社会对高职教育的认识，让社会尽早形成尊重和鼓励高职教育发展的氛围。

1.3 高职计算机教学改革的新任务

随着社会、市场、教育趋势等方面的外环境变化，以及高职教育自身的发展，高职计算机教育改革也面临新的发展形势、新的挑战，并肩负新的发展任务。

1. 改革高职计算机公共课

高职教育的教学改革是以专业为主体开展的，因此在高职教育中不同于本科的，是没有“计算机基础教育”的提法，高职院校里一般没有设置相应的教学机构，教育管理部门也没有建立相关的教学指导机构，但在高职专业中几乎都开设有一门“计算机技术基础”“计算机应用基础”类课程，并且统称为高职计算机公共课。基于上述原因，对于高职教育中的计算机公共课，比较缺乏从整体上进行研究和设计。全国高等院校计算机基础教育研究会成立高职高专专业委员会以来，则将高职计算机公共课的研究和其课程与教学改革作为自己的重要任务之一。在本科大力推动大学计算机基础教育教学改革的影响下，高职计算机公共课改革从指导思想、顶层设计到课程方案、教学实践成为高职计算机教学改革的一项新的重要任务。

高职计算机公共课改革是受本科新一轮大学计算机基础教育教学改革的影响，结合高等职业教育计算机公共课的实际而开展的。高职计算机公共课改革主要包括三方面内容：首先研制了《大学生计算机基本应用能力标准》，该标准分为两个层次，第一层次是对学生计算机基本操作能力的要求，在此基础上进一步提升学生运用计算机和信息技术解决问题的能力，达到第二层次要求，称为计算机基本应用能力；其二是以第一层次标准为基础设计多样性高职计算机公共课和进行教材开发，使学生计算机基本操作能力达标；其三是作为提高标准和实施因材施教要求，提升学生解决问题的能力和信息素养，对学生专业能力和职业能力提供全面帮助。计算机基本应用能力以计算机基本操作能力为基础，以信息素养提高为导向，以专门设计的案例和项目为载体，在工作过程中培养学生的通用思维和行动能力，达成提升解决问题能力的目标。本书将对高职计算机公共课改革的指导思想进行综述，并分别给出多模式的高职计算机公共课设计方案。

2. 提高计算机类专业人才培养质量

高职专业人才培养模式一直是高职教学改革首先关注的问题，在学习借鉴先进国家职业教育经验基础上，从“解构学科系统化课程模式，重构职业特点的课程体系”开始的专业课程改革，迄今已发表有成百上千种专业人才培养方案、专业规范、专业标准等反映人才培养模式改革的成果，推动高职教学改革的发展，同时现在也开始反思什么是中国特色的高职人才培养模式。计算机类专业作为高职教育中的重要专业类，在探索高职专业建设和改革的道路上与高职整体状态相同，取得了相似的成绩，也存在着类似的问题。如果说中国特色的高职专业人才培养模式的探索还需要有一个过程和经历较长时间，则从提高当前计算机类专业人才培养质量考虑，还面临以下三方面的任务。

其一是发展新专业，以及专业中的新方向、新学程或课程模块。由于计算机技术的快速发展和普及应用，新的职业岗位不断涌现，要求及时设置新专业，本书重点选择了新专业作为典型案例；其二是解决现在人才培养方案中存在和亟须解决的共同问题，如解决表现在课程体系中的专业培养目标的稳定与发展关系问题，使学生在具有较扎实的职业基础上与职业岗位需要的专门能力衔接；其三是提升学生职业通用能力，使学生能够独立或依靠团队（而不是老师）处理工作中随机性、突发性问题，具备完成工作任务过程中通过科学思维与行动解决专业问题的能力。

3. 切实落实高职技能竞赛的教学转化

由国家教育部发起，联合国务院有关部门、行业和地方共同举办的一年一度的全国职业院校技能大赛是一项全国性职业教育学生竞赛活动，充分展示了职业教育改革发展的丰硕成果，集中展现职业院校师生的风采，促进职业院校与行业企业的产教结合，更好地为中国经济建设和社会发展服务。它是专业覆盖面最广、参赛选手最多、社会影响最大、联合主办部门最全的国家级职业院校技能赛事。同时，行业、企业、地区也广泛开展各类高职技能竞赛。技能竞赛逐渐成为高职教育的一大特色，但如何切实通过技能竞赛促进高职教学转化，推动教学改革，提高教学质量，还需要做大量工作，才能使高职技能竞赛教学转化落到实处。这既需要技能竞赛的组织者、承办企业和参赛学校端正对技能竞赛目的的认识，也需要对技能竞赛教学转化进行深入研究和实践，像重视技能竞赛本身那样，重视技能竞赛的教学转化。计算机类专业的技能竞赛项目较多，且具有典型性，因此，计算机类专业的技能竞赛的教学转化应起到引领作用。

4. 引导教育信息化进课堂

当前，MOOC（大型开放式网络课程）的讨论和试点基本还在重点本科院校进行，但教育部职业院校信息化教学指导委员会的成立，对推动高等职业教育信息化起了很大作用。尽管教育信息化不可能取代传统的学校和课堂教育，但它的发展将大大改变现行学校和课堂教育形式，推动教育本身发生革命性的变化。面对教育信息化的挑战，每个教师都应有所准备。对于实施教育信息化，高职计算机教育存在天然的优势，因此高职计算机教育应以教育信息化为己任，努力引导教育信息化进课堂，推动高等职业教育信息化的广泛开展。

5. 基于现代职业教育体系的计算机教育

建设现代职业教育体系是实现高等教育分类发展的总体布局和发展中国特色职业教育的重要任务，实现中职和高职（专科）专业和课程的衔接，以及高职（专科）与技术应用型本科，即高职本科专业和课程的衔接是现代职业教育体系在教学领域的落实。教育体系的衔接最终呈现出的是课程和教学，但依据教育的性质，其基本特征则有所不同。我国高等教育各层次之间的衔接一般是以学科为基础的，对于职业教育体系的衔接从总体上说还没有经验，如职业教育体系衔接的本质特征是什么、衔接的理论基础是什么等一系列问题都有待研究和破解。计算机类专业是职业教育专业体系中的重要组成部分，且其专业人才培养在职业教育中历来都具有典型性和引领性，基于现代职业教育体系的计算机教育的课程体系设计与教学实践，将成为今后一个阶段我们研究解决的重要课题和任务。

1.4　本书结构

本书共分 6 章：第 1 章作为导论，介绍了我国高等职业教育发展过程中取得的新进展和面临的新问题，以及在高职教育的大背景下，高职计算机教学改革的新任务；第 2 章和第 3 章详细介绍了两个值得借鉴的高职计算机公共课程改革的指导思想和若干典型方案，分别是“基于标准的高职计算机公共课程改革”和“以信息素养为目标的高职计算机公共课程理念”；第 4 章介绍了高职计算机类专业平台课程的概念，并提供了建设方案的 4 个典型课程方案；第 5 章阐释了高职计算机类专业课程体系构建中的新任务，并提供了课程体系构建的 3 个典型方案；第 6

章介绍了高职教学信息化的发展趋势，以及当前信息化的 2 个热点——微课程和翻转课堂在高职教学中的实践应用；同时，还介绍了台湾地区对教育信息化平台的认识和反思。

第 2 章　高职计算机公共课程 I

随着新一代信息技术的发展和迅速普及应用，计算机科学与技术突破其专业层面，提升形成普适性的科学思维和行为方式，以及高校新生计算机应用能力总体水平发展不平衡、不规范并存的现状，催生了新一轮大学计算机基础教育的改革，也同样影响着高职计算机公共课程的改革。探索新形势下高职计算机公共课程的改革是面临的一项重要任务，关系到高职学生走入信息社会、数据时代能否具有工作和生活需要的计算机基本应用能力与信息素养。本章提出一种基于“标准”的高职计算机公共课程改革思路，并给出了 4 门典型课程方案。

2.1　基于《标准》的高职计算机公共课程改革

基于标准的高职计算机公共课程改革，是指基于《大学生计算机基本应用能力标准》(简称《标准》)的高职计算机公共课程改革。目前，我国虽然有衡量计算机能力的等级考试、职业资格、技术等级等证书，但缺乏一个适应信息技术发展、满足社会需要的对大学生计算机基本应用能力的衡量标准，以应对大学生计算机基本应用能力参差不齐的不平衡现状。提出并研制《标准》，以此衡量、判断大学生计算机基本应用能力，并引领高职院校计算机基础教育和课程的改革，是值得探索的一条路径。

2.1.1 《大学生计算机基本应用能力标准》

1.《标准》产生的背景

当今社会，计算机应用已经渗透到社会的各行各业，小到办公软件、管理系统，大到智能机器、操作流水线，都需要就业者具备基本的计算机应用能力，因此需要学生在校期间就能够在计算机基础知识和操作技能上得到良好的训练。以培养高素质技术技能型人才为主的高职教育更应该以市场需求为导向，将计算机应用能力作为人才基本能力之一，加强和完善计算机基础能力和专业计算机教育领域的培养和实践。另一方面，调研①显示，由于信息技术在中学并非主课（即高考科目），在学校里普遍被边缘化，不受学生重视，加之地区教学资源差异、学生个体情况、家庭经济状况等多重因素影响，高校入学新生的起点水平严重不平衡，毕业时学生总体上掌握计算机基本应用能力还不能达到入职要求的水平，而其中接受调研的高职院校学生的表现总体低于平均水平。高职教育亟须加强计算机公共课程的建设，进而加强对学生计算机基本应用能力的补齐、提高和规范。

在实践中，各高职院校根据实际情况自主开设计算机公共课程，通过课程考试或者全国计算机等级考试（NCRE）对学生计算机基本应用能力进行评价，对于工作岗位中运用到的计算机应用能力的覆盖范围和操作水平并未形成统一的评价标准。其中，院校自拟的课程考试不能保证其覆盖面和科学性，而 NCRE 中包含的计算机基础和 MS Office 应用科目虽然与实际需求较为贴近，但是覆盖面仍然不够，缺少硬件及网络故障、信息化社会发展趋势等方面的考察。在计算机基础教育发展的 30 年的过程中，形成了较为完善的面向大学生的计算机基础课程体系，但仍然缺乏一个通用的、基于应用的、从就业需要角度出发的规范我国大学生计算机应用能力的标准。

综上所述，研制一个符合我国学情、符合当今信息社会人才基本要求、符合社会发展规律的《大学生计算机基本应用能力标准》是规范、补齐和提高大学生计算机基本应用能力的需要，是计算机基础教育发展的需要，也能帮助高职计算机公共课程进一步完善和规范，最终达到提高高职院校学生计算机应用能力的目标需要。

2.《标准》制定的依据

在上述背景下，《大学生计算机基本应用能力标准》应运而生。《标准》针对我国接受普通高等教育包括高职高专教育的全体大学生。《标准》在研制过程中，以我国初高中信息技术课程标准（必修课部分）为基础，参考全国计算机等级考试一级 MS Office 考试大纲（2013 年版），并大量吸收了广大一线教师和领域学者的经

① 参见《大学计算机基础教育改革理论研究与课程方案》，中国铁道出版社，2014 年。

验及研究成果，同时借鉴美国大学计算机基础教材《理解计算机的今天和未来》（*Understanding Computers: Today and Tomorrow , Comprehensive*）（14 版）（简称美版教材），以及国际权威的互联网和计算核心认证全球标准（Internet and Computing Core Certification Global Standard 4，IC^3-GS4）。力求《标准》在立足我国国情，贴近现阶段计算机基础教育现状和学生现有水平的基础上，能够合理体现时代发展对人才需求的变化，体现计算机领域的发展趋势，与国际水平接轨，使之成为一个具有科学性、先进性、系统性和规范性，以及可操作性的大学生计算机基本应用能力标准。

该标准作为我国首个针对大学生计算机基本应用能力的标准，同时也为我国全民信息素养标准提供借鉴和参考，能够促进全国普通高校学生计算机应用能力的均衡规范发展，从而推动全民信息素养的提升。

3.《标准》的体系

《标准》在整体结构上分为 2 个层次，5 个模块：第一个层次是计算机基本操作能力，分为“认识信息社会”“使用计算机及相关设备”“网络交流与获取信息”和“处理与表达信息” 4 个模块，并进一步划分为 20 个子模块；第二个层次是计算机操作应用能力，相应的模块是“典型综合性应用”，包括 12 个典型综合性应用任务，如图 2–1 所示。

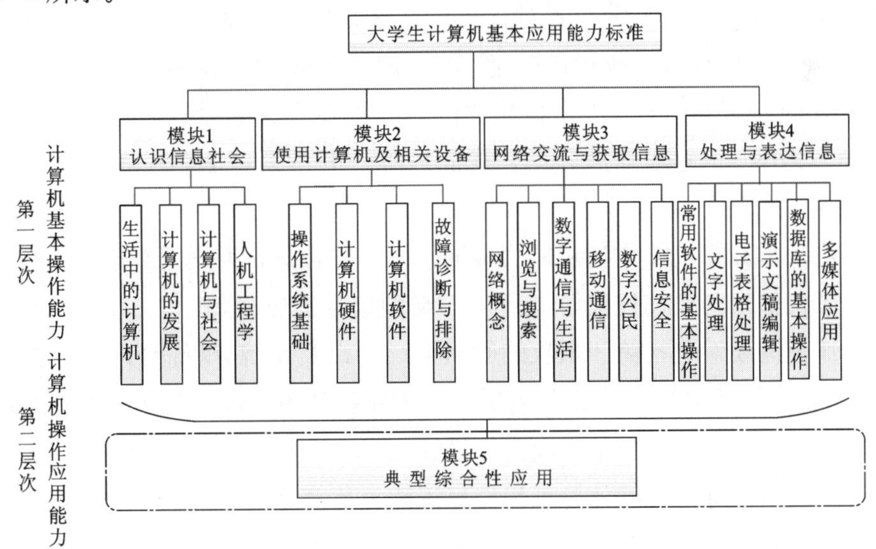

图 2–1　《大学生计算机基本应用能力标准》体系结构

第一层次体现的是计算机基本操作能力（包括对计算机基本知识、基本素养和基本使用的掌握）标准。学习计算机及其相关知识，首先应该建立对计算机及其在社会中的定位和作用的正确认识之上，即“模块 1 认识信息社会”；然后，开始对计算机的直观体验和基本操作，即“模块 2 使用计算机及其相关设备”；接下来，将从最为普遍接受的计算机应用（搜索、交流、通信等）开始了解并掌握计算机的使用，即“模块 3 网络交流与获取信息”；最后学习使用合适的软件解决实际问题，即“模块 4 处理与表达信息”。

子模块以知识/能力主题为划分依据，如“模块 3 网络交流与获取信息”包含 5 个子模块，网络概念（子模块 1）以“网络”为主题，主要介绍网络及网络连接的相关概念，这是使用计算机上网的前提条件；浏览与搜索（子模块 2）以“搜索引擎”为主题，介绍了搜索过程及方式等内容，这是使用计算机上网的最常见行为；数字通信与生活（子模块 3）以“生活应用”为主题，介绍了网络在生活中的常见使用，如进行沟通交流、完成线下生活行为、使用移动通信等；移动通信（子模块 4）以“移动”为主题；数字公民（子模块 5）以“素质”为主题，提醒进入网络生活的所有公民在线应该遵循的通信标准及责任义务；信息安全（子模块 6）以“安全”为主题，介绍了网络中常见的安全威胁及其防护和相关的安全立法。

第一层次的模块按照学习者对计算机的认知规律安排，从知其然（外特性，模块 1 和 2）到知其用（使用体验/感受，模块 3 和 4），面向计算机的应用，而不是计算机的理解和原理探究。模块式的划分也便于课程设计者和自主学习者自由组合学习内容。“先基础后应用，先简后难”的学习线索，有助于更系统、高效的教与学。

第二层次是计算机操作应用能力标准，体现综合运用科学思维能力、科学行动能力和计算机知识与操作技能解决问题，“典型综合性应用”中包含 12 个典型任务。完成这些任务需要对包括第一层次的知识/能力，以及系统分析能力、科学思维能力（特别是计算思维能力）等的综合运用。在实际教学中，操作应用的载体是教学案例或项目。教师可以根据教学情况自主设计包含（并不限于）这些典型任务的教学案例或项目，以锻炼学生的计算机操作应用能力及普适通用能力（科学思维能力和科学行动能力）。例如，“布局与排版”这一典型任务，可以衍生出在文字处理软件中进行布局排版的案例，也可以是在电子表格软件中布局排版的案例，案例的内容可以涉及名片的制作、海报的制作、论文排版、工作表的格式化、样式和模版、自动套用模式的使用等。

2.1.2　基于《标准》的高职计算机公共课程改革

1. 基于《标准》是高职计算机公共课程改革的依据之一

当前高职计算机公共课程应该怎样改革，依据什么进行改革，是面临的关键问题。《标准》为判断大学生计算机应用能力状况提供了一把衡量的尺子，依据衡量评价的结果，可以有针对性地进行高职计算机公共课程的设置和改革。

《标准》既可以作为大学生信息素养、计算机操作能力的基本要求，也可以作为学习其他计算机类课程的入门条件。

对于未能达到《标准》要求的学生，院校开设的计算机公共课程可以以《标准》为主要教学内容和评价依据，解决大学新生计算机基本应用能力不均衡、不规范和差异大的问题；按照《标准》的要求，结合信息技术的发展和专业特色，使学生了解信息社会应具备的常识、相关的信息技术、概念和术语等，并训练其提升计算机的基本应用能力。

对于达到《标准》的学生，院校可以在《标准》的框架下，进行个性化的计算机公共课程设置，即根据各自在校生计算机应用能力已有水平与标准水平的对比，有选择开设“高职计算机”公共课程（例如选修课还是必修课，根据学生水平对课程内容进行增删，调整学时等）；或者直接开设其他计算机类课程。

2.《标准》的特点要求转变高职计算机公共课程教学方式

首先，《标准》具有模块式划分的特点，该特点有助于依此标准设计课程者或自主学习者自由组合学习内容。实际的学习过程中会出现有学生某一模块达标水平较好，但是其他模块较弱的情况，在学时和资源有限的情况下，院校可以只针对薄弱模块进行内容组织与教学。《标准》中“以内容的基础程度为划分依据”和“根据基础程度/难度进行内容排列”的准则为课程设计者或自主学习者提供“先基础后应用，先简后难”的学习线索，有助于更系统、更高效的教与学。

其次，《标准》中的层次划分，区分出了面向计算机基本操作能力和面向计算机操作应用能力，这实际强调了既要具备使用信息技术工具的计算机基本操作能力，又要具备综合运用技术工具解决实际问题的计算机操作应用能力，体现出了在传统教育对知识和技能的传授基础上，对思维和行动能力的强调。因此，计算机教育改革不仅是对教育过程中的内容、体系的反思，更是对教学方式的反思。现在的课堂既要传递知识和技能，同时又要注重思维和行动能力的培养，是一个更为综合和立体的课程，因此已经不再适用传统的知识传授型课堂的教学方式。综合能力特别是思维能力的培养适合采用以案例/项目为核心的教学方式，从而使学生在模拟真实情境的教学中获得全方位的发展。《标准》力图通过第二层次的综合提升，促使计算机基础教育中教学方式的转变，从而从根本上提升计算机基础教育的竞争力和教学效果。

3．典型方案中体现的课程改革思路

本章以下各节介绍了4门“高职计算机”课程的典型方案。这4门课程分别是中国铁道出版社开发的“计算机应用基础”课程，中国铁道出版社、渤海船舶职业学院和乌海职业技术学院共同开发的“计算机信息技术”课程，黄冈职业技术学院开发的“计算机基本操作技术”课程和深圳信息职业技术学院开发的“计算机应用基础案例”课程。

这些课程在开发和实施中或多或少地体现了上述基于《标准》的高职计算机公共课程改革思路。首先，这4门课程在内容组织上都以案例为载体，在教学实施中围绕具体案例/项目进行相关知识的补充和技能的训练。学生在完成案例/项目的过程中，会经历解决问题的整个过程，需要涉及问题分析、系统思考、过程策划、突发问题处理、灵活合理地运用知识和技能、执行操作、反馈纠正、总结经验等方面，不仅能够在使用过程中深入掌握知识和技能，还能在过程中锻炼学生更综合、更普适的能力，如思维能力、行动能力等。这就贯彻了基于标准的计算机公共课程改革方案中提倡的培养学生多层次的计算机基本应用能力（计算机基本操作能力和计算机基本应用能力）。其次，以案例/项目为核心的课程要想取得良好的教学效果，就要求教师不得不从传统的、单纯的知识技能传递型课堂教学方式，向以知识技能传递为载体，以学生为中心，注重思维能力和行动能力提升的立体化课堂教学方式转变。在教学过程中提倡精学多练，尝试将部分内容交由学生自学，教师在辅导学生的实践过程中更加关注学生操作中体现的思路，引导学生形成全面高效的思维方式和行动能力，从而释放出案例/项目为核心的课程的优势。

2.2　典型方案一：计算机应用基础

课程名称： 计算机应用基础

课程设计理念：

1. 依据最新标准，开发优质课程

信息社会和用人市场不断强调入职者计算机能力的重要性，也在逐年提高对计算机应用能力的要求。高职计算机公共课程担负着培养高素质技术技能型人才计算机应用能力的重任。为了与职场接轨，也为了更有效地提升教学效果，本课程设计依据国内首个面向全体大学生的《大学生计算机基本应用能力标准》，确定课程的教学目标和内容框架。

该标准贴近我国教育现状，又与国际水平接轨，它以我国初高中信息技术课程标准（必修课部分）为基础，参考了国内外权威标准和普及教材[①]，并大量吸收了一线教师和领域学者的经验及研究成果。该标准适用对象是接受我国普通高等教育所有专业的学生，提供的是接受了大学计算机基础教育之后或者在毕业时/入职前的学习者应该具备的计算机基本应用能力的适用范围和程度水平。因此，对高职计算机公共课程有极大的参考价值。依据该标准开发的课程力求能规范和提升高职毕业生的计算机基本应用能力水平，使课程目标与市场需求保持一致。

2. 突出问题解决，任务导向教学

本课程分为理论和实践两部分。在具体的教学内容和活动设计中，结合工作岗位和生活实践中的一些计算机应用场景，突出问题解决方法；依据问题设计课程中的典型任务（即教学活动），再围绕任务组织相关知识（即教学内容）。学生在学习过程中先对任务进行分析，然后掌握解决任务需要的相关知识，最后进行任务实施。

---

① 参考标准有：全国计算机等级级考试一级 MS Office 考试大纲（2013 年版），权威国际认证互联网和计算核心认证全球标准（IC^3-GS4）；参考教材有：美国大学普及的计算机基础教材《理解计算机的今天和未来》（*Understanding Computers: Today and Tomorrow, Comprehensive*）（14 版）。

通过任务调动学生的主动性和创造性，同时任务解决的过程也能进一步帮助学生内化知识和技能，培养学生的行动能力和思维能力，从而达到提升学生应用计算机解决实际问题的综合能力。

实践教学中，则专门针对各章的知识和技能安排多种类型的实践任务，满足不同能力水平学生的不同操作要求，便于教师采取不同深度的教学，也便于学生开展个性化自学。

技术与应用背景分析：

新一代信息技术应用正在进入高速发展期，移动互联网、物联网、云计算、大数据等浪潮以前所未有之势席卷传统行业，对经济生产、社会生活正在产生巨大影响。为了使学生紧跟技术发展的热点和趋势，本课程中的内容除了升级为 Windows 7 操作系统、MS Office 2010 和 IE 9 外，还介绍了现在具有代表性的网络技术（云计算和大数据），为学生深入了解网络技术做铺垫；融合了云存储和社交网络的应用，帮助学生更加融入现代网络生活；同时，结合了各类移动设备及其应用，更加贴近学生生活，调动学生学习积极性。

课程目标：

“计算机应用基础”课程是高职学生接受计算机基础教育的入门课程，属于公共基础必修课程。课程目标是使学生掌握在信息化社会中工作、学习和生活所必需的计算机基础知识和操作技能，并使学生获得能够熟练地应用计算机解决实际问题的综合能力。同时，注意建立学生信息化生活中的基本素质和正确观念，关注和学习信息化发展趋势和热点的意识，养成终身学习的习惯，培养学生的合作创新精神和严谨的工作态度。

课程功能：

1．一课多证

本课程依据《标准》构建，通过本课程的学习，学生将不仅具备符合《标准》要求的计算机基本应用能力，还将基本符合全国计算机等级考试一级 MS Office 考试大纲（2013 年版）的能力要求，以及权威国际认证互联网和计算核心认证全球标准（IC^3）的能力要求，能够达到一课多证的效果。

2．夯实基础

本课程的内容贴近计算机在生活、工作、实际中的应用，在解决问题的过程中学生不仅内化了计算机相关的知识和技能，还提高了解决问题的综合能力，使学生的计算机基本应用能力更具有迁移性，从而使学生具备更好、更快地将计算机应用与专业教学和职业岗位任务相结合的能力。

3．面向发展

教育应该面向未来，高校计算机基础教育分担着培养信息化社会合格公民的责任。本课程不仅传授学生计算机相关的知识和技能，而且在内容上注重信息化公民素质的培养，并在实际解决问题的过程中注重培养学生良好的信息化处理习惯、合作创新精神和严谨的工作态度，培养学生将应用计算机解决问题获得帮助当作一种生活习惯，以及终身学习的一种学习方式，使学生获得在信息化社会生存的基本竞争力。

课程结构要素：

“计算机应用基础”课程结构要素如表 2-1～表 2-3 所示。

表 2-1　“计算机应用基础”课程结构要素表——计算机基础模块

课程单元	知识点	技能点	重点应用	案例
单元 1：认识计算机	（1）计算机系统组成、计算机处理信息的设备、计算机的分类； （2）网络技术的发展趋势、网络热点（大数据的概念、云计算的概念）、常用移动设备； （3）计算机与社会（信息社会的益处与风险、在线交流与传统通信方式的区别、网络匿名特性、信息整合）； （4）人机工程学（显示器放置、座椅的位置、计算机放置、键盘和鼠标放置、工作环境的采光）	（1）能使用计算机在学习、教育、工作及其生活方面的应用； （2）了解计算机历史发展简况、当前热点及未来趋势； （3）保护个人计算机的安全和隐私； （4）能选择出符合人体工程学设计的输入设备；掌握计算机位置的摆放；能够正确地使用计算机设备；能够合理地摆放座椅及照明设备；掌握正确的身体姿势		

续表

课程单元	知识点	技能点	重点应用	案例
单元 2：操作系统基础	（1）软件与硬件的关系、计算机操作系统的作用； （2）管理文件和文件夹（如文件及文件夹的基本操作、快捷方式的创建和使用、菜单、工具栏、导航和搜索的使用、显示和识别文件的属性及类型）； （3）配置计算机和管理程序（Windows 开始菜单和任务栏的使用，应用程序的运行和退出，桌面可视化选项的设置，系统语言、日期和时间的设置，控制面板的使用，操作系统辅助功能选项，输入法的安装和设置，电源管理）； （4）使用权限（组策略、读/写权限、用户账户控制）	（1）熟练掌握开机、关机、登录、注销、切换用户、锁定及解锁； （2）能够根据需要挑选各种计算机硬件； （3）能够独立组装一台个人计算机，并对其进行升级、维护及配置； （4）熟练掌握文件及文件夹的复制、移动、剪切、粘贴、重命名、删除及快捷方式的创建和使用； （5）掌握读/写权限，掌握安装和卸载软件涉及的权限，熟练掌握文件和目录的使用权限	文件与文件夹管理	按一定要求整理个人计算机中的自用文件及文件夹，并将常用文件夹设置桌面快捷方式
单元 3：计算机硬件	（1）中央处理器、各类存储设备（随机存储、温式硬盘、固态硬盘、只读存储）； （2）输入/输出设备（显示器和投影、鼠标、键盘和打印机、 3D 打印、其他输入/输出设备）； （3）计算机类型（如嵌入式计算机、个人计算机与移动设备、、服务器、大型计算机和超级计算机）	熟练掌握鼠标、键盘和打印机（包括个人与网络打印机、打印分辨率、打印速度、连接选项）的使用	硬件的管理及一般故障排除	连接打印机并按要求/根据需要设置打印选项，进行打印

续表

课程单元	知识点	技能点	重点应用	案例
单元 4：计算机软件	(1) 软件类型（台式机软件和移动设备软件、本地软件与在线软件、商业软件、免费软件与开源软件）； (2) 常用软件功能（常用办公软件的用途、各种媒体软件的功能、其他类型软件的功能）； (3) 软件工具（文件压缩、安全软件、磁盘管理软件）	(1) 熟练掌握软件的安装、卸载、重装和更新； (2) 熟练掌握文件压缩与解压缩操作及压缩包的更新，掌握磁盘管理、检测清除计算机病毒和恶意软件的使用	软件的管理及一般故障排除	下载指定软件并成功安装，完成软件更新
单元 5：系统维护	(1) 操作系统的更新（重要更新、推荐更新、可选更新） (2) 操作系统的安全模式 (3) 操作系统运行任务和进程的管理	(1) 熟练掌握操作系统的版本更新、掌握知识库和帮助的使用、掌握任务及进程管理 (2) 掌握驱动程序的安装和使用 (3) 掌握系统备份与还原的方法		

表 2-2　《计算机应用基础》课程结构要素表——常用软件模块

课程单元 (Office)	知识点	技能点	重点应用	案例
单元 6：认识常用软件	(1) 启动和退出 Office 软件的通用方法； (2) 熟悉界面； (3) 通用操作； (4) 功能区操作； (5) 使用图片素材； (6) 格式化文本； (7) 打印	(1) 能熟练启动和退出应用软件； (2) 能够熟悉软件的界面、元素，会使用上下文菜单和工具栏、使用文档导航、窗口和文档切换； (3) 会录入文字，并对文字进行选定、剪切、复制和粘贴、查找和替换、撤销和恢复、拼写检查； (4) 掌握选项卡的使用，会使用快捷键访问功能区、自定义和隐藏功能区； (5) 掌握插入对象技术，例如插入剪贴画、其他图片、形状、SmartArt、图表等，熟练掌握对对象的调整、剪裁等修改对象的操作； (6) 掌握主题和样式的使用，熟练掌握设置文本、段落和单元格格式； (7) 熟练掌握打印页面设置，并会打印和预览内容		

续表

课程单元(Office)	知识点	技能点	重点应用	案例
单元7：文字处理	（1）文字布局与排版； （2）使用分隔符与引用； （3）使用表格； （4）使用对象	（1）熟练掌握对文本的处理（输入和编辑文本、文本的选定）； （2）熟练掌握段落格式设置、页面布局； （3）熟练掌握表格的绘制、表格格式、数据排序和公式使用； （4）掌握对象的插入、掌握对对象的各种处理方法（设置效果、使用样式等）	布局与排版	制作宣传海报
单元8：电子表格	（1）简单的布局与排版； （2）公式与常用函数的应用； （3）公式与函数的高级应用； （4）数据管理； （5）图表的应用； （6）数据使用	（1）熟练掌握布局与排版、掌握使用工作簿与工作表、掌握对数据自动填充； （2）掌握使用函数和公式； （3）掌握单元格引用方式、掌握高级函数使用； （4）掌握数据管理（包括使用清单、排序、筛选、分类汇总和数据透视表）； （5）掌握图表的应用（包括图表的创建、编辑和格式化等）； （6）掌握数据导入、数据合并和工作簿保护	（1）表格的制作与编辑； （2）数据分析	制作学生成绩单、统计分析表
单元9：演示文稿	（1）创建演示文稿； （2）修饰演示文稿； （3）发布演示文稿	（1）熟练掌握创建、编辑演示文稿、设置幻灯片版式、使用文本、图片、艺术字、形状、表格、多媒体； （2）熟练掌握主题的使用、动画的设置、使用幻灯片母版及幻灯片切换的设置； （3）熟练掌握幻灯片放映设置、掌握幻灯片的发布	幻灯片设计与管理	制作“手机发展简史”演示文稿
单元10：数据库交互	（1）创建数据库和表； （2）查询的使用； （3）报表的使用	（1）掌握创建数据库和表、设计表、确定表之间的联系、熟练掌握添加、修改及删除记录； （2）熟练掌握选择查询（含简单地选择查询、参数查询、交叉表查询）和操作查询，掌握Access的查询向导、查询设计器和SQL语句的使用； （3）掌握利用向导和设计视图创建报表、修改、编辑和打印报表	简单使用小型数据库管理系统	创建报表

续表

课程单元(Office)	知　识　点	技　能　点	重点应用	案　例
单元11：协同操作	（1）修订文档；（2）将文档保存到 Web 页内共享	（1）掌握启动修订、标注修订信息查阅修订，掌握接受、拒绝修订；（2）掌握保存到 Web 页内共享，熟悉云存储 SkyDrive 的使用		

表 2-3 “计算机应用基础”课程结构要素表——网络生活模块

课程单元	知　识　点	技　能　点	重点应用	案　例
单元 12：网络概念	（1）连接到 Internet（网络、网络标准、网络分类、网络速率、网络中计算机的标识和常见设备、内联网和外联网的定义；（2）组建家庭小型局域网（WLAN 和 WiFi 的区别，常见无线路由器的基本功能，网络故障处理基本命令）	（1）掌握无线网络的设置、掌握网关的用途和设置方法、利用“本地连接”显示网络速度；（2）掌握简单网络问题的排除、熟练掌握 IP 地址的使用		
单元 13：浏览与搜索	（1）认识因特网（Internet 的起源、在中国的状况、互联网、因特网、万维网三者的关系）；（2）漫游因特网（Internet Explorer 功能简介，IE 9 主要按钮的功能，网址的含义）；（3）搜索相关信息（搜索引擎的概念，常用搜索引擎及其使用技巧）	（1）掌握因特网、浏览器及万维网的使用；（2）使用工具栏设置主页、熟练掌握浏览器的选项设置，熟练掌握主页、后退、前进、刷新功能的使用；（3）熟练掌握搜索功能，熟练掌握超链接的使用，掌握收藏夹、书签和标签的功能，理解插件，掌握历史记录的查看和删除，熟练掌握各类文件的下载与上传；（4）熟练使用搜索引擎获取知识、解决问题；（5）熟练掌握分类搜索（如文件、图片、多媒体等），掌握搜索策略（如使用短语、布尔运算符、通配符等）	信息搜索、筛选与评价	选取一个现阶段的社会热点事件，围绕该热点在网络上进行搜索，从至少 3 个方面介绍和呈现该热点

续表

课程单元	知识点	技能点	重点应用	案例
单元 14：数字通信与生活	(1)设置与使用电子邮件（申请免费电子邮箱、电子邮箱地址格式、常用的电子邮件通信协议、Outlook 2010 的组成，邮件的转发答复和全部答复、邮件抄送和密件抄送）； (2)管理电子邮件（邮件的自动签名、自动回复和转发邮件，垃圾邮件的识别和防范）； (3)使用 Skype 进行沟通与交流（博客与微博、社交网络、即时通信）	(1)熟练掌握电子邮件的使用，包括账号设置，邮件主题，邮件正文，回复、回复全部与转发，抄送与密送，邮件附件，地址簿（通讯录、组列表等）； (2)掌握即时通信与短消息发送的应用，如 Skype、QQ、微信等即时通信软件，短信和彩信（多媒体短信）； (3)掌握热门移动端操作系统（如 Android、iOS 系统等）的使用； (4)掌握共享的方式，包括用电子邮件共享，用网络存储共享，云共享		
单元 15：数字公民	(1)通信标准设置（拼写规范、全部大写和标准大写的区别、职场与私人通信的区别、电子邮件与网络礼节）； (2)掌握在线互动中的适当行为（网络诽谤与中伤、网络论战、在线互动中的适当行为）； (3)合法尽责地使用计算机（网络知识产权、侵权方式、知识共享、合理使用、互联网审查制度）	(1)熟练掌握拼写规则（包括全部大写与标准大写的区别）； (2)掌握在线互动中的适当行为； (3)合法尽责地使用计算机，互联网审查制度		
单元 16：网络安全	(1)安全访问网络（访问控制、加密控制、识别 URL 组成部分的含义，Cookies、电子商务安全、识别安全的电子商务网站和安全的 Web 页面、下载安全、硬盘数据安全、U 盘数据安全、数据恢复、个人数据安全、过度分享信息） (2)常见的网络安全技术（常见病毒来历、垃圾邮件、网络钓鱼、间谍软件、，防火墙技术、杀毒软件技术、认证和数字签名技术、个人计算机病毒防护的主要技术）	(1)能够合法地进行个人数据使用及掌握知识产权的相关知识，了解过滤，分享信息的后果； (2)如何实现数据保护，如何处理硬盘、闪存盘、移动硬盘的残留数据； (3)如何保证计算机安全和更新； (4)掌握与计算机网络犯罪相关的法律词汇定义； (5)掌握个人防火墙的功能及使用； (6)掌握病毒的防护及间谍软件的防护方法		

教学内容简介：

本课程从信息化社会对实用型人才工作、学习和生活所必需的计算机基础知识和操作技能的需求出发，以具体的实践操作任务贯穿于课程涉及的全部内容，体现“精简理论、关注应用”的教学思路，使初学者快速掌握信息社会所需的计算机应用技术与方法。主要内容如下（理论和实训内容相互穿插）：

模块一　计算机基础

本模块首先介绍了计算机系统的组成部分，列举了计算机在各行各业中的具体应用，剖析了计算机的历史、现状以及未来的发展趋势，阐述了计算机在社会中的角色，介绍了人机工程学。之后，本模块还介绍了计算机操作系统的定义与作用，以及操作系统的基本操作与功能，讲解了文件和文件夹的管理，在此基础之上深入介绍了计算机软硬件的相关概念以及常见计算机故障的排除方法。

技能训练：(1) 系统的启动与退出；(2) Windows 7 的基本操作；(3) 指法练习；(4) 组装个人计算机；(5) 打印机设置。

项目训练：(1) 按一定要求整理个人计算机中的自用文件及文件夹，并将常用文件夹设置桌面快捷方式；(2) 连接打印机并按要求设置打印选项，进行打印；(3) 下载软件并成功安装，完成软件更新。

模块二　常用软件

本模块主要介绍了六部分内容，分别讲述了常用软件的特点、文字处理软件的应用、电子表格软件的应用、演示文稿和数据库的基本操作及应用，最后介绍了对软件的协同操作及操作技巧等。

技能训练：(1) 制作简报，Word 2010 中的表格转换；(2) 制作“移动设备销售额统计表”；(3) 邮件合并的应用；(4) 制作个人简历；论文排版；(5) 制作中油加油卡开户申请表；(6) 制作装修报价单；(7) 制作经济作物收成图表；(8) 制作水、电、天然气收费计算表；(9) 制作税收支出状况统计分析表；(10) 创建编辑演示文稿；(11) 母版、图形的运用；(12) 在演示文稿中添加图表；(13) 创建数据库；(14) 创建并执行查询。

项目训练：(1) 制作宣传简报；(2) 制作学生成绩单统计分析表；(3) 制作“手

机发展简史”演示文稿；(4) 创建报表。

模块三 网络生活

本模块首先介绍了网络的基本概念、网络的分类、特征、功能以及网络连接的设置方法，在此基础之上，讲述了网络浏览器的使用以及常用的搜索技巧。之后通过介绍电子邮件的设置、使用和管理讲解了数字通信与生活的联系，以及数字文化。最后，本模块介绍了常见的网络安全威胁和网络安全技术，帮助学习者学会辨别网络安全威胁，树立网络安全意识。

技能训练：(1) 局域网中计算机的网络设置；(2) ADSL 宽带接入设置。

项目训练：选取一个现阶段的社会热点事件，围绕该热点在网络上进行搜索，从至少三方面介绍和呈现该热点。

教学方法：

为达到更好的教学效果，针对不同的教学内容，应采用不同的教学方法。具体建议如下：

1. 教学环境的选择

建议在机房授课，边讲边练，精讲多练，更多的内容让学生上机实践，让学生对各技能点有直观、形象的认识。配合使用 PPT、录屏、教师实际操作演示，能达到更好的效果。

2. 授课过程的实施

课堂讲授可以参考“任务描述—任务分析—相关知识学习—任务实施”的过程，带领学生由浅入深循序渐进地内化知识和技能。

3. 授课内容的选择

针对不同专业、不同程度的学生，可以有选择性地完成书中案例，或者设计贴近该学生需求的任务进行教学。

4. 教学活动的安排

了解性的内容可以设置学习任务，安排学生自学（个人或小组形式），从而锻炼学生的自主学习能和合作精神；实践性的内容要求学生动手操作，过程中教师有针对性地进行辅导和讲解，并在操作结束后进行重点问题的总结；案例教学不仅强调学生会动手，还应该注重指导学生解决问题的思路，如对问题的分析、对解决过程的系统安排、对突发问题的灵活处理、对所学知识的快速迁移等方面，因此更需要教师关注学生的反应，及时地给予反馈。

5．课外拓展的组织

鼓励教师组织多元化的课外拓展，如贴近生活实际的任务，或者组织学生举办或参加校外的计算机类大赛或认证，如 NCRE 认证、IC^3 认证、全国大学生计算机应用能力与信息素养大赛等，可以单科目比赛，也可以综合应用比赛，既锻炼了学生综合应用计算机的能力，又培养了学生的团队协作精神。需要注意的是，教师应该对学生的每次成果给予评价和反馈。

考核方式：

1．成绩评定方式

（1）总结性评价（40%）：期末考试（理论和上机两部分，分值比为 3:7）。

（2）过程性评价（60%）：出勤、课堂表现、平时作业、实践能力和实践报告。其中，实践能力和实践报告占总分数的 30%。

2．考核建议

除期末考试外，可以有选择地参加国家教育部、劳动人事部门或地方教育机构举办的计算机等级考试，也可以参加国际教育组织举办的国际权威性的计算机基础考试，并获取相应级别的等级证书，用这些成绩来代替期末考试成绩。

参考教材：

侯冬梅．计算机应用基础[M]．2 版．北京：中国铁道出版社，2014．

学时：64～72。

2.3　典型方案二：计算机信息技术基础

课程名称：计算机信息技术基础

课程设计理念：

本课程以互联网和计算核心认证全球标准（IC^3）为依据进行课程构建，借鉴先进的教学理念，培养学生与国际接轨的计算机基本技能。遵循“项目导向”，在课程设计的过程中，结合当前社会实际工作岗位中计算机的一些实际应用，以情境为载体设计教学内容与应用实例。注重实例在教学中的重要作用，在教学过程中结合情境实例提出真实的有代表性的工作任务，使学生在完成任务中获得知识与技能，注重提高学生的主动性和创造性，提高学生的职业能力。

技术与应用背景分析：

根据信息技术发展的特点和应用的广泛性，结合国际权威的认证标准，积极开展新形势下的课程建设工作，将“计算机信息技术基础”课程分为理论和实训两部分。在理论教学中针对不同专业的学生，加大学生不同计算机知识面的学习，这样为学生学习后续课程以及计算机过级考试打下基础；在实训过程中，针对不同起点的学生有不同的要求，以能力培养为目标，采取任务驱动、案例引导、因材施教等教学方法，注意与专业结合，注意学生可持续发展能力和创新能力的培养。

课程目标：

课程的教学目标是使学生通过学习计算机的基础知识和基本操作，培养学生自觉使用计算机解决学习和工作中实际问题的能力，使计算机成为学生获取知识，提高素质的有力工具，使计算机应用技术与学生各自的专业学习、实践工作相结合，提高大学生基本素质与能力。

课程功能：

“计算机信息技术基础”课程是全院各专业学生必修的基本课程，是各专业学习计算机基础知识和操作应用的必修课程，也是为适应社会信息化发展要求，提高学生信息素质的一门公共基础课程。本课程与国际权威认证 IC^3 结合，将全球 ICT（Information Communication Technology）教学与考核标准引入本课程中，有效提高学生的计算机基本应用能力，并可获得 IC^3 国际认证证书、提高学生就业的竞争力。

课程结构要素：

“计算机信息技术基础”课程要素如表 2-4～表 2-6 所示。

表 2-4　“计算机信息技术基础”课程结构要素——计算机基础知识模块

课程单元	知　识　点	技　能　点	案　　例
单元 1：认识计算机	（1）计算机的概念、发展、类型、应用领域及前景； （2）计算机系统组成和工作原理； （3）计算机的硬件系统的组成和主要性能指标； （4）计算机中的信息表示； （5）计算机的软件系统	能够应用信息的表示方法和编码；能够识别计算机的硬件资源	案例 1.1
单元 2：连接计算机	（1）计算机基本配件的组装； （2）计算机的升级与维护； （3）常用外围设备的连接； （4）投影仪、手写板、触摸屏等外围设备的使用	能够根据需要挑选各种计算机硬件，并组装一台个人计算机，并对其进行升级、维护及配置	案例 1.2
单元 3：了解 Windows 7 操作系统	（1）Windows 7 操作系统的概念、功能、分类及发展概况； （2）Windows 7 操作系统的安装； （3）Windows 7 的基本操作； （4）硬盘分区与格式化	能够在个人计算机上安装常见的操作系统，并掌握操作系统的基本操作和使用方法	案例 1.4
单元 4：使用控制面板	（1）屏幕分辨率、颜色、屏幕保护程序、个性化桌面等设置； （2）声音、电源、主题设置； （3）用户账户的管理	（1）能够在控制面板界面下进行各种设置练习； （2）能够设置个性化的桌面	
单元 5：管理计算机文件	（1）窗口、菜单、驱动器的选择； （2）文件夹、文件的查看方式，图标的排列； （3）文件与文件夹的创建、查找、移动、复制、删除、重命名、属性设置； （4）应用程序的启动和退出； （5）文件夹选项的设置； （6）磁盘管理器的使用	能够进行与文件相关的各种操作练习；会使用资源管理器对文件资源进行管理	案例 1.5
单元 6：设置 Windows 7 系统	（1）显示器的设置； （2）鼠标和键盘的设置； （3）输入法的设置； （4）日期和时间的设置； （5）添加/删除程序	能够熟练设置 Windows 操作环境	

续表

课程单元	知　识　点	技　能　点	案　　例
单元 7：录入汉字	（1）中英文输入法； （2）汉字编码； （3）键盘键位	能够熟练应用一种中文输入法并掌握中英文录入的正确姿势；掌握提高键盘输入速度的技巧	案例 1.7
单元 8：使用常用多媒体软件	（1）音视频播放工具的性能； （2）播放影音文件的基本方法和技巧； （3）简单的视频制作工具的使用	能掌握系统常用工具软件(图像浏览与编辑工具、音频和视频播放工具、金山词霸)的安装、使用与卸载	案例 1.8
单元 9：使用病毒防治软件	（1）计算机病毒的含义和特点； （2）计算机病毒的常见防治方法； （3）杀毒软件的安装与使用； （4）防火墙的安装与使用； （5）安全上网的注意事项	能掌握计算机病毒、安全与计算机系统维护及日常操作规范	案例 1.9
单元 10：检测系统故障	（1）常见故障分析； （2）软件工具测试故障； （3）故障排除； （4）数据的备份与还原； （5）系统的优化与还原	能够对计算机软硬件故障进行排除诊断；能够对简单的计算机故障进行处理；使用软件备份和恢复操作系统	案例 1.10

表 2-5 “计算机信息技术基础”课程结构要素——Office 软件模块

课程单元		知　识　点	技　能　点	案　　例
Word	单元 1：建立新文件	了解与启动 Word	（1）启动 Word 应用软件； （2）熟悉操作环境	案例 2.1
		新建文档	（1）启动 Word 的同时建立新文档； （2）启动 Word 后，建立新文档； （3）根据现有内容建立新文档； （4）使用模板建立新文档	
		保存/另存为	（1）新建文件的保存； （2）已有文件的保存； （3）文档备份	
		数据录入	（1）中文输入法的打开与关闭； （2）中英文输入法之间的切换； （3）插入/改写状态的设置； （4）中英文标点的输入； （5）特殊符号的输入	

续表

<table>
<tr><th colspan="2">课 程 单 元</th><th>知 识 点</th><th>技 能 点</th><th>案 例</th></tr>
<tr><td rowspan="9">Word</td><td rowspan="2">单元 1：建立新文件</td><td>编辑</td><td>(1) 复制/粘贴；
(2) 剪切/粘贴；
(3) 删除；
(4) 撤销、恢复；
(5) 查找/替换</td><td rowspan="9">案例 2.1</td></tr>
<tr><td>文本的选定</td><td>(1) 选定一个字符；
(2) 选定多个字符；
(3) 选定一行；
(4) 选定多行；
(5) 选定一个自然段；
(6) 选定整修文档</td></tr>
<tr><td rowspan="7">单元 2：文档格式处理</td><td>页面设置</td><td>(1) 纸张大小；
(2) 纸张方向；
(3) 页边距；
(4) 页面颜色；
(5) 页边框</td></tr>
<tr><td>页眉和页脚</td><td>(1) 添加页眉、页脚；
(2) 为奇偶页设置不同的页眉和页脚；
(3) 给不同的节设置不同的页眉和页脚；
(4) 插入页码</td></tr>
<tr><td>字符格式化</td><td>(1) 中英文字体、字号、字形、颜色、下画线、着重号、上标、下标；
(2) 字符间距；
(3) 格式复制——格式刷</td></tr>
<tr><td>段落格式化</td><td>(1) 段落缩进；
(2) 对齐方式；
(3) 段落间距；
(4) 行间距</td></tr>
<tr><td>文档视图</td><td>(1) 页面视图；
(2) 阅读版式视图；
(3) Web 版式视图；
(4) 大纲视图；
(5) 草稿</td></tr>
</table>

续表

课程单元		知识点	技能点	案例
Word	单元 3：图形与排版	排版	（1）分栏； （2）首字下沉； （3）项目符号和编号； （4）边框和底纹	案例 2.1
		图文混排	（1）插入图片、剪贴画、形状； （2）插入 SmartArt、图表； （3）插入文本框； （4）插入艺术字； （5）插入公式； （6）插入批注、题注、脚注和尾注； （7）组合/拆分图形对象	
		链接	（1）超链接； （2）书签	
	单元 4：表格	插入表格	（1）插入表格； （2）绘制表格； （3）表格样式	
		编辑表格	（1）在上方插入行； （2）在下方插入行； （3）在左侧插入列； （4）在右侧插入列； （5）删除单元格、列、行、表格 （6）合并/拆分单元格； （7）自动调整； （8）分布行/列； （9）设置表格属性； （10）表格与文本间的转换	
		表格输入	（1）按行/列输入； （2）数据的修改； （3）数据的格式处理	
		表格数据处理	（1）使用公式计算； （2）表格数据排序	
	单元 5：邮件合并	创建	（1）中文信封； （2）信封； （3）标签	案例 2.2

续表

<table>
<tr><th colspan="2">课程单元</th><th>知识点</th><th>技能点</th><th>案例</th></tr>
<tr><td rowspan="16">Word</td><td rowspan="4">单元 5：邮件合并</td><td>开始邮件合并</td><td>(1) 开始邮件合并；
(2) 选择收件人；
(3) 编辑收件人列表</td><td rowspan="4">案例 2.2</td></tr>
<tr><td>编写和插入域</td><td>(1) 突出显示合并域；
(2) 地址块；
(3) 问候语；
(4) 插入合并域</td></tr>
<tr><td>预览结果</td><td>预览结果</td></tr>
<tr><td>完成</td><td>完成并合并</td></tr>
<tr><td rowspan="3">单元 6：打印</td><td>打印预览</td><td>打印前预览打印效果</td><td rowspan="3">案例 2.3</td></tr>
<tr><td>设置</td><td>(1) 打印机安装及设置；
(2) 打印范围；
(3) 纸张方向；
(4) 打印份数</td></tr>
<tr><td>打印</td><td>打印</td></tr>
<tr><td>单元 7：操作环境设置</td><td>Word 选项</td><td>(1) 常规；
(2) 显示；
(3) 校对；
(4) 保存；
(5) 版式；
(6) 语言；
(7) 高级</td><td>案例 2.4</td></tr>
<tr><td rowspan="4">Excel</td><td rowspan="4">单元 1：建立新文件</td><td>了解与启动 Excel</td><td>(1) 启动 Excel 应用软件；
(2) 熟悉操作环境</td><td rowspan="4">案例 2.5</td></tr>
<tr><td>新建工作簿</td><td>(1) 启动 Excel 的同时建立新工作簿；
(2)启动 Excel 后，建立新工作簿；
(3) 根据现有内容建立新工作簿；
(4) 使用模板建立新工作簿</td></tr>
<tr><td>保存/另存为</td><td>(1) 新建工作簿的保存；
(2) 已有工作簿的保存；
(3) 工作簿备份</td></tr>
<tr><td>数据录入</td><td>(1) 中文输入法的打开与关闭；
(2) 中英文输入法之间的切换；
(3) 插入/改写状态的设置；
(4) 中英文标点的输入；</td></tr>
</table>

续表

课程单元		知识点	技能点	案例
Excel	单元1：建立新文件	数据录入	(5) 特殊符号的输入； (6) 文本的输入； (7) 数值的输入； (8) 日期的输入； (9) 时间的输入	案例2.5
		编辑	(1) 复制/粘贴； (2) 剪切/粘贴； (3) 删除/清除； (4) 撤销、恢复； (5) 查找/替换	
	单元2：工作表的编辑与格式处理	单元格/单元格区域的选定	(1) 单个单元格； (2) 单元格区域； (3) 非相邻单元格或单元格区域； (4) 整行/列； (5) 相邻的多行或多列； (6) 非相邻的多行或多列； (7) 工作表的所有单元格； (8) 单元格区域的命名	
		工作表的编辑	(1) 修改工作表内容； (2) 复制和移动单元格内容； (3) 插入单元格/行/列； (4) 删除单元格/行/列； (5) 调整单元格大小	
		数据格式化	(1) 设置数字格式； (2) 设置字体、字号、字形、颜色； (3) 设置数据的对齐方式； (4) 为单元格/单元格区域添加边框线； (5) 为单元格/单元格区域填充底纹； (6) 锁定单元格/单元格区域； (7) 条件格式； (8) 套用表格格式	
	单元3：数据运算	单元格的引用	(1) 绝对引用； (2) 相对引用； (3) 混合引用；	

续表

<table>
<tr><th colspan="2">课 程 单 元</th><th>知　识　点</th><th>技　能　点</th><th>案　　例</th></tr>
<tr><td rowspan="11">Excel</td><td rowspan="3">单元 3：数据运算</td><td>单元格的引用</td><td>（4）相同工作簿不同工作表中单元格的引用；
（5）不同工作簿中单元格的引用</td><td rowspan="5">案例 2.5</td></tr>
<tr><td>运算符</td><td>（1）数学运算符；
（2）比较（关系）运算符；
（3）文本运算符；
（4）单元格/单元格区域引用运算符</td></tr>
<tr><td>公式</td><td>（1）使用插入函数；
（2）使用函数库；
（3）公式的复制</td></tr>
<tr><td rowspan="2">单元 4：多工作簿与多工作表操作</td><td>工作表操作</td><td>（1）选择多张工作表；
（2）插入工作表；
（3）删除工作表；
（4）工作表重命名；
（5）工作表备份；
（6）多工作表同时输入与修改</td></tr>
<tr><td>多工作簿操作</td><td>（1）多工作簿之间工作表的复制与移动；
（2）多工作簿之间数据处理</td></tr>
<tr><td rowspan="2">单元 5：图表</td><td>建立图表</td><td>（1）建立图表在当前工作表；
（2）建立图表工作表；
（3）移动图表；
（4）改变图表大小；
（5）删除图表</td><td rowspan="2">案例 2.6</td></tr>
<tr><td>编辑图表</td><td>（1）向图表中添加数据；
（2）删除图表中数据；
（3）更改图表布局；
（4）更改图表样式；
（5）更改图表类型；
（6）更改图表标签</td></tr>
<tr><td>单元 6：多窗口操作</td><td>窗口</td><td>（1）新建窗口；
（2）切换窗口；
（3）窗口重排；
（4）冻结窗格；
（5）多窗口浏览同一工作表；
（6）多窗口浏览同一工作簿不同工作表；
（7）多窗口浏览不同工作簿</td><td>案例 2.7</td></tr>
</table>

续表

<table>
<tr><th colspan="2">课程单元</th><th>知识点</th><th>技能点</th><th>案例</th></tr>
<tr><td rowspan="7">Excel</td><td rowspan="2">单元7:数据分析</td><td>数据分析</td><td>(1) 排序;
(2) 筛选;
(3) 高级筛选;
(4) 合并计算;
(5) 分类汇总</td><td rowspan="2">案例2.8</td></tr>
<tr><td>数据透视表</td><td>(1) 数据透视表;
(2) 数据透视图</td></tr>
<tr><td rowspan="3">单元8:打印</td><td>打印预览</td><td>打印前预览打印效果</td><td rowspan="3">案例2.9</td></tr>
<tr><td>设置</td><td>(1) 打印机安装及设置;
(2) 打印范围;
(3) 纸张方向;
(4) 打印份数;
(5) 打印区域</td></tr>
<tr><td>打印</td><td>打印内容</td></tr>
<tr><td>单元9:操作环境设置</td><td>Excel选项</td><td>(1) 常规;
(2) 公式;
(3) 校对;
(4) 保存;
(5) 语言;
(6) 高级</td><td>案例2.10</td></tr>
<tr style="display:none"></tr>
<tr><td rowspan="5">Power-Point</td><td rowspan="5">单元1:建立新文件</td><td>了解与启动PowerPoint</td><td>(1) 启动PowerPoint应用软件;
(2) 熟悉操作环境</td><td rowspan="5">案例2.11</td></tr>
<tr><td>新建演示文稿</td><td>(1)启动PowerPoint的同时建立新演示文稿;
(2) 启动PowerPoint后,建立新演示文稿;
(3) 根据现有内容建立新演示文稿;
(4) 使用模板建立新演示文稿</td></tr>
<tr><td>保存/另存为</td><td>(1) 新建演示文稿的保存;
(2) 已有演示文稿的保存;
(3) 演示文稿备份</td></tr>
<tr><td>插入幻灯片</td><td>(1) 插入一页新幻灯片;
(2) 更改幻灯片版式</td></tr>
<tr><td>添加占位符</td><td>(1) 添加文本框;
(2) 添加图像;
(3) 添加插图;
(4) 添加媒体</td></tr>
</table>

续表

课 程 单 元		知　识　点	技　能　点	案　　例
PowerPoint	单元 1:建立新文件	主题	(1) 更改幻灯片主题; (2) 更改幻灯片背景	案例 2.11
		演示文稿视图	(1) 普通视图; (2) 幻灯片浏览视图; (3) 备注页; (4) 阅读视图	
		母版视图	(1) 幻灯片母版; (2) 讲义母版; (3) 备注母版	
		文本	(1) 页眉和页脚; (2) 日期和时间; (3) 幻灯片编号	
	单元 2:幻灯片放映	切换	(1) 幻灯片切换; (2) 效果; (3) 换片方式	案例 2.12
		动画	(1) 动画; (2) 效果; (3) 触发; (4) 计时	
		链接	(1) 超链接; (2) 动作	
		设置	(1) 设置幻灯片放映; (2) 隐藏幻灯片; (3) 排练计时; (4) 录制幻灯片演示; (5) 播放旁白; (6) 使用计时	
		开始放映幻灯片	(1) 从头开始; (2) 从当前幻灯片开始; (3) 广播幻灯片; (4) 自定义幻灯片放映	
	单元 3:打印	打印预览	打印前预览打印效果	案例 2.13
		设置	(1) 打印机安装及设置; (2) 打印范围; (3) 打印版式; (4) 打印份数	

续表

课程单元		知识点	技能点	案例
PowerPoint	单元 3：打印	打印	打印内容	案例 2.13
	单元 4：操作环境设置	PowerPoint 选项	(1) 常规； (2) 校对； (3) 保存； (4) 版式； (5) 语言； (6) 高级	案例 2.14

表 2-6 “计算机信息技术基础”课程结构要素——网络应用模块

课程单元	知识点	技能点	案例
单元 1：设计工作环境	人机工程学	(1) 能选择出符合人体工程学设计的输入设备； (2) 掌握计算机位置的摆放； (3) 能够正确地使用计算机设备； (4) 能够合理地摆放座椅及照明设备； (5) 掌握正确的身体姿势	案例 1.3
单元 2：浏览万维网	因特网的连接及浏览器的设置和使用	(1) 区分因特网、浏览器、万维网的概念； (2) 如何利用 Windows 添加新的拨号连接； (3) 如何设置无线网络； (4) 掌握网关的用途和设置方法； (5) 掌握 IP 地址的组成及设置 IP 地址和子网掩码； (6) 掌握设置 DNS 服务器地址的方法； (7) 掌握获取域名系统服务器地址的方法； (8) 掌握部分应用层协议功能及用途； (9) 利用命令提示符功能查看 TCP/IP 详细配置信息； (10) 如何利用“本地连接”显示网络速度	案例 1.6
		(11) 了解浏览器的图标并利用浏览器上网； (12) 了解域名的组成及不同域名的含义； (13) 利用工具栏设置主页，掌握主页和书签的区别； (14) 利用工具栏完成后退、前进、刷新等功能； (15) 利用工具栏整理历史记录； (16) 利用菜单栏对收藏夹进行管理； (17) 掌握 Internet 选项设置	案例 3.1

续表

课程单元	知识点	技能点	案例
单元 3：计算机安全	常见的安全威胁和网络安全技术的应用	(1) 能够认识 URL，并且识别 URL 组成部分的含义； (2) 能够识别安全的电子商务网站和安全的 Web 页面； (3) 能够显示网站安全证书中的“安全信息”详情； (4) 了解用于身份认证的密码设置方法； (5) 掌握个人防火墙的功能及使用； (6) 如何查看并启用 Windows 防火墙； (7) 病毒的防护及间谍软件的防护方法； (8) 掌握哪些现象暗示计算机已经感染了病毒或恶意软件	案例 3.2
单元 4：快速搜索	搜索引擎和搜索策略的使用	(1) 了解论坛、广告、友情链接、知识库、文章等的用途； (2) 掌握搜索引擎的用途； (3) 正确评价搜索结果； (4) 合理使用搜索引擎的高级搜索来提高搜索速度； (5) 能够使用短语进行搜索； (6) 能够使用布尔运算符加快搜索速度； (7) 能够正确利用找到的搜索结果	案例 3.3
单元 5：数字通信与生活	电子邮件的使用和管理	(1) 掌握 Outlook 软件的使用和设置； (2) 了解电子邮件账户用户名的命名规则； (3) 掌握与电子邮件相关的词汇定义； (4) 能够完整的编写并发送电子邮件； (5) 掌握并区分回复、回复全部、转发、密送和抄送的区别； (6) 掌握地址簿的添加和管理； (7) 掌握设置自动回复和自动转发的方法； (8) 掌握附件的下载方法； (9) 能够整理个人文件夹； (10) 能够判断并处理垃圾邮件； (11) 能够判断和处理网络钓鱼； (12) 掌握电子邮件正确拼写方式，了解全部大写与标准大写的区别； (13) 掌握电子邮件与传统邮件的差异与优势	案例 3.4

续表

课程单元	知识点	技能点	案例
单元 6：实时通信的应用	可视化通信与远程呈现	（1）了解什么是实时通信方式； （2）了解即时通信软件 ICQ、AIM、Windows Live Messenger 等的功能和使用； （3）掌握实时视讯和可视化通信的应用和操作； （4）了解什么是网络会议，它与其他可视化通信有何区别； （5）了解博客、彩信、微信的使用； （6）了解在线生活的应用； （7）能够分清哪些是在线互动中的适当行为； （8）掌握口头与书面、职场与私人通信有哪些区别； （9）了解什么是诽谤、中伤	案例 3.5
	计算机维护和知识产权	（1）能够合法地进行个人数据使用及掌握知识产权的相关知识； （2）了解过滤、分享信息的后果； （3）如何实现数据保护； （4）如何处理硬盘、闪存盘、移动硬盘的残留数据； （5）掌握 Cookies 文件的用途及处理； （6）如何保证计算机安全和更新； （7）掌握与计算机网络犯罪相关的法律词汇定义	案例 3.6

表中课程配套案例内容如下：

人物：

企划部：张经理

技术支持工程师：小王

企划部新职员：小李

【案例 1.1】应届毕业生小李被分到公司企划部，技术部的小王来根据他的需求撰写计算机配置清单。

【案例 1.2】小王根据计算机配置清单选购部件进行组装。

【案例 1.3】由于在工作中要长时间的使用计算机，小李该如何布置自己的工位呢？

【案例 1.4】小王为新计算机安装 Windows 7 操作系统和 Office 2010 办公软件。

【案例 1.5】小王教小李对新计算机的 Windows 7 系统进行桌面设置、文件及文件夹的操作。

【案例 1.6】小王为小李设置网络参数，以便可以连接到公司的网络与同事和客户交流信息。

【案例 1.7】小李选择一种适合自己的文字录入方法，并加以练习。

【案例 1.8】计算机常用工具软件的安装。

【案例 1.9】小王建议小李安装一个安全防护软件，并简单设置。

【案例 1.10】小李的新计算机出故障了，找到小王前来处理。

【案例 2.1】张经理交给小李的第一个文件处理任务要求就很高（版面设计、图文混排、表格插入等）。

【案例 2.2】新年快到了，张经理让小李给客户制作新年明信片。

【案例 2.3】小李要将文件打印出来提交给张经理。

【案例 2.4】小李考虑如何能让 Word 工作更有效率？

【案例 2.5】各地分公司的年度数据报上来，张经理让小李根据要求做好数据的分析和整理。

【案例 2.6】小李想用图表来使得枯燥的数字更生动更直观。

【案例 2.7】使用多窗口操作的功能可以让工作效率更高。

【案例 2.8】小李希望可以通过 Excel 的数据分析功能来对数据进行处理。

【案例 2.9】Excel 的打印方法与 Word 有些不一样。

【案例 2.10】小李考虑如何能让 Excel 工作更有效率？

【案例 2.11】张经理要向董事会作数据分析的报告，安排小李制作会议用幻灯片。

【案例 2.12】在会前准备期间，小李向小王咨询笔记本式计算机的视频连接及幻灯片的放映问题。

【案例 2.13】会议结束后，小李按规定将演示用的幻灯片打印存档。

【案例 2.14】小李考虑如何能让 PowerPoint 工作更有效率？

【案例 3.1】小李学习使用浏览器，在网络上查找所需的信息。

【案例 3.2】小李在使用网络后，发现个人的信息容易泄露并且存在不安全隐患，于是请来小王寻求帮助。

【案例 3.3】张经理给小李布置了一个员工旅游项目，他需要在网上搜索所需的资料。

【案例 3.4】项目文件已经制作好了，小李要使用 Outlook 将文档发给张经理。

【案例 3.5】张经理对小李的文件比较满意，但有一些细节的问题需要使用实时通信软件与小李进行在线沟通。

【案例 3.6】小李与小王休息时间在一起聊天，小王告诉小李要定期整理计算机中的数据，同时还要保护自身数据。

教学内容简介：

本课程在教学内容的组织上以一名应届毕业生的工作经历为主线，将 IC^3 的技能点贯穿于这个主线之中，使学生有一种职场模拟环境的感觉，提高其学习兴趣。在知识点和技能点的组织上，尽量贴近实际，符合当前社会对员工的基本计算机能力要求。主要包括计算机基础知识、Office 软件应用、网络应用三大模块。

教学方法：

本课程是一门实践性很强的课程，采用多元化的教学模式，即集课堂教学、实践教学和网络教学为一体。

1．课堂讲授

在多媒体教室中采用电子教案授课，授课时以基本知识点为主结合计算机的特点，边讲、边演示，尤其是随着计算机的发展，注意引入学科新知识、新动态，提高授课质量，加大课堂信息量。

2．实训

实训环节应穿插于理论教学的全过程，在网络环境下以 Windows 7+Office 2010 为平台，各章节配备相应的实训案例进行训练，授课教师随堂点评，突出实践能力的培养。

3．网络

充分发挥网络技术在辅助教学中的作用，编制网络教程、列举典型例题、设计交互式上机练习，方便学生在课外时间自主学习，培养学生上网获取新知识的能力。

4．练习提高

通过课后练习使学生进一步复习巩固，并将作业纳入考核内容之一。

考核方式：

理论：闭卷上机考试（70%）+ 平时上机成绩（20%）+ 课后作业（10%）=100%，建议考试使用 IC^3-GS4 进行考试+认证一体化考核方式。

实训：结合实验指导书或案例手册的实操结果由任课教师随堂评分。

实训成绩评定标准：

（1）出勤情况占 10%。

（2）上机实际操作考核成绩 100 分，占实训总成绩的 70%，并且上机实际操作考核成绩不得低于 55 分。

（3）实训报告的完成情况占 20%。

最后折合成优秀、良好、中等、及格、不及格 5 个等级。

参考教材：

[1] 侯冬梅.计算机应用基础[M].北京：中国铁道出版社，2012.

[2] 金忠伟.计算机应用基础（IC^3）教程[M].北京：中国铁道出版社，2013.

[3] 美国 CCT 学习方案有限公司.计算机综合应用能力国际认证教程[M] .北京：中国铁道出版社，2010.

[4] PRESTON J .Computer Literacy for IC^3 Unit 3: Living Online. 2nd Revisededition. Prentice Hall，2012.

[5] PRESTON J .Computer Literacy for IC^3 Unit 2: Using Productivity. 2nd Revisededition. Prentice Hall，2012.

学时：112。

2.4　典型方案三：计算机基本操作技术

课程名称：计算机基本操作技术

课程设计理念：

1．面向应用，突出动手能力

计算机是现代社会通用的基础工具，本课程的教学目标是培养学生的信息化基础能力。把知识转化成能力是课程设计的关键点。通过引入真实的工作案例，给学生营造一种真实的工作环境，学生在完成案例的过程中提高办公自动化业务的处理能力，既要有单项应用能力，还必须具有综合应用的能力，我们总结为“6+1”能力结构，如图 2–2 所示。

2．针对岗位，突出职业能力

职业教育的目的是培养生产管理第一线所需要的动手能力强的高素质技术技能人才。本课程突出培养学生两方面的职业能力：一是办公事务信息化处理能力；二是职业岗位信息化服务能力。在课程设计上既要体现通用性，又要体现职业特色。结合专业特点，开发融合专业知识和职业技能的职业岗位特色案例，教学时不同专业有选择地使用相应的职业岗位特色案例，从而使计算机应用与职业岗位紧密融合，教学更具针对性和实用性，如图 2–3 所示。

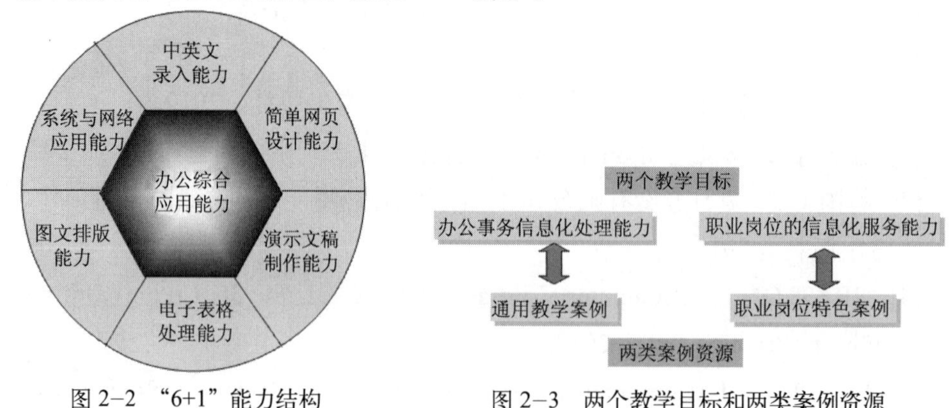

图 2–2 “6+1”能力结构　　图 2–3 两个教学目标和两类案例资源

技术与应用背景分析：

现代信息社会，无论是学习、工作还是生活，掌握计算机基本操作技术是必备的技能。特别是在实际办公事务处理中，无论是撰写报告、制作合同、数据计算处理、演讲汇报还是快速信息传递，都离不开计算机基本技术的支持，从图 2–4 的分析来看，这些服务职业岗位的基础信息化技术在实际工作中，有单独的运用，但更多的是交叉综合运用。

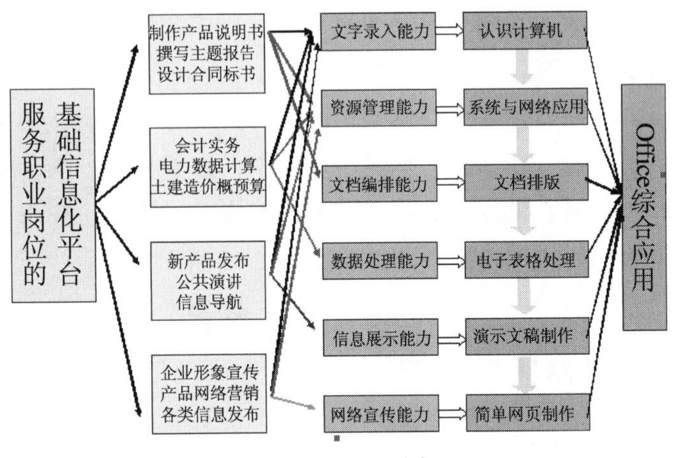

图 2-4　技术应用分析图

课程目标：

本课程的目标主要是培养学生办公事务信息化处理能力和职业岗位信息化服务能力，通过本课程的学习，使学生掌握运用 Windows 7 和 Office 2010 工作平台，进行信息处理的基本方法和技能，提高学生办公软件的综合应用能力。

（1）知识目标：了解计算机基础知识；掌握办公软件的使用，熟悉信息处理技术的基本方法；掌握运用 Internet 的方法，了解网络基础知识。

（2）能力目标：能熟练录入中英文文本；能熟练使用操作系统，管理计算机；掌握文档排版技术，会编排复杂结构的文档；掌握较复杂的运算和数据分析处理工作；会制作专业演示文稿；能综合运用办公软件，能为自己的专业服务。

（3）素质目标：培养学生的信息化意识；锻炼学生的学习能力和创新素质；培养学生团结协作、吃苦耐劳的精神，养成严谨的工作作风、认真的工作态度。

课程功能：

本课程根据职业岗位信息化能力的需求，依据实用性、先进性、典型性、服务性的原则，教学内容直接与计算机实际应用对接，将实际职业岗位所需的计算机知识、素质、能力整合到教学中，使教学内容既培养学生的计算机素质，又适合实际工作岗位的需求，实现为专业教学服务和职业岗位服务的功能。

通过信息素养的培养，让学生通过课程的学习，能为专业学习过程中的学习资源搜集、学习资源整理、学习资源发布、专业知识学习交流等方面提供帮助，从中也体会到课程所学也是未来职业岗位必备技能，在操作技能学习的同时，养成良好的信息化处理问题的习惯。

通过教学案例，特别是专业特色案例的设计，用专业知识、专业素养等内容作为案例素材，学生在学习计算机基本操作过程中，也了解了一些专业知识与专业素质要求，掌握了未来职业岗位中专业文档等范例格式与技巧，从而也能激发学生学习的兴趣。以案例为载体构建课程的结构如图 2–5 所示。

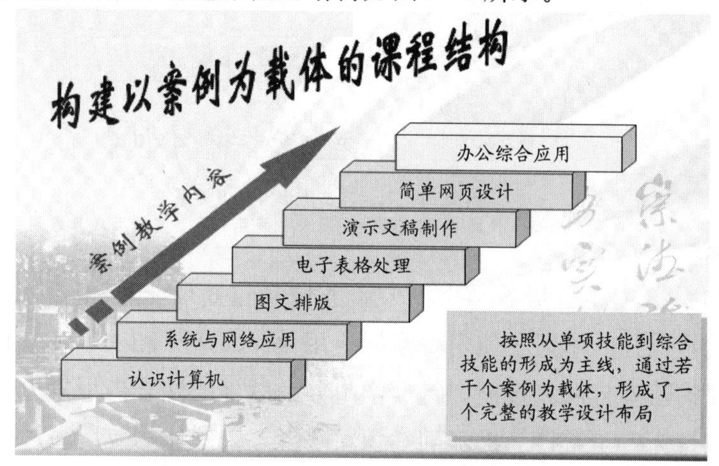

图 2–5　以案例为载体构建课程结构

课程结构要素：

1. 构造以案例为载体的课程结构

面向企业需求，调研和分析企业实际工作事务，选择有代表性的事务将之整合成教学案例；按照从单项技能到综合技能的形成为主线，依据实用性、先进性、典型性、服务性的要求，以案例为载体，重新构建课程内容。

2. 结合职业岗位，设计两类教学案例

把中英文录入、系统与网络应用、图文排版、电子表格处理、演示文稿制作、简单网页制作和综合应用等 7 个模块与职业岗位应用有机结合起来，建成了计算机基础课程“通用教学案例”和“职业岗位特色案例”资源库，按专业选择相应的案例进行教学，实现了计算机应用与职业岗位紧密融合，“通用教学案例”（见表 2–7）主要用于课堂一体化教学。

表 2-7 “计算机基本操作技术”课程结构要素（通用教学案例）

课程单元	知识点	技能点	通用教学案例
认识计算机	（1）计算机硬件组成； （2）计算机软件系统； （3）计算机键盘组成； （4）计算机病毒特点	（1）计算机硬件连接； （2）计算机软件安装； （3）键盘操作技巧； （4）病毒防杀	案例 1:认识计算机； 案例 2:中英文录入； 案例 3:计算机病毒防治
系统与网络应用	（1）Windows 的窗口； （2）文件与文件夹； （3）TCP/IP 协议； （4）网络域名； （5）电子邮件； （6）计算机信息	（1）窗口操作； （2）文件操作； （3）文件夹操作； （4）系统优化； （5）接入 Internet； （6）收发电子邮件； （7）信息搜索、上传与下载	案例 4:系统基本操作； 案例 5:文件资源管理； 案例 6:计算机管理； 案例 7:互联网接入与冲浪； 案例 8:收发电子邮件； 案例 9:信息收集与上传下载
图文排版	（1）Word 工作环境； （2）字体段落格式； （3）页面布局； （4）文档视图； （5）样式与目录； （6）页眉与页脚； （7）脚注与尾注； （8）表格与单元格； （9）边框与底纹； （10）文本与图表； （11）分节与分页； （12）邮件合并	（1）字体段落格式设置； （2）设置页面格式； （3）选择视图看文档； （4）使用样式； （5）制作目录； （6）设置页眉页脚； （7）插入脚注尾注； （8）制作表格； （9）设置边框与底纹； （10）插入图形； （11）分节与分页符的使用； （12）邮件合并； （13）预览、打印文档	案例 10:撰写招聘启事； 案例 11:制作电子报刊； 案例 12:设计求职简历； 案例 13:群发通知； 案例 14:编排毕业论文
电子表格处理	（1）Excel 工作环境； （2）工作簿与工作表； （3）单元格地址； （4）单元格边框与底纹； （5）公式与函数； （6）数据列表	（1）数据录入； （2）设置单元格格式； （3）设置边框与底纹； （4）单元格数据的引用； （5）设计公式进行数据运算； （6）利用函数进行数据运算	案例 15:学生成绩统计与分析

续表

课程单元	知识点	技能点	通用教学案例
电子表格处理	(1)数据排序； (2)数据筛选； (3)分类汇总； (4)合并计算； (5)数据透视表； (6)图表； (7)页面设置； (8)打印区域； (9)打印预览	(1)数据排序处理； (2)数据筛选处理； (3)数据分类汇总处理； (4)多表数据合并计算处理； (5)用数据透视表查看数据信息； (6)根据相关数据建立各种图表； (7)工作表的页面设置； (8)人工分页； (9)置工作表的打印区域； (10)打印预览和输出指定内容	案例15：学生成绩统计与分析
演示文稿制作	(1)演示文稿的工作环境； (2)演示文稿的版式； (3)演示文稿的背景； (4)演示文稿的模板； (5)演示文稿的超链接； (6)演示文稿的放映	(1)演示文稿的版式使用； (2)设计演示文稿的背景； (3)设计演示文稿的模板； (4)设计演示文稿的母版； (5)使用超链接； (6)使用动画； (7)切换幻灯片； (8)使用声音和视频； (9)放映幻类片	案例16：制作公司庆典新闻发布会演示文稿
简单网页设计	(1)网站的要素； (2)网页的框架； (3)HTML； (4)组件	(1)制作简单的网页； (2)文字对象的设置； (3)表格对象的设置； (4)图片对象的设置； (5)书签对象的设置； (6)超链接的设置； (7)添加简单的组件	案例17：个人网站设计与制作
办公综合应用	综合知识	技能综合应用	案例18：社会调查与撰写调查报告

本课程作为一门公共基础课，使用范围涉及社会的各个行业，为了使教学内容

更适合不同专业的教学对象，把教学案例与职业岗位应用有机结合起来，开发职业岗位特色案例 7 类 30 多种（见表 2–8）。教师可以根据教学目标的需要，灵活运用通用案例和职业岗位特色案例实施教学，突出服务于职业岗位的作用。

表 2-8　7 类“职业岗位特色案例”

专 业 类 别	职业岗位特色案例
人文社科类	社会调查报告、比赛计分系统、行政公文
经济贸易类	财务管理系统、市场营销分析报告
制造技术类	电子产品说明书、电子产品成本计算
水电交通类	汽车类产品使用说明书、常用电力数据计算公式
土木建筑类	土建造价计算、工程施工数据计算、工程合同、投标书的制作
生物化工类	环境影响报告书、药物使用说明书、园林规划方案
信息工程类	投标书制作、计算机配置价格单、软件产品说明书、网络工程合同

教学内容简介：

本课程内容主要包括计算机基本组成、硬件连接和软件安装、计算机操作系统、网络应用、信息安全、Office 办公软件、网页简单设计等。通过一系列“通用教学案例”和“职业岗位特色案例”将课程内容的知识点和技能点贯穿起来，并最终使学生能够综合运用所学知识和技能处理解决实际问题，提供计算机的基本应用能力。

教学方法：

依托两类案例，实行学做一体，突出自主学习。灵活运用通用案例和职业岗位特色案例，实施教学做合一的一体化教学。按“展示案例→提出问题→讨论分析→实操制作→教师点评→归纳总结”6 个步骤组织教学活动，具体过程如表 2–9、图 2–6 所示。

表 2-9　教学活动组织过程表

教 学 步 骤	教学组织与实施说明
展示案例	教师展示引导文材料，讲述工作任务
提出问题	说明学习情境，学习相关知识和技能；学生分组进行调查与资讯，提出实施计划
讨论分析	教师对工作任务进行分析，学生形成工作计划，并制订详细的实施方案，教师综合评价，确定实施方案
实操制作	学生动手操作，完成教学案例的制作
教师点评	学生互评，教师点评，各组提供文档，汇总保存
归纳总结	对知识和技能进行归纳总结，完成知识的迁移

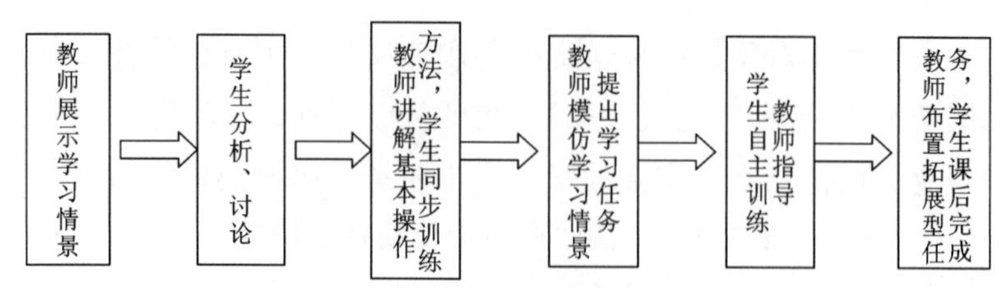

图 2-6　课堂教学流程考核方式

考核方式：

本课程的考核实行能力达标机制，学生在学习期间必须每一项操作技能都要达标，这给学生的操作能力提出了全新的要求。把能力分为中英文录入能力、系统与网络应用能力、图文排版能力、电子表格处理能力、演示文稿制作能力、网页制作能力和办公综合应用能力 7 项，分别创设考核任务，其中 6 个单项能力分别在教学过程中实施，方便教师实时监测学生计算机基本能力的掌握程度，合理调节教学实施的进度。综合能力的考核在期末进行，采用全国计算机信息高新技术统一考试，通过考核后，获取 "办公软件应用" 资格证书。

参考教材：

[1] 罗幼平，王仕勋，万德年．计算机应用基础任务驱动教程[M]．北京：高等教育出版社，2011．

[2] 万德年，罗幼平．计算机基本操作技术[M]．武汉：武汉出版社，2010．

[3] 阳东青，徐也可，谢晓东．计算机应用基础项目教程[M]．北京：中国铁道出版社，2010．

[4] 华诚科技．Office 2010 办公专家从入门到精通[M]．北京：机械工业出版社，2010．

学时：82（课内教学 52 学时，课外训练 30 学时）。

2.5　典型方案四：计算机应用基础案例

课程名称：计算机应用基础案例

课程设计理念：

本课程的设计理念是"以学生为中心，在娱乐中学习，在学习中成长"。

1. 以学生为中心

以往课程设计的重点为以教师为中心，以教为中心，忽略了学生作为学习主体的作用，使得课程设计的目的虽好，但是教学效果并不理想。因此，本课程在课程设计中充分考虑学生的学习特点、学习兴趣、未来职业需求，围绕学习者设计教学目标、教学内容、教学方法、教学手段和评估方式。发挥教师启发学习过程的主导作用，充分调动学生作为学习主体的主动性、积极性与创造性，激发学生的学习兴趣、学习激情，培养学生的自信心和自主学习能力。

2. 在娱乐中学习

高职学生的普遍特点是学习兴趣较差，因此，课程设计成功的关键是要激发学生的学习兴趣，使学生在娱乐中学习所需要的知识，掌握职业所需要的技能。在教学案例设计中，选择具有娱乐性的题材，给学生造成视觉冲击，激发学生的创作激情。以 PPT 教学为例，通过精选案例，讲授 PPT 作品的制作过程、技术要点、各种工具的使用方法；案例经过艺术化设计、信息化加工，开始用娱乐性 MV 案例激发学生的兴趣和创作激情。然后，讲授如何用所学 PPT 技能制作公司的宣传片，从而使学生在娱乐中学会职业所需要的 PPT 制作技能。

3. 在学习中成长

高职学生除了学习兴趣较差之外，还缺乏学习主动性和自信心。根本原因在于多年来学生处于被动式、枯燥式学习中。为此，在课程设计中，通过布置课下任务，让学生自选题材完成创作任务。学生在完成课下任务时，会选择各自有兴趣的题材，充满激情地去创作，比如广告设计、歌曲 MV 等。教师演示所有学生的作品，通过展示，极大提高学生的自信心。学生在课程学习中，除了掌握了基本职业技能外，也在自信心、自主学习能力等方面得到成长。

技术与应用背景分析：

计算机应用基础是全国高职院校都开设的公共基础课程，由于历史原因，早期的计算机应用基础课程定位于计算机基础知识普及教育和计算机考级辅导课程。随着信息技术的飞速发展，现在中小学都开过类似课程，而高职的计算机应用基础课程仍然在沿用过去的教学定位和教学方法，大部分教师还在用菜单式的教学方法教学。因此，学生觉得“我学过，我会，不用学”，课程面临教师难教、学生不愿意学的尴尬局面，于是有些专家、教师认为应该取消计算机应用基础课程。

但是，学生走向工作岗位后却发现远远达不到工作要求，企业要求学生具备使用 Office 工具完成工作任务的能力，比如制作商业信函、产品广告、招标书、销售数据处理、公司产品宣传 PPT 等。从多次校企教学研讨会上企业人员的发言也印证了这一点，企业人员反复强调需要加强学生在 Office 方面的训练。

因此，计算机应用基础课程面临的不是该不该取消的问题，而是如何深化课程改革，加强课程建设，以适应新时期高职教育发展的问题。课程出现的问题是发展中的问题，是认识上的问题，是教学理念、教学策略、教学模式、教学方式上的问题。

课程目标：

本课程将计算机应用基础定位为“职业基本技能训练和职业素质教育”，使课程成为高职人才培养体系中素质教育的组成部分。通过课程教学，培养学生职业所需要的基本技能，特别是办公软件的使用技能，由过去“教会学生如何用工具”转变为现在“教会学生如何用工具出色完成工作任务”，同时也注重培养学生的职业基本素质，包括学生的自信心、自主学习能力和合作精神。

课程功能：

（1）面向全体学生，为学生全面发展和终身发展奠定基础。课程要符合学生生理和心理特点，遵循学习的规律，力求满足不同类型和不同层次学生的需求，使每个学生的身心得到健康的发展。

（2）关注学生的情感，营造和谐的教学氛围。学生只有对自己、对计算机技术及其文化、对计算机基础学习有积极的情感，才能保持计算机基础学习的动力并取得好的成绩。消极的情感不仅会影响计算机基础学习的效果，而且会影响学生的长远发展。因此，在计算机基础教学中教师应该自始至终关注学生的情感，努力营造宽和谐的教学氛围。

课程结构要素：

课程共 4 个教学单元，分别是：

（1）计算机操作。

（2）Office Word 排版技术。

（3）Office Excel 表格处理技术。

（4）Office PowerPoint 演示制作技术。

每个教学单元设计 1 个课下任务、4 个课堂教学案例、N 个网络学习案例。简称 1–4–N 课程模式。

1．1 个课下任务

课下任务环节的设计目的是使学生带着任务有目的学习。学生通过完成任务激发学习兴趣、提高自主学习能力、掌握单元教学所需要的技能和知识。因此，课下任务的设计需要考虑任务所涵盖的知识、技能点，学生的兴趣程度。基于本课程的教学理念："以学生为中心，在娱乐中学习，在学习中成长"，课下任务让学生自选题材设计作品，从而最大限度激发学生自主学习的兴趣和潜力。图 2–7 所示为教学单元课下任务图。

图 2–7　教学单元课下任务图

2．4 个课堂教学案例

课堂教学的目的首先是激发学生的学习兴趣，其次是启发、引导学生学习如何使用各种工具，并利用工具完成工作任务，最后，通过案例训练使学生掌握相应的技能和知识点。

遵循本课程的教学理念，在娱乐中学习、在学习中成长，案例的设计需要选择吸引学生、具有时代感的题材，并经过艺术化设计以给学生造成视觉冲击，激发学生的学习兴趣和创造热情。同时，经过信息化加工，使案例涵盖需要涉及的技能点和知识点。表 2–10 所示为教学单元 4 个课堂教学案例。

表 2–10　教学单元 4 个课堂教学案例

4 个课堂教学案例		
计算机操作	案例 1	微机的配置
	案例 2	操作系统配置
	案例 3	网络配置
	案例 4	综合案例：家庭网络配置

续表

4个课堂教学案例		
Word 排版技术	案例 1	制作简历
	案例 2	产品广告
	案例 3	报纸设计
	案例 4	商业信函
Excel 表格处理技术	案例 1	贷款分期付款
	案例 2	成绩分析
	案例 3	计算家庭开支
	案例 4	显示销售情况及趋势
PowerPoint 演示制作技术	案例 1	影视宣传:神雕侠侣
	案例 2	片头制作:射雕英雄传
	案例 3	MV 制作:I BELIEVE
	案例 4	公司宣传片制作:三星公司宣传片

3. *N*个网络学习案例

网络学习平台提供了更多教学案例、历届学生作品供学生学习，并提供了配套的教学录像、操作演示过程视频供不同程度的学生选择观看。网络学习平台还提供了各种拓展资源供学生研究，以帮助学生完成课下创作任务。教师通过网络平台掌握学生网络学习情况，并随时通过讨论组、论坛与学生交流互动。

教学内容简介：

1. IT 技术概述

主要教学内容：

(1) 多媒体技术。

(2) 蓝牙技术。

(3) VOIP。

(4) 刀片式服务器（Blade Server）。

(5) Web 2.0 技术。

(6) 信息安全。

教学要求：

通过本章学习，使学生了解计算机的一些基本概念，如信息技术、计算机的历史与发展趋势、应用领域等。了解反映当今信息技术发展动向的新概念，如：多媒体、计算机病毒、蓝光标准、蓝牙技术、刀片式服务器等。从各个方面了解 IT 世界日新月异的变化，更新知识，以适应 IT 行业的快速发展。

2．认识计算机的配置

主要教学内容：

（1）任务 1——选配微机部件。

（2）任务 2——选配中央处理器。

（3）任务 3——选配计算机主板。

（4）任务 4——选配内存。

（5）任务 5——选配硬盘。

（6）任务 6——选配显示器。

（7）任务 7——选配光驱。

（8）任务 8——选配鼠标和键盘。

教学要求：

本章从认识计算机配置入手，通过解析配置的技术指标来认识计算机的组成和相关技术指标，目的是使学生通过具体任务认识计算机，了解计算机的基础知识。

3．使用 Windows 7 操作系统

主要教学内容：

（1）任务 1——美化 Windows 7 桌面。

（2）任务 2——管理文件和文件夹。

（3）任务 3——管理磁盘。

（4）任务 4——安装硬件。

（5）任务 5——系统设置。

教学要求：

随着计算机的普及，大学计算机技术的教育已经不是“零起点”，普及式的学习或者教育已经过时；另一方面，计算机的普及和发展又对计算机技术的教育或者学习提出了新的要求。为此，本章以任务的方式来学习 Windows 7 的操作和使用。

通过学习，使学生掌握 Windows 基本操作、文件及文件夹基本操作、Windows 常用附件的使用方法、收藏夹的使用方法和收发电子邮件；能定制个性化工作环境、

理解自动更新、系统还原功能，熟悉系统的环境设置。

4．应用计算机网络

主要教学内容：

（1）任务 1——网络规划。

（2）任务 2——选择交换机或路由器。

（3）任务 3——理解 TCP/IP。

（4）任务 4——设置宽带路由器。

（5）任务 5——设置计算机。

（6）任务 6——网络测试。

（7）任务 7——设置浏览器 IE。

教学要求：

计算机网络技术的理论知识较难学懂，而网络技术在现实中又有非常实际的需求，为此，基于工学结合的思想，本章以项目“基于宽带路由器组建家庭局域网”为主线讲授计算机网络的实用技能。使学生掌握网络规划、TCP/IP 配置、了解路由器等网络设备，了解网络的计算机配置。

5．使用 Word 2010

主要教学内容：

（1）任务 1——认识 Office 2010。

（2）任务 2——制作简历。

（3）任务 3——认识 Word 2010。

（4）任务 4——报纸的设计排版。

（5）任务 5——产品广告的设计。

（6）任务 6——设计制作专业合同。

（7）任务 7——制作节日信函。

教学要求：

本章将以中文 Word 2010 为背景，按照项目驱动教学法的要求，采用实用案例的形式组织教材内容。

随着计算机的普及，使用 Office 软件已不是问题，了解 Office 的每一个功能也不是首要任务，最重要的是结合工作中最需要的技能来学习和使用 Word。基于此指导思想，本章选用“公司报告”“报纸编排”“产品说明书”“产品广告”等案例来学习实用排版技术。

通过学习，使学生掌握 Word 启动与退出方法，Word 窗口界面各个部分的特点和功能；了解 Word 运行环境。掌握文档的打开和关闭，文档显示模式，页面设置，文档编辑，文档预览、保存和打印，文档安全，使用帮助，字体设置，段落设置，边框和底纹，页眉和页脚，项目符号和编号，版式编排；掌握文本框，图文框、画图，图形组合及版式控制；掌握表格的建立和编辑，表格修饰，表格排版，表格与文档的转换；掌握样式的作用，建立和使用样式，管理样式。掌握模板的作用，创建和保存模板，使用模板，获取模板和向导；了解 Word 高级操作。

6. 使用 Excel 2010

主要教学内容：

(1) 任务 1——贷款分期付款。

(2) 任务 2——了解 Excel 2010。

(3) 任务 3——计算家庭开支。

(4) 任务 4——显示销售情况及趋势。

(5) 任务 5——分析销售数据（数据透视表）。

(6) 任务 6——查寻产品销售年度报表。

(7) 任务 7——制作自动评分。

教学要求：

在现实工作中，有非常多的任务需要用 Excel 去处理，本章选用“贷款分期付款”“财务报表分析”“销售报表”等工作中具有代表性的案例来学习用 Excel 2010 处理数据和分析数据的技术。

通过学习，使学生掌握 Excel 的启动与退出方法，Excel 窗口界面各个部分的特点和功能；了解 Excel 运行环境。掌握 Excel 建表基本过程：建立表结构的方法，表格数据的输入方法（常规法、调用法、公式法）和简单编辑、修饰表格的方法，表格保存与输出的方法。掌握填充柄的操作（填充、复制）方法，对单元格、区域、列和行、工作表的编辑方法，表格数据的统计求和方法；理解单元格的命名、使用方法，填充序列的导入方法。掌握数字格式处理方法，对齐方式的使用、边框和背景的修饰方法；了解表格数据的数据保护方法，条件格式的设置方法。掌握创建、编辑图表的基本方法，图表的打印方法；理解图表对象的背景修饰方法，图表的类型和作用。掌握图表在转置中的分析作用，图表类型变化和分析应用，两组数据组合图表与应用的方法；了解图表的各种类型。掌握公式复制过程中的 3 种引用（相对引用、绝对引用、混合引用），条件函数（IF）和函数套用方法；了解函数在表格中的应用。掌握自动筛选数据的设置方法，创建多重筛选条件区的方法，表格数据的排序方法；理解多重筛选的设置。理解分类汇总的两种方法及利用透视表进行透视统计。

7．使用 PowerPoint 2010

主要教学内容：

（1）任务 1——认识 PowerPoint 2010。

（2）任务 2——使用动画。

（3）任务 3——插入声音和影片。

（4）任务 4——排练和计时。

（5）任务 5——使用 SmartArt 图形。

综合任务—制作 IT 企业宣传幻灯片。

教学要求：

在现实工作中，有非常多的任务需要使用 PowerPoint，比如产品介绍、授课、工作交流以及专题、MV 的制作。本章通过若干典型片段的设计来学习如何使用 PowerPoint 2010 制作高水平的演示文稿。

通过学习，使学生掌握 PowerPoint 的启动与退出方法，PowerPoint 窗口界面各个部分的特点和功能；了解 PowerPoint 运行环境。掌握使用内容提示向导创建演示文稿的方法、幻灯片的编辑、文字和段落的编辑、文本框和占位符的编辑、幻灯片的简单修饰、浏览视图中对幻灯片进行编辑、动画方案的应用、演示文稿的保存及打印。掌握打开已有演示文稿的方法，“幻灯片版式”任务窗格的使用，使用自选图形及绘制图形，修饰组合图形中的对象，表格页面的添加与表格的编辑，图表的创建方法及数据的导入，组织结构图的创建、编辑和修饰，保存图片和演示文稿的方法。掌握动画效果设置方法、使用动画动作路径、动画增强效果的设置、幻灯片的控制方法。掌握使用设计模板的技巧，取消设计模板中的图案，在“大纲”选项卡中编辑演示文稿结构，在“大纲”选项卡中修饰文字与段落，使用项目符号，使用母版统一演示文稿格式，添加备注信息，制作摘要页，控制幻灯片的隐藏与显示，创建自定义模板，演示文稿中备注页与讲义的打印。掌握幻灯片版式的应用，艺术字的添加、编辑及修饰，插入图片，图片的编辑和修饰，创建相册及编辑相册，添加背景音乐及设置动画效果，将演示文稿保存为其他类型文件。理解设置放映时间、方式，为幻灯片添加旁白，放映时使用绘图笔，利用超链接控制跳转动作。

8. 考证辅导

主要教学内容：

(1) 微软认证介绍。

(2) 计算机一级 MS Office 考试介绍。

(3) 计算机一级考试理论题分析。

(4) 计算机一级考试模拟考试训练。

教学要求：

通过本章学习，补充计算机一级考试所需的计算机基础理论知识，如二进制计算等。使学生熟悉计算机一级考试的题型，并能用一级考试模拟试题自主练习。

教学方法：

通过网络教学平台、多媒体工具使用、多媒体资源建设等信息技术的使用，保证了“1—4—*N* 课程模式”混合式教学的实现，完成课程的教学目标。

从整个教学流程来看，“1—4—*N* 课程模式”以 4 个案例为中心来整合教学内容，用一个课下创作任务来驱动教学过程，使学生从一开始就带着任务进入学习，通过课堂 4 个案例训练项目和网络 *N* 个学习案例逐渐学习完成任务所需的知识，掌握完成任务所需的技能，使所有学生都能在任务的实现中分层递进地学习与提高，最终完成制作 PPT、MV 的任务。通过这一教学模式，学生获得成功的喜悦，增加自信，引发继续学习的动力。

(1) 教学设计充分利用信息技术的优势，通过网络教学平台、多媒体教学资源、工具软件等，使混合教学模式得以实现；发挥教师在课堂教学中的引导作用，利用网络教学平台的优势，培养学生兴趣、自信和自主学习的能力；从而实现教学目标的能力、知识和情感目标。

（2）通过课下创作任务牵引，让学生有目的地学习，在学习中做，在完成任务过程中学习。

（3）学生自主选择题材比教师规定题材效果要好，使学生更有兴趣和创作激情。

（4）教师创设情境，通过案例来讲授知识点、技能点，使学生通过完成课内任务来学习各种工具的使用；案例选择具有艺术性、多媒体视觉冲击效果，更能激励学生的学习热情。

（5）通过网络学习的任务驱动，让学生学习如何制作商业作品，并学会合作完成任务；同时，完成的大量商业案例的操作过程视频充实课程资源，成为课程源源不断的再生资源。

（6）案例的选择需要与时俱进，不能一成不变；随着时间的推移，更多学生的作品将纳入到教学案例环节，教师也将通过学习更多优秀学生作品提高教学水平。

考核方式：

对学生作品的评价，由教师和同学共同完成，所有学生通过网络教学平台参与作品的评价。学生评分去掉最低分和最高分，由系统自动计算最后平均成绩。教师评分占 50%，学生评分占 30%。网络学习占 10%，课堂学习占 10%，如图 2-8 所示。

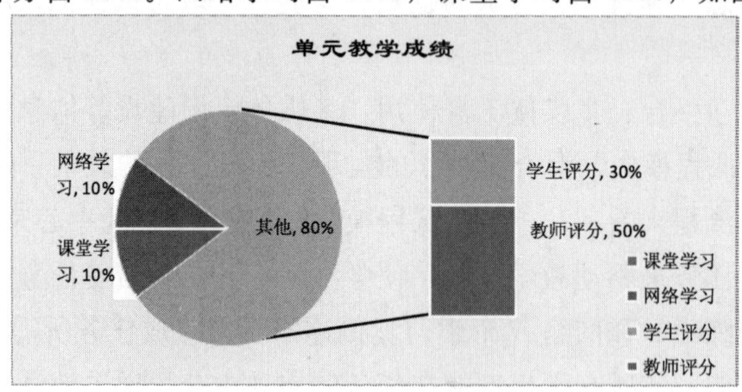

图 2-8　教学单元成绩组成比例图

评价包括整体效果、思想性、艺术性、动画技巧、文字效果、图片效果、音乐处理方面，如表 2-11 所示。

表 2-11　考核评价内容比例

整体效果（30 分）	思想性（10 分）	艺术性（10 分）	动画技巧（20 分）	文字效果（10 分）	图片效果（15 分）	音乐处理（5 分）

教师将优秀学生作品加到网络学习平台的学生作品中，供下届学生学习参考。同时，组织优秀的学生参加微软 MOS 专家认证考试和微软公司举办的全国信息化核心技能大赛项目的比赛。

参考教材：

林涛．计算机应用基础案例教程[M]．2 版．北京：人民邮电出版社，2012．

学时：40 学时。

第 3 章　高职计算机公共课程II

在第 2 章介绍了基于标准的高职计算机公共课程改革，本章提出另一种“以信息素养为目标的高职计算机公共课程改革”，并给出两门典型课程方案。

3.1　以信息素养为目标的高职计算机公共课程理念

美国教育技术 CEO 论坛 2001 年第 4 季度报告提出 21 世纪的能力素质，包括基本学习技能（读、写、算）、信息素养、创新思维能力、人际交往与合作精神、实践能力。

信息素养（Information Literacy）的本质是全球信息化需要人们具备的一种基本能力。信息素养可以简单地定义为：能够判断什么时候需要信息，并且懂得如何去获取信息、表达信息，以及如何去评价和有效地利用所需的信息。信息素养既包括对信息技术工具的使用，也包括调查方法、鉴别和推理知识等。信息素养是一种对信息社会的适应能力。

随着计算机技术的飞速发展，计算机、互联网和移动终端改变着人们的学习、工作和生活方式。同时，全国范围高中阶段教育的信息技术课程基本得到普及，学生已具备一定的计算机基本操作能力。因此，高职计算机公共课程的教学基础发生了变化，课程目标与课程定位需要适应新形势的发展。在进一步夯实学生计算机应用能力的同时，提高学生信息处理与分析能力，培养学生职业生涯所需要的信息素养成为新时期下高职计算机公共课程的培养目标。

3.1.1　高职计算机公共课程的发展及现状

1．高职计算机公共课程的发展历程

高职计算机公共课程是以计算机技术为核心的通识教育课程。通过计算机教育和

应用，使学生掌握计算机基本应用能力，培养信息素养，为专业和学生生涯发展服务。

自 20 世纪 90 年代起，全国高职院校非计算机专业相继开设计算机公共类课程，以学生计算机操作技能培养为核心，主要学习计算机基本知识、Office 办公软件应用、互联网应用以及信息安全等知识。通过该门课程的学习，进一步提升学生的计算机基本应用能力，适应职业岗位对跨世纪人才的计算机素质要求。多数计算机类专业学生也开设“计算机应用”等课程，作为计算机入门课程。

在教学实践过程中，广大计算机公共课教师从培养学生计算机操作能力的教学目标出发，针对教学对象的特点和变化，进行了大量的教学研究和实践探索，从办公应用等工作任务出发，精选教学案例，探索案例教学、项目教学模式，编写了一批特色鲜明的高职计算机公共课教材，为培养高职学生的计算机应用能力做了大量卓有成效的工作。

在课程考核上，多数省份的高职院校计算机公共课程教学与考核目标与全国计算机等级考试（一级）标准接轨，追踪计算机等级考试的版本更新进程。目前，多数高职院校开始使用 Windows 7 操作系统、Microsoft Office 2010 办公软件，少数省份仍在组织省级统一计算机应用能力测试。近年也有一些国际计算机应用能力标准引进，很多本科和高职学生应用这些标准评估和检验自己的计算机基本应用能力水平。

高职计算机公共课程被认为是高职教育的公共基础课，在各专业普遍开设，但各校安排的学时数差异较大，以 48～72 学时为主。以培养学生计算机操作能力为教学目标的高职计算机公共课的目标定位没有随着中小学信息技术的普及而及时调整，导致在高职新生具有一定计算机基本操作能力的基础上，本课程的定位被质疑，部分学校削减了计算机公共课程的学时。

2. 高职计算机公共课程面临的挑战

2000 年 10 月，教育部召开了全国中小学信息技术教育工作会议，明确提出从 2001 年起，用 5～10 年的时间，在全国中小学基本普及信息技术教育，提升中小学生的计算机操作能力。截至 2007 年，高中开设信息技术课程的比例达到 100%，学生具备了一定的计算机基本操作能力。2011 年，发布了新的中小学信息技术课程标准，提出信息技术课程以培养学生信息素养和信息技术操作能力为主要目标，强调操作性、实践性和探究性。高中信息技术课程虽然普遍开设，但由于学生面临高考升学压力，学生对该课程的重视程度不高，学生掌握计算机操作能力普遍不理想，这些学生进入高职院校仍有进一步提高计算机操作能力、强化信息处理能力，提升信息素养的迫切要求。

2009 年，教育部发布《关于印发新修订的中等职业学校语文等七门公共基础课程教学大纲的通知》，推出《中等职业学校计算机应用基础教学大纲》，明确计算机应用基础课程是中等职业学校学生必修的一门公共基础课，课程的任务是使学生掌握必备的计算机应用基础知识和基本技能，培养学生应用计算机解决工作与生活中实际问题的能力，提升学生的信息素养。其课程目标与现行的高职计算机公共课程教学目标基本相同。中等职业学校的计算机基础课程改革，要求高职计算机公共课程在课程定位上进行调整，避免高职计算机公共课程与中职计算机基础课程重复开设。

信息技术快速发展的今天，已经进入大数据时代，互联网每年形成的数据和信息成倍增长，有效利用海量数据资源改进生产和服务，成为转变增长方式的重要支撑，新时代的大学生不能仅会操作计算机，更重要的是具有强烈的信息意识、有较强的信息处理能力和高尚的信息道德，从大量数据和信息中发现问题、总结规律、辅助决策，形成用数据说话、基于事实决策的工作习惯，培养学生职业生涯所需要的信息素养。以培养高职学生的计算机操作技能为核心的课程定位已经不能适应新时代的要求，需要大力推动高职计算机公共课程教学改革。

2012 年以来，全国高等院校计算机基础教育研究会高职高专专业委员会组织全国部分高职院校进行计算机公共课程教学改革定位研究，在普通高等学校（本科）积极推进以计算思维为主线的计算机公共课程改革的同时，探索高职院校计算机公共课程的改革。在深入交流和分析的基础上，提出了一种在计算机技术视野下以信息素养培养为核心、以信息处理能力培养为主线的高职计算机公共课程改革思路。

3.1.2 高职计算机公共课程定位与指导思想

1. 高职计算机公共课程的定位

高职教育人才培养定位于培养生产、建设、管理、服务第一线的高素质技术技能人才；高职院校办学定位于服务区域经济社会发展，办学层次定位于专科层次。不同于中等职业教育以培养学生熟练的操作技能为核心，也不同于本科教育培养应用型和学术型人才强调建模和算法设计，高职教育培养的技术技能人才，应能在生产第一线的工作岗位上运用掌握的技术、方法和工具解决生产实践中的问题，特别是能够解决操作性、工艺性难题。因此，应培养高职学生具有较高的综合素质，较强的技术技能，较强的分析和解决问题能力。

计算机不仅为不同专业提供了解决专业问题的有效方法和手段，而且提供了一种独特的处理问题的思维方式。而熟练使用计算机及互联网，为人们终生学习提供了广阔的空间以及良好的学习工具与环境。高职计算机公共课程作为高等职业教育的公共基础课程，应该着重于专业教育与文化素质教育的融合，着眼于文化素质教育的创新实践。

因此，高职计算机公共课程的定位是在计算机技术视野下培养学生具备职业生涯所需要的信息素养。其具体目标是以信息素养培养为核心、以信息处理能力培养为主线，进一步提升学生的计算机基本应用能力，拓展工作、学习、生活相关知识，强化学生信息意识，提高学生信息处理能力，养成学生信息道德，培养学生能够有效地、高效地获取信息，熟练地、批判地评价信息，精确地、创造性地使用信息，形成用数据说话、基于事实决策的行为习惯，提高计算机和网络安全意识，遵守信息安全法律法规，树立高尚的信息道德，提高学生的计算机素质和实践技能，培养学生具备应用计算机工具解决实际工作问题的能力。

2. 高职计算机公共课程设置指导思想

(1) 把握高职人才培养定位。准确把握高职人才培养定位，改变目前普遍存在的计算机公共课教学重操作、轻理论的倾向，避免出现严重的理论缺失，理论以“必需、够用”为度。准确把握课程目标，围绕培养学生的信息素养这个目标，以培养学生分析解决实际问题能力为出发点和落脚点，不仅让学生知道怎么做，还需要知道为什么这样做，给学生留下怎么做更好的创新空间，培养有较高信息素养、掌握计算机和网络应用技术、具有较强信息处理能力的技术、技能性人才。

(2) 以培养信息素养为核心。改变以计算机操作技能培养为核心的传统高职计算机公共课教学目标，调整为以培养学生信息素养为核心，落实信息意识、信息处理能力和信息道德的培养，培养学生树立用数据说话、基于事实的决策的行为习惯，培养学生利用计算机和网络分析解决问题的能力，形成较强获取、使用和评价信息的能力，培养学生的信息道德，引导学生自觉遵守信息安全法律法规，尊重知识产权，保护他人隐私，自觉地通过自己的判断规范自己的信息行为。

（3）以信息处理能力培养为主线。信息素养水平的关键因素是信息处理能力，主要表现为人们利用计算机和网络技术进行信息处理的能力。因此高职计算机公共课教学要落实以信息处理能力培养为主线，在日常教学过程中，让学生学会高效率地获取信息、批判性地评价信息和创造性地使用信息，通过信息采集、信息整理、数据校验、数据加工处理、统计分析、判断决策、展示与发布的信息处理全过程，熟悉每一个环节使用的计算机和网络系统工具、计算机信息处理软件和信息处理方法，形成较强的信息处理能力，为将来工作、学习打下坚实的基础。

（4）落实“做中学”“做中教”。培养学生的信息素养，形成较强的信息处理能力，必须通过反复实践、不断体验、认真总结来获得。因此，高职计算机公共课教学要采用案例教学、项目教学的方法，借助机房和网络环境，或使用移动终端，按照岗位工作过程组织教学活动，让学生在“做中学”，教师在“做中教”，让学生理解工作要求、体验信息处理过程、检验处理结果，逐步形成利用计算机和网络工具分析和解决实际问题的能力。

3.1.3　以信息素养为目标的课程开发要求

以培养学生职业生涯所需要的信息素养为核心，进行高职计算机公共课程开发，就是要紧紧围绕学生的信息意识、信息处理能力和信息道德培养目标，确立课程教学模式、选择教学内容、教学方法、教学手段，开发教学资源，完善课程考核，形成高职计算机公共课程的教学特色。

1. 在行动中培养学生的信息素养和创新精神

高职计算机公共课的学习，就是要利用计算机和网络系统硬件工具，使用适当的软件工具，采用高效的信息处理方法，分析和解决操作性、工艺性问题，具有一定的创新性。原教育部部长曾经在信息技术教育工作会议上指出：“信息技术教育的过程，是学生动手实践的过程；也是学生的创造过程。在学生完成一件作品，利用计算机进行学习的过程中，都需要学生开动脑筋，大胆想象，自己动手。开展信息技术教育，是培养学生的创新精神和实践能力的一个极好的途径，不能把信息技术教育按照学习一门学科的传统方法去讲、去学、去考，那将窒息学生的创造精神。”因此，在高职计算机公共课教学过程中，要培养学生的信息素养和创新精神。

高职计算机公共课教学要做到以学生为中心，做中学、做中教。教师需要在“创设情境、明确任务”上下功夫，让学生学习相关知识，理解岗位工作业务需求，选择恰当的工具、方法、途径，在实施过程中检验任务完成质量，主动进行改进提高，锻炼自己展示成果的能力，落实行动导向，使学生的学习过程成为研究、探索、找到方法、得出结论或规律的过程。教师随时从信息意识、信息处理能力、信息道德的角度，对学生的信息素养进行评价和引导，培养学生自主学习、大胆创新、与人合作和与别人交流的能力。

2. 围绕通用职业岗位，构建课程案例和项目群

在高职计算机公共课程开发过程中，要较多选择通用职业岗位的实际案例或专业岗位的通用工作，例如起草会议通知，上网搜集敏感问题相关资料，分析市场销售数据，制作电子贺卡等。

培养学生的信息处理能力，需要大量的实践锻炼，在失败和成功中让学生获得体验，加深对信息处理全过程的认识和理解。因此，要遴选有专业背景或通用型、专业知识要求不高的案例或项目。可以与行业企业联合开发具有共性的、专业知识要求不高的教学案例或教学项目，整理案例（项目）背景、企业工作过程、各环节的关键点、信息处理的目标和影响，形成文档，准备素材和样张，形成高职计算机公共课程案例和项目群，便于教学中选择使用。

每部分教学内容均应设置综合性教学项目，清晰地反映工作过程，按照工作实际组织学生小组协作学习，遵循信息处理的基本过程，完成项目任务。

3. 以培养信息素养为目标，选择课程的知识和内容

高职计算机公共课不同于中等职业学校“计算机应用基础”课程，计算机公共课的教学不能单纯地以计算机操作技能培养为核心，而是要以职业生涯所需要的信息素养培养为核心，要求学生掌握必要的知识、工具、方法和技术，具备分析和解决问题的能力，成为工作在第一线的技术、技能性人才。

信息素养主要表现为以下几方面的能力：

（1）运用信息工具：能熟练使用各种信息工具。

（2）获取信息：能根据自己的学习目标有效地收集各种学习资料与信息；能熟练地运用阅读、访问、讨论、参观、实验、检索等获取信息的方法。

（3）处理信息：能对收集的信息进行归纳、分类、存储、鉴别、遴选、分析综合、抽象概括和表达等。

（4）生成信息：在信息收集的基础上，能准确地概述、综合、履行和表达所需要的信息。

（5）创造信息：在多种收集信息的交互作用的基础上，迸发创造思维的火花，产生新信息的生长点，从而创造新信息，达到收集信息的终极目的。

（6）发挥信息的效益：善于运用接受的信息解决问题，让信息发挥最大的社会和经济效益。

（7）信息协作：使信息和信息工具作为跨越时空的、“零距离”的交往和合作中介，使之成为延伸自己的高效手段，同外界建立多种和谐的合作关系。

（8）信息免疫：浩瀚的信息资源往往良莠不齐，需要有正确的人生观、价值观、甄别能力以及自控、自律和自我调节能力，能自觉抵御和消除垃圾信息及有害信息的干扰和侵蚀，并且完善合乎时代的信息伦理素养。

例如，培养学生通过互联网进行信息搜集的能力，不能仅仅让学生知道通过搜索引擎查找和下载资料，在进行深入的岗位分析基础上，要汇总多种资料搜集方法，如通过专题网站查看专业性资源，通过文献检索（中国知网、万方数据、维普资讯、百度文库等）参考他人研究成果，查看数字图书馆检索图书，利用新闻组或 RSS 订阅新闻等。为此，需要学习计算机信息检索的基本知识、关键词检索方法和策略，了解搜索引擎的相关知识，熟悉专题网站、目录型网站、Outlook 使用等知识和技能，学习网页资料下载到 Word 中后的格式转换和段落编排技巧，传达网络信息安全相关知识的实际应用，以互联网信息检索为主线，按照“必需、够用”的原则，组织相关知识和教学内容，覆盖实际工作中所需要的信息意识、信息处理能力和信息道德。

4．以学生为中心开展互动式教学

高职计算机公共课程教学，最关键的是培养学生的信息处理能力，在教师的引导下，让学生体验信息采集、信息整理、数据校验、数据加工处理、统计分析、判断决策、展示与发布的信息处理全过程，通过多种形式的互动教学，启发学生思维，形成信息意识、养成信息道德。

计算机和网络基础知识的理论讲授、任务引导下的案例教学、小组合作完成项目任务的项目教学等，都是行之有效的教学模式，根据不同内容选择适当的教学模式，充分发挥学生的能动性，创设一种学生主动参与的教学氛围，激发他们的创新精神，让学生充分地利用计算机作品表现自己，展示自己的能力，有利于学生信息素养、合作能力的培养。

理论讲授课程要与信息处理相关联，利用工作、生活、学习的实际例子来启发学生，调动学生参与讨论，理解相关知识的实际应用，体验信息意识、信息处理能力、信息道德方面的要求。案例教学是日常教学的主要形式，教师可以组织学生在课前搜集信息，通过讨论让学生明确案例的背景和信息处理要求，教师演示或让学生探究学习，完成案例任务，并分析完成质量。教学项目应该具有明显的工程背景，项目实施过程能够体现岗位工作过程，学生通过小组合作完成任务，体验信息处理的全过程，教师给予检查指导、组织成果汇报展示。

5．以信息处理能力培养为重点的课程考核方法

高职计算机公共课的理论性、实践性都比较强，既要求学生掌握计算机操作技能，又要求学生树立强烈的信息意识，掌握信息处理的基本方法，熟悉信息处理的全过程，培养规范的信息道德，因此需要改革课程考核模式，针对高职计算机公共课的教学特点和课程教学目标，将面向知识的考核评价，面向技术技能的评价，以及面向工作过程的评价有机结合，课程设置笔试、案例任务完成质量评价和项目质量评定，项目评价采用学生自评、学生互评和教师评价的方式来实施。

案例评价和项目评价落实以信息处理能力培养为重点，紧紧围绕信息采集、信息整理、数据校验、数据加工处理、统计分析、判断决策、展示与发布的信息处理

全过程，根据案例、项目的复杂程度，对信息处理过程的关键环节进行重点考核。每个项目均应覆盖较多的环节，要强调判断决策，撰写项目报告，实现文档、演示文稿的展示。

6．以计算机基础网络学习平台为有效补充

以“计算机技术视野下以信息素养为目标的高职计算机公共课”课程改革，由于着重于信息意识、信息处理能力、信息道德等学生职业生涯所必需的信息素养的培养，因此计算机操作和软件使用相关技能的覆盖程度不一定很全，为此，学校应建立计算机应用基础网络学习平台，以计算机基本应用能力为依据，尽量完善地提供计算机和网络操作的相关知识、操作演示、训练任务等，帮助学生通过自主学习达到计算机等级考试大纲要求，从而形成以计算机基础网络学习平台为有效补充的高职计算机公共课教学资源建设效果。

本章给出以信息素养为目标的两个高职计算机公共课程典型方案，以体现上述理念、指导思想与要求。

3.2 典型方案一：计算机信息处理技术基础

课程名称：计算机信息处理技术基础

课程设计理念：

本课程以培养高职学生信息素养为终极目标，以计算机基本工具使用、Office办公软件应用、计算机信息处理方法学习为主要内容，以信息处理过程为主线，培养学生利用计算机软硬件工具进行信息采集、信息整理、数据校验、数据加工处理、统计分析、判断决策、展示与发布的综合能力，高职计算机基础教学从“以计算机操作为核心”转向“以信息处理为主线”，实施案例（项目）教学，让学生学会“用数据说话”“基于事实的决策”，逐步形成利用计算机工具分析解决实际问题的能力。

技术与应用背景分析：

计算机普及与网络广泛应用是当今时代的重要特征。台式计算机、笔记本式计算机、平板计算机、智能手机等计算机终端进入家庭，融入我们的学习、工作和生活，把人们带入了信息化时代。网络使人们手中的计算机接入信息世界，通过网络搜集所需信息、利用网络休闲游戏、借助网络学习、购物、沟通交流。计算机和网络的普及已经大大改变了人类的生产和生活方式。

计算机和网络的应用能力是当代人的基本技能。在知识爆炸、信息爆炸的时代，我们必须学会利用计算机和网络，不断学习、更新知识，提升技能，提高信息素养，以适应各类工作岗位对员工的信息化能力要求。计算机和网络应用的核心能力是运用它们进行信息处理的能力。在计算机和网络普及应用的今天，信息的采集、检验、整理加工、分析判断、展示发布、辅助决策等可以利用计算机和网络来实施，极大地扩展了人们获取信息的范围，提高了人们与周围世界互动的能力。人们要掌握信息处理能力，需要学会利用多种工具实现信息处理各环节的方法和手段，例如通过观察、调查、访谈、文献检索等方法获取信息，利用 Excel 或 SPSS 等工具进行数据统计分析，发现支持结论的现实、趋势和规律，做出判断和决策，用数据说话，形成正确的结论，并通过演示文稿、Word 文档或网页形式进行展示，通过纸质资料、邮件传送、微博或网站发布等方式进行传送，这些基本技能构成了当代人们必须具备的信息处理基本能力。

随着云时代的来临，大数据（Big Data）吸引了越来越多的关注。例如互联网公司在日常运营中生成、累积的用户网络行为数据，截止到 2012 年，数据量已经从 TB（1 TB=1 024 GB）级别跃升到 PB（1 PB=1 024 TB）、EB (1 EB=1 024 PB)，乃至 ZB(1 ZB=1 024 EB)级别。大数据为人们看待世界提供了一种全新的方法，即决策行为将日益基于数据分析做出，而不是像过去更多凭借经验和直觉做出。麦当劳、肯德基以及苹果公司等旗舰专卖店的位置都是建立在数据分析基础之上的精准选址，新崛起的电商如亚马逊、淘宝等则通过对海量数据的掌握和分析，为用户提供更加专业化和个性化的服务。随着大数据时代的到来，企业更需要员工具备 3 种能力：整合企业数据的能力、探索数据背后价值和制定精确行动纲领的能力、进行精确快速实时行动的能力，这些能力是信息处理能力的高端应用。

课程目标：

熟悉信息技术的基本概念,理解数据与信息的关系，了解信息素养的内涵。

理解信息处理全过程，熟悉数据处理的基本原理和常用方法，能够借助常用软件进行数据统计和分析，形成辅助决策的基本能力。

熟悉台式机、笔记本式计算机、平板计算机和智能手机等计算机终端的基本组成、各主要部件的功能和性能指标，掌握计算机的使用方法，能够做好计算机日常维护。

了解计算机网络的基础知识，熟悉网络打印机、传真复印机、IP 电话等办公设备，能够组建简单的办公（家庭）网络。

熟练掌握 Internet 及其常用软件的基本操作，掌握利用网络进行信息检索和数据采集的常用方法，能够利用网络进行即时通信，能够借助网络发布信息。

了解多媒体的基础知识，熟悉常用多媒体设备及其软件的使用方法。

熟练掌握 Windows 操作系统和文件管理的基本概念和基本操作，掌握利用计算机进行文件管理、处理日常事务的能力。

熟练掌握 Word 文字处理的基本知识和基本操作，能够快速、规范地进行字表处理、图文混排、长文档编排等，能够进行文件通知、宣传册、科技论文、书籍等的排版。

熟练掌握 Excel 电子表格的基本知识和基本操作，能够快速、规范地进行数据录入、格式设置、数据整理，学会使用公式与函数，能够生成图表、进行数据透视，掌握利用 Excel 进行数据统计分析的基本方法。

熟练掌握 PowerPoint 演示文稿的基本知识和基本操作，能够利用 PowerPoint 进行图像、声音、视频的简单处理，合理选用幻灯片模板、主题、版式，编辑幻灯片对象，设置超链接、动画和幻灯片切换效果，掌握多种幻灯片放映方式，形成利用 PowerPoint 进行信息展示的能力。

熟练掌握 Access 数据库应用的基本概念和基本操作，能够创建数据库、数据表和视图，进行数据记录编辑，数据检索与统计，进行报表制作，使学生具备利用数据库等工具对信息进行管理、加工、利用的意识与能力。

了解信息安全基本知识，熟悉计算机硬件、软件和数据安全常识，熟练掌握计算机安全操作和网络安全使用，形成较强的信息安全意识。

了解国内外信息安全相关法律、法规，理解其关键要点，自觉遵守与信息相关的道德、法律和规范等。

课程功能：

“计算机信息处理技术基础”课程是高职院校的一门计算机公共课，通过本课程学习，使学生掌握计算机和网络的基础知识和基本技能，具备利用计算机进行信息处理的基本能力，运用计算机信息处理的基本工具和基本方法，分析和解决学习、工作与生活中的实际问题，提升学生的信息意识、信息能力和信息道德，成为信息社会的合格公民。

本课程引领学生学习计算机和网络硬件工具、计算机信息处理软件工具和计算机信息处理方法，以信息处理为主线，通过案例（项目）教学，让学生体验利用计算机软硬件工具分析解决实际问题的过程，形成用数据说话、基于事实决策的思维方式和行为习惯，提高学生信息素养。

课程结构要素：

“计算机信息处理技术基础”课程结构要素如表 3-1 所示。

表 3-1　“计算机信息处理技术基础”课程结构要素

课程单元	知识点	技能点	重点应用	案例	项目
单元 1：计算机系统组成	（1）计算机发展史； （2）数制与 ASCII 码； （3）数据存储单位； （4）计算机硬件系统组成； （5）计算机软件系统； （6）计算机系统主要指标； （7）输入/输出设备； （8）计算机安全操作； （9）病毒与防治	（1）能陈述计算机技术发展过程与趋势； （2）能描述数据在计算机中的存储方式和处理过程； （3）会利用设备管理器查看计算机基本参数； （4）描述当前主流台式机、笔记本式计算机、一体计算机的性能指标和厂家； （5）介绍计算机常见 I/O 设备的性能、主流品牌与厂家	利用互联网进行计算机市场信息检索	（1）联想台式计算机的组成与性能指标； （2）惠普笔记本计算机、戴尔一体计算机的结构与性能指标； （3）台式计算机的 BIOS 配置； （4）国际流行的办公自动化软件； （5）瑞星防病毒软件安装	

续表

课程单元	知识点	技能点	重点应用	案例	项目
单元 2：Windows 7 操作系统应用	（1）操作系统的基本概念； （2）操作系统的功能； （3）当前主流操作系统； （4）屏幕分辨率； （5）文件和文件夹的概念； （6）文件搜索； （7）文件类型与关联程序； （8）控制面板的功能； （9）计算机系统维护相关知识； （10）输入法的原理	（1）会安装 Windows 7 操作系统； （2）会安装 Office 软件，会安装常用工具软件； （3）熟练进行文件和文件夹操作，会进行文件搜索； （4）熟练进行窗口、菜单、工具栏、任务栏、对话框等操作，会配置屏幕属性等； （5）熟练使用控制面板，会安装和卸载常用应用程序；会配置区域语言、日期时间格式、输入法、网络等，会进行用户账户设置； （6）会设置汉字输入法，熟练掌握一种汉字输入法； （7）能安装打印机等外设驱动； （8）会进行计算机日常维护，会系统备份与还原	（1）建立计算机硬件需要驱动支持的认识； （2）体会操作系统相关功能在信息采集、录入中的支撑作用	（1）虚拟安装 Windows 7 操作系统和 Office 2010 办公软件； （2）配置输入法、调整时间格式、设置自动定时同步； （3）正确使用记事本、画图、命令提示符； （4）下载和使用 360 安全卫士； （5）通过互联网查找打印机驱动并安装； （6）利用 Windows 7 的计算机系统保护或使用 Ghost 进行系统备份与还原	中英文文字录入训练，选择学习拼音输入法或五笔字型输入法，使用金山打字通进行训练，掌握正确的坐姿、指法，达到录入速度要求
单元 3：网络基础与互联网应用	（1）网络的组成、拓扑结构、通信介质； （2）局域网的基本概念； （3）TCP/IP，IP 地址划分； （4）常用网络通信设备的类别和特征； （5）常用的网络连接方式；	（1）会正确进行 TCP/IP 参数设置； （2）会利用控制面板配置本地网络； （3）学会在局域网中共享文件和文件夹； （4）会利用控制面板配置宽带网络和无线网络连接； （5）会使用移动终端设备； （6）熟练进行浏览器属性设置	掌握利用网络采集信息、获取和共享资源、实现交流沟通的能力	（1）局域网中建立共享文件，共享打印机； （2）笔记本式计算机登录无线网络； （3）注册邮箱和使用邮件进行通信； （4）用 Outlook 管理邮箱和 RSS 订阅；	搭建家庭网络。利用宽带入户，实现台式计算机上网；基于宽带入户，使用无线路由，提供笔记本式计算机等多台计算机同时上网

续表

课程单元	知识点	技能点	重点应用	案例	项目
单元 3：网络基础与互联网应用	（6）网络共享的概念； （7）互联网基本概念； （8）移动互联网基本概念； （9）物联网和云计算基本概念； （10）浏览器的种类和作用 （11）网络信息安全保障的常用方法	（7）熟练收藏功能； （8）会利用网络免费发布信息；会创建个人博客		（5）通过搜索引擎搜索相关资料，查看食品安全专题网站； （6）使用 QQ 和微信进行即时通信； （7）创建并发布个人博客； （8）通过淘宝网或京东商场网上购物	
单元 4：信息处理基础	（1）数据与信息基本概念； （2）信息技术的应用领域； （3）信息处理过程及要求； （4）信息采集的原则和方法、程序； （5）社会调查的方式； （6）中国图书分类法； （7）图书文献检索方法； （8）数据加工基本方法； （9）定性分析法； （10）定量分析方法； （11）信息安全法律法规	（1）熟悉信息处理的过程； （2）会进行社会调查； （3）会使用常用的中文数据库检索； （4）会用工具软件进行文件查重处理； （5）会对信息进行排序、分类、汇总； （6）会检查数据的完整性、可用性； （7）会对信息进行定性分析； （8）理解定量分析变量的含义，会使用 SPSS 进行初步的数据统计分析； （9）能够分析统计表、图表的数据规律； （10）能够根据具体问题，选择信息处理方法和流程，做出工作计划、撰写工作报告或数据分析报告	（1）树立用数据说话的思维方式； （2）掌握信息采集的基本能力； （3）理解信息整理与校验； （4）树立分析决策的意识，具备基本的数据分析能力； （5）认识 SPSS 工具； （6）会撰写数据分析报告，给出结论，提出建议	（1）采用观察法统计小区汽车拥有现状； （2）设计调查问卷，对食堂服务满意度进行调查； （3）设计访谈提纲，组织访谈活动； （4）利用互联网进行文献检索； （5）下载和安装查重软件； （6）使用SPSS进行调查数据或学生成绩分布的统计分析，发现问题	（1）通过互联网检索某专题相关信息（如食品安全、大气污染、交通拥堵等），下载网页资料、论坛观点、图书和论文资料，对资料进行归类，发现存在的现象或问题； （2）校园大学生手机使用状况调查，合理运用观察法、问卷法、访谈法等社会调查方法，进行调查设计，组织调查活动，撰写调查报告

续表

课程单元	知 识 点	技 能 点	重点应用	案 例	项 目
单元 5：Excel 应用	（1）Excel 2010 的主要功能； （2）学习功能区、组、命令按钮的布局； （3）Excel 模板的作用和使用方法； （4）工作簿、工作表、单元格等基本概念； （5）熟悉数字类型与格式； （6）地址引用的概念； （7）函数的作用； （8）宏的定义和作用； （9）了解 VBA 功能	（1）会修改快速访问工具栏； （2）会使用模板创建电子表格； （3）熟练进行工作表操作； （4）熟练进行单元格操作和单元格格式设定； （5）熟练进行查找替换操作； （6）熟练使用公式和函数，会用函数帮助； （7）会设置数据有效性； （8）会进行条件格式设置； （9）会对数据进行排序、筛选和分类汇总； （10）会制作多种图表，分析图表数据规律； （11）会进行工作簿、工作表保护设置； （12）会进行 Excel 页面设置，设置打印区域和打印格式； （13）认识 Excel 的 VBA 操作	（1）学会使用 Excel 数据统计分析工具； （2）学习和使用多种函数分析解决实际问题； （3）学会采用统计表、图表方式进行数据展示； （4）学会使用“帮助”自主学习	（1）使用 Office.com 模板创建新文件； （2）制作市场销售工作表； （3）使用公式进行水电费统计； （4）使用函数进行学生成绩统计分析，进行条件格式设置； （5）市场销售情况等统计表和图表制作； （6）对通讯录进行排序、筛选和分类汇总； （7）对学生成绩记录建立数据透视图和透视表； （8）制作答辩成绩统计表，设置允许编辑区域； （9）利用 Excel 的 VBA 操作功能，制作带照片的考场名册	针对市场销售原始数据、招生数据或其他实际应用数据，进行排序、分类、汇总统计；使用公式和函数进行数据统计，制作图表，以数据为基础形成判断结论；撰写统计分析报告
单元 6：文档编辑与排版	（1）理解 Word 的作用； （2）样式的作用和内涵； （3）理解“域”的作用； （4）理解“节”的概念； （5）“修订”的功能；	（1）会使用模板创建文档； （2）会使用快捷键进行文字编辑操作； （3）熟练设置文档的字体、段落格式、文字方向； （4）正确使用边框和底纹、项目符号和编号、分栏；	（1）学会使用 Word 进行信息录入、信息整理、信息展示； （2）掌握图示表达方式	（1）使用 Office.com 模板创建文件； （2）制作上行文、下行文； （3）制作会议通知； （4）制作差旅报销表格；	制作企业产品宣传册。包含封面、目录、企业文化、产品介绍和价格表、销售地区分布等，做到图文

续表

课程单元	知　识　点	技　能　点	重点应用	案　例	项　目
单元 6：文档编辑与排版	(6) 常见文档存储格式； (7) 了解科技论文的排版格式基本要求； (8) 了解我国应用文体例的基本要求； (9) 了解典型出版社的教材编排体例规范	(5) 熟练进行查找和替换操作； (6) 会创建、应用、修改样式； (7) 会正确插入和使用“节”； (8) 会插入页脚页眉；会使用域设置自动变化的页眉； (9) 会设置书签、设置超链接； (10) 会插入题注，使用交叉引用；会插入脚注、尾注； (11) 会建立目录和索引； (12) 熟练进行表格基本操作，会格式化表格； (13) 会插入符号、会编辑公式； (14) 熟练插入图片、剪贴画、形状、图示和图表等内容，设置相关内容的格式； (15) 会邮件合并操作； (16) 会使用 Word 的审阅功能； (17) 会进行页面设置； (18) 会进行文档格式转换		(5) 整理互联网搜集的网页信息，进行文档格式编排； (6) 插入图片、形状，制作贺卡； (7) 制作组织结构图、循环图； (8) 进行科技论文排版； (9) 进行学生手册长文档编排	混排，使用水印、页脚页眉
单元 7：多媒体基本知识	(1) 多媒体技术的应用与发展； (2) 多媒体文件的格式； (3) 了解常用图像浏览和编辑软件； (4) 了解常用音频播放和编辑软件	(1) 记住主流多媒体文件格式的扩展名和压缩特点； (2) 会通过网络查找需要的图片，并下载浏览； (3) 会通过 SD 卡读取照相机的照片和视频，在计算机中播放； (4) 录制和播放声音，对声音进行编辑；	能用多媒体表现信息	(1) 使用图片处理工具软件对图片进行简易处理； (2) 录制声音，并使用 Sound Forge 对声音进行简单处理；	制作反映校园、家庭生活的视频宣传片，进行视频脚本设计，准备图片、视频、文字资料，录制配音，使用视频

续表

课程单元	知　识　点	技　能　点	重点应用	案　例	项　目
单元 7：多媒体基本知识	（5）了解常用视频播放和编辑软件； （6）了解常用动画编辑软件； （7）了解常用多媒体格式转换软件	（5）会对视频进行播放和编辑； （6）会利用工具软件进行视频格式转换； （7）会制作简单动画		（3）录制视频，使用格式工厂件进行视频格式转换	编辑简易工具进行视频合成
单元 8：PowerPoint 应用	（1）演示文稿的基本概念； （2）专业展示公司演示文稿制作流程； （3）“主题”的基本概念及其构成要素； （4）母版的作用； （5）多种 SmartArt 图形的作用； （6）多种动画效果的作用	（1）会使用 Office.com 模板新建演示文稿； （2）熟练使用不同的视图浏览演示文稿； （3）会修改所用幻灯片主题的风格； （4）会制作幻灯片母版； （5）会修改幻灯片背景； （6）熟练进行文本编辑，会添加表格和图表； （7）会插入图片和剪贴画，会设置图片格式、样式，调整图片大小和位置； （8）熟练插入 SmartArt 图形，会调整图形、形状和艺术字的样式； （9）会插入音频，设置书签，并控制音频的播放； （10）会插入视频，并控制视频的播放； （11）会插入 Flash 动画； （12）会创建超链接； （13）会设置幻灯片动画效果； （14）会设置幻灯片切换效果； （15）会排练计时和录制旁白；	（1）熟练使用 PowerPoint 进行展示汇报； （2）利用模板提高 PPT 效果	（1）使用 Office.com 模板和主题新建演示文稿； （2）制作个性化幻灯片母版； （3）用 PPT 制作校园风光相册； （4）使用 SmartArt 图形制作多幅幻灯片； （5）插入多种多媒体元素，制作计算机装配演示文稿； （6）利用动画效果制作英语学习幻灯片； （7）对已有幻灯片录制旁白	以某公司为背景，制作演示文稿，介绍企业文化、组织机构、产品种类和市场分布，介绍主要产品及其市场销售情况，未来发展战略等，形成公司产品介绍演示文稿

续表

课程单元	知　识　点	技　能　点	重点应用	案　例	项　目
单元 8：PowerPoint 应用		（16）会对演示文稿打包输出； （17）会打印幻灯片、讲义			
单元 9：数据库管理基础	（1）数据库相关概念，如数据、数据库、数据库管理系统、数据库系统； （2）常见数据库管理系统； （3）数据库管理系统的一般功能； （4）数据类型的定义； （5）索引的作用； （6）“主键”的作用； （7）表关系的概念	（1）能够介绍多种常见数据库管理系统的厂家、特点； （2）会设计数据表的结构，选用恰当的数据类型，会为字段创建索引，设置唯一性； （3）会建立表之间的关系，体现数据之间的联系； （4）会添加、修改数据记录； （5）会创建多种类型的查询； （6）会进行排序和筛选； （7）会在 Access 数据库中创建数据透视图和透视表； （8）会设计简单的报表； （9）熟练进行数据的导入和导出； （10）能够进行 Access 数据库的备份与还原	（1）掌握数据库存储的方式； （2）会用数据库的手段统计分析数据	（1）设计和定义学生选课数据库的表结构和表关系； （2）导入学生、课程、成绩数据； （3）建立选课结果和成绩查询； （4）对数据表进行数据的排序和筛选； （5）在数据库中创建数据透视图和透视表； （6）建立简单的报表进行数据打印输出； （7）对 Access 数据库进行加密、备份与还原	根据图书管理、读者管理、借阅管理的实际要求，设计 Access 数据库表结构和表关系，录入数据，进行多种信息查询；设计窗体和报表

教学内容简介：

本课程以信息处理能力培养为主线，融合了 Windows 7 操作系统、Office 2010 组件使用和互联网应用等教学内容，引导学生学习计算机和网络应用的基础知识和基本技能，初步掌握利用计算机进行信息处理的基本工具和基本方法，让学生体会信息采集、检验、整理加工、分析判断、展示和发布信息、辅助决策等信息处理过程，分析和发现事实或趋势，做出判断和决策，学会用数据说话，并通过多种方式进行交流和展示。

教学方法：

“计算机信息处理技术基础”是一门实践性很强的计算机公共课，主要采用案例教学、项目教学法的方法实施教学。案例教学以学生个体为单位，采用任务驱动的模式在机房组织实施教学过程，做到明确任务、提供素材、教师演示、学生实现。项目教学以小组为单位，遵循岗位实际工作过程，分解若干子任务，强调小组内的任务分析、方法讨论、成果交流，撰写项目总结报告，落实信息采集、信息整理、数据校验、数据加工处理、统计分析、判断与决策、展示与发布的信息处理全过程。

从高职生学习特点出发，以案例教学、项目教学的方式组织教学，做到做中教、做中学。每节课向学生发放素材，下课收取任务成果，布置课下作业和资料搜集任务。每章的项目作为平时大型作业，或在基本知识、基本技能学习的基础上，在课上组织学生以小组为单位探究式自主学习，完成项目任务。项目教学的过程管理，要求强调学生留存过程资料，包括项目任务工作计划、搜集的素材资料、小组讨论记录、项目成果电子版、项目总结报告、组内自评和互评表，以此作为课程评价的依据。

针对高职生的信息素养培养课程定位，不能仅以计算机操作为核心，要树立计算机“工具”意识，紧紧围绕利用计算机软硬件工具进行“信息处理”的核心任务组织教学，引入职业岗位对相关业务的实际要求，拓展知识领域，使学生形成较强的信息意识、较高的信息处理能力、规范的信息道德，逐步形成“以事实为依据”“用数据说话”的现代管理理念，形成具有较高信息素养的新一代大学生。

本课程总学时 64～96 学时。开展任务驱动教学按照 64 学时进行设计，每章一个教学项目由学生课下完成。若提供 96 学时的教学学时，可将每章一个教学项目引入课内学习。

考核方式：

本课程教学的知识性、实践性都比较强，以培养学生信息素养为核心，既要求学生掌握计算机操作技能，又要求学生树立强烈的信息意识，掌握信息处理的基本方法，熟悉信息处理全过程，培养规范的信息道德，因此课程考核采用理论与实践相结合的方式，也可以与工业和信息化部信息技术员职业资格认证接轨。

采用校内理论与实践相结合的方式，期末安排理论考试，对计算机系统组成相关知识、信息处理软件工具的实际应用、信息处理方法等内容进行考核评价，软件工具的考核不以操作为主，而是从实现信息获取、数据准备、数据整理、数据校验、加工处理、数据统计、分析判断、展示发布、辅助决策的角度，考核学生使用计算机软件工具解决信息处理问题的能力。实践部分考核以任务完成质量、项目完成质量为依据进行评价。教师依据平时上课收集的学生任务完成成果，根据完成的质量和数量进行平时操作成绩评价；项目评价首先审查项目报告是否抄袭，教师利用文件查重工具进行检验。项目评价采用学生自评、学生互评和教师评价的方式来实施。在布置项目任务时，明确该任务应达成的目标，给出多个技术、技能点覆盖要求，学生应制表提供各技术技能点覆盖的证据说明，以此作为教师评阅项目总结报告、项目软件成果、过程资料审查的主要依据，使得项目评价客观、公正。校内考核的成绩评价参考比例：平时表现 10%+平时任务 20%+项目成果 40%+理论考试 30%。

本课程考核可以与工业和信息化部信息处理技术员职业资格认证接轨，本课程的信息素养培养目标与信息处理技术员资格考核的要求基本一致。学校可申请在本校设立考点，组织学生参加工业和信息化部信息处理技术员资格认证考试，参加“信息处理基础知识”理论考核和“信息处理应用技术”实操考试。学校建立认证考试与课程考核成绩认定机制，例如单科考试合格，认定课程及格；理论和实操均合格，核计 80 分以上，建立成绩转换关系。

参考教材：

[1] 武马群.计算机信息处理技术基础[M].北京：高等教育出版社，2013.

[2] 武马群.计算机应用基础[M].北京：高等教育出版社，2013.

[3] 武马群.计算机应用基础实训指导[M].北京:高等教育出版社，2013.

学时：64～96，可根据实际情况进行学时调整。

3.3　典型方案二：计算机应用

课程名称：计算机应用

课程设计理念：

计算机不仅为不同专业提供了解决专业问题的有效方法和手段，而且提供了一种独特的处理问题的思维方式。而熟练使用计算机及互联网，为人们终生学习提供了广阔的空间以及良好的学习工具与环境。高职计算机公共课程作为高等职业教育的通识课程，应该着重于专业教育与文化素质教育的融合，着眼于文化素质教育的创新实践。

因此，高职公共计算机公共课的定位是在计算机技术视野下培养学生具备就业生涯所需要的信息素养。其具体目标在于注重提高学生综合应用和处理复杂办公事务的能力，注重“基本知识、操作技能和信息素养”的培养。提高学生的计算机基本素质和实践技能，具备应用计算机解决专业问题的能力，培养学生的计算思维能力、终身学习能力及创新意识。

高职计算机公共课必须从工作和生活对计算机能力的需求出发，以应用为主线，以能力为本位，由传统的以介绍计算机基础知识和常用软件的基本功能为核心的教学体系，转变为以培养基本的计算思维能力为出发点，“以职业生涯所需要的信息素养”为目标的课程设计。

1．以职业生涯发展为目标——明确课程定位

高职计算机公共课要立足于学生职业生涯发展，使学生获得个性发展与工作岗位需要相一致的职业能力，为学生的职业生涯发展奠定基础。因此，在课程定位上需要明确培养学生职业生涯所需要的信息素养。

2．以职业能力为依据——确定课程知识能力体系

高职计算机公共课主要培养学生具备应用计算机解决专业问题的能力，因此要从行业企业对员工计算机基本技能要求出发，围绕职业能力的形成来整合相应的知识和技能，并适当考虑培养学生在复杂的工作过程中的综合职业能力所需要的知识技能，形成课程知识能力体系。

3．以工作任务为主线——组织课程内容

在确定好课程知识能力体系后，在教学内容的选择上，必须与工作任务相匹配，按照工作任务的逻辑关系设计教学内容，从需求出发，尽早让学生进入工作实践，为学生提供体验完整工作过程的学习机会，逐步实现从学习者到工作者的角色转换。

4．以工作过程为基础——设计教学活动

按照工作过程设计学习过程，建立工作任务与知识、技能的联系，增强学生的直观体验，激发学生的学习兴趣。按实际需求选择案例，注重应用能力培养。

技术与应用背景分析：

当今的社会是信息高度发达的社会，大量的信息不断地产生，这些信息的处理是离不开计算机的，那么对计算机文化的了解就显得尤为重要。我们必须在熟悉计算机文化的前提下，才能够谈及应用并改进它。

信息技术是信息的获取、理解、分析、加工、处理、传递等有关技术的总称。而信息能力是对各种信息技术的理解和活用能力，即对信息的获取、理解、分析、加工、处理、创造、传递的理解和活用能力。由于信息技术的影响，人类的知识得以迅速传播、积累、分析组合和存储再现，从而极大地提高并丰富了当今人类获取、传递、利用信息的能力和手段，也加快了知识的再次开发。在信息时代，信息素养已成为公民应该具备的一项基本能力，不仅关系到公民个人能否有效地获取和利用所需信息，还决定着全社会公民素质的高低。

而信息素养是个人终身学习的基础特质，是在教育过程中逐渐培养起来的。通过计算机公共课程的学习，应该培养学生能够遵守信息和信息技术相关的伦理道德，能够有效地和高效地获取信息，能够熟练地和批判地评价信息，能够精确地、创造性地使用信息，能够积极参与小组的活动探求和创建信息。

信息素养教育要以培养学生的创新精神和实践能力为核心，培养学生主动参与、探究发现、交流合作的能力，达到：

(1) 有获取新信息的意愿，能够主动地从生活实践中不断地查找、探究新信息。

(2) 具有基本的科学和文化常识，能够较为自如地对获得的信息进行辨别和分析，正确地加以评估。

(3) 可灵活地支配信息，较好地掌握选择信息、拒绝信息的技能。

(4) 能够有效地利用信息、表达个人的思想和观念，并乐意与他人分享不同的见解或信息。

(5) 无论面对何种情境，都能够充满自信地运用各类信息解决问题，有较强的创新意识和进取精神。

因此，该课程主要借助于常用办公软件来提升学生进行信息整理、需求调查、统计分析以及形成报告的能力，培养学生利用计算机技术提高工作效率和决策水平。

鉴于很多交叉研究具有较强的工程性质，所以培养能够快速地将计算机技术应用于某一领域，解决该领域具体计算问题的计算机应用型人才就变得非常重要。因此，该课程还要培养学生基本的计算思维能力，即对计算机的认知能力，具有判断和选择计算机工具与方法的能力（包括运用信息技术的学习能力等）以及运用计算机解决专业问题的能力，培养学生采用抽象和分解的方法来控制庞杂任务的思维能力，以及利用启发式推理寻求解答，在不确定情况下的规划、学习和调度的思维能力。

课程目标：

高职计算机公共课程是以计算机技术为核心的通识教育。而随着计算机的不断发展，也逐渐形成了一种融合数学思维、逻辑思维和工程思维的新思维——计算思维。计算思维是运用计算机科学的基础概念进行问题求解、系统设计，以及人类行为理解等涵盖计算机科学之广度的一系列思维活动。因此，高职学生除了要掌握必备的计算机应用技能，还应该同时具备基本的计算思维能力，掌握职业生涯所需要的信息素养。

而目前高职计算机公共课程面临许多新的问题。主要集中在：

（1）随着计算机技术与其他学科融合的加剧，高职计算机公共课程与专业教学脱节，与实际应用脱节。

（2）教学内容决定学生的培养质量。以传统的办公软件应用作为教学核心内容的模式已不能满足学生对计算机技术的需求。

（3）随着计算机技术的普及，学生在进入高职院校时已具备基本的计算机应用技能，高职计算机公共课教学设计需要提升到“职业生涯所需要的信息素养”的培养目标。

因此，“计算机应用”课程的目标是：通过本课程的学习，掌握以 Office 2010 为工作平台的办公系列软件的高级应用，掌握高级排版、复杂的数据分析处理及制作专业演示文稿等实用计算机技术，夯实学生的计算机基本素质和实践技能。培养学生对各种问题的理解、分析能力，具备应用计算机解决专业问题及运用计算思维进行问题求解的基本能力。

课程功能：

计算机应用作为高职教育通识课程的重要组成部分，不能局限于计算机应用能力的培养，还要同时传递科学精神和人文精神，充分展现学术的魅力，展现不同文化、不同学科的思维方式，培养学生的理性思维能力、学生对科学精神的追求，以及学生的高尚人格。而计算机不仅为不同专业提供了解决专业问题的有效方法和手段，而且提供了一种独特的处理问题的思维方式，熟悉使用计算机及互联网，为人们终生学习提供了广阔的空间以及良好的学习工具与环境。因此，课程除了夯实学生的计算机基本素质和实践技能，培养学生具备应用计算机解决专业问题的能力外，还要培养学生自主学习能力，培养开放性思考问题和解决问题的能力，培养逻辑思维和抽象思维的能力，拓宽解决实际问题的思路和方法，从而具备就业岗位所需要的信息素养。

课程结构要素：

“计算机应用”课程结构要素如表 3-2 所示。

表 3-2　“计算机应用”课程结构要素

课程单元	知识点	技能点	重点应用	案例
计算机基础知识	（1）为什么会产生计算机；（2）早期的计算机是什么样子的；（3）当前计算机的演变；（4）未来计算机的发展趋势；（5）计算机发展过程中的风云人物；（6）当前生活中的计算机技术；（7）信息编码趣谈	（1）计算机技术发展过程与趋势；（2）数据在计算机中的存储方式和处理过程；（3）利用设备管理器查看计算机基本参数；（4）微信、微博、云计算、大数据、比特币等当前热门技术；（5）条形码、二维码、图形编码、字符编码等的基本原理	利用互联网进行计算机热门技术及信息编码技术检索	（1）计算机风云人物；（2）走进计算机——计算机部件和性能指标说明；（3）手机二维码扫描功能；（4）二维码名片生成软件的使用；（5）比特币的挖掘方法
Windows 基本操作	（1）文件与文件夹的创建、重命名；（2）文件与文件夹的图标显示及排列方式；（3）文件与文件夹的搜索；（4）利用库管理和搜索文件	（1）文件与文件夹创建、重命名、排序；（2）文件与文件夹的搜索	（1）如何更科学的对文件分类存储；（2）如何更快速地查找文件或文件夹	照片的分类管理

续表

课程单元	知识点	技能点	重点应用	案例
Windows桌面管理与高级设置	（1）设置个性化界面； （2）利用系统工具维护磁盘； （3）利用控制面板管理用户、管理文件、进行网络设置	（1）计算机连接到网络； （2）设置计算机IP； （3）个性化管理计算机	控制面板的作用	Windows 桌面定制、网络定制、高级设置
Word基础应用	（1）文字格式的设置； （2）文本效果的设置； （3）运用格式刷快速格式化文字； （4）使用和编辑图片、形状和文本框； （5）文字分栏	（1）快速格式化文本； （2）利用 Word 自带功能对文本和图片美化	如何使自己的设计更美观	制作校园杂志
Word表格应用	（1）创建表格、单元格的拆分与合并； （2）表格框线与底纹的设置； （3）利用表格排版； （4）表格中的公式计算； （5）文本与表格的转换； （6）表格中的数据排序； （7）表格样式； （8）节的概念、页眉页脚的设置	（1）在文本中插入表格、编辑表格； （2）将文本与表格互相转化； （3）利用公式对表格中数据处理； （4）应用样式美化表格	（1）如何利用表格设计版面； （2）如何使设计更加美观	“新产品推荐”广告设计
Word邮件合并功能应用	（1）邮件合并的概念； （2）邮件合并的一般步骤； （3）在模板中插入合并域； （4）域的复制； （5）更新域； （6）将邮件模板合并到文档	利用 Word 的邮件合并功能	利用邮件合并功能处理批量数据	制作准考证
Word样式应用	（1）样式的概念及应用； （2）主题的概念及应用； （3）模板的创建及应用	（1）应用内置样式； （2）应用主题对文档进行个性化设置； （3）修改内置样式； （4）新建样式； （5）查找替换应用样式； （6）创建和使用模板	（1）大型文档排版步骤； （2）如何利用样式和主题使文档排版快速并且美观	制作“辛弃疾诗词选”

续表

课程单元	知识点	技能点	重点应用	案例
Word 的书籍排版	(1) 创建编辑主控文档; (2) 定义多级列表; (3) 使用域创建页眉导航	(1) 建并编辑主控文档; (2) 定义个性化多级列表; (3) 使用域为文档添加页眉页脚	(1) 利用主控文档有哪些优点; (2) 文档中哪些地方可以利用域?利用域的优点	制作电子书
Excel 基础应用	(1) 工作簿和工作表的基本操作; (2) 单元格的编辑; (3) 表格样式的设置; (4) 单元格的自动填充及引用; (5) 公式及简单函数的使用; (6) 单元格数据有效性的设置; (7) 条件格式的应用; (8) 保护工作表	(1) 创建工作簿、工作表; (2) 应用公式和简单函数实现; (3) 数据处理; (4) 对单元格进行有效性设置	(1) 常用函数还有哪些; (2) 如何根据函数名称查找函数功能和用法	制作班级信息登记表
Excel 简单应用	(1) 工作表的复制与粘贴; (2) IF 函数、RANK.EQ、COUNTIFS 的使用; (3) 相对引用、绝对引用和混合引用的概念; (4) 条件格式高级应用; (5) 打印设置; (6) 插入图表	(1) 应用复杂函数实现指定功能; (2) 将指定数据图表化; (3) 设置打印区域	如何灵活应用 Excel 函数处理复杂数据	利用 Excel 函数和公式处理学生成绩
Excel 高级应用	(1) VLOOKUP 函数; (2) SUMIF 函数; (3) 分类汇总; (4) 图表; (5) 数据透视表	(1) 应用 VLOOKUP 函数查找并挖掘数据信息; (2) 应用 SUMIF 函数进行数据处理; (3) 利用数据透视表对复杂数据进行汇总	(1) 如何根据数据信息情况和客户需求,选择合适的信息表现方式; (2) 如何灵活应用函数,从现有数据中挖掘出所需数据?	销售数据分析

续表

课程单元	知识点	技能点	重点应用	案例
PPT 应用	（1）演示文稿的创建与保存； （2）设计幻灯片版式、主题效果、设置动画效果、切换效果； （3）在幻灯片中插入图片、表格和图表、SmartArt、超链接； （4）新建幻灯片版式、母版应用； （5）幻灯片分节、录制排练时间	（1）根据需求建立主题； （2）根据内容选择版式、主题、动画效果等	（1）创建演示文稿关键点和难点； （2）如何根据演示文稿主题进行演示文稿后续设计	（1）什么样的演示文稿最受观众喜爱； （2）今日深圳
Internet 应用	（1）互联网的基本概念和术语； （2）计算机如何接入互联网； （3）浏览器的基本操作方法； （4）搜索引擎的基本操作方法； （5）微博的基本操作方法； （6）邮件系统的基本操作方法	（1）将个人计算机接入互联网； （2）精通使用浏览器； （3）使用微博和邮件系统； （4）计算机道德与网络伦理	利用互联网应该注意哪些问题	（1）计算机接入互联网； （2）使用互联网查找信息； （3）利用 Foxmail 邮件系统收发邮件
计算思维入门	（1）计算思维的基本概念； （2）问题求解的一般过程； （3）问题的分类和理解； （4）问题解决方案的提出； （5）利用计算机进行问题求解的一般过程； （6）程序与程序设计的概念； （7）结构化程序设计的基本思想； （8）流程图的特点； （9）程序设计语言与 Raptor 的特点； （10）Raptor 中的基本符号（语句）、数据； （11）Raptor 中的选择控制符号（语句）、关系运算符、逻辑运算夫、决策表达式； （12）Raptor 中的循环控制符号（语句）、while…do 结构、循环测试模式、嵌套循环； （13）Raptor 中数组的特点	（1）能陈述计算思维的概念和特点； （2）能在面对问题时让思维更有条理性； （3）能针对问题理清基本思路； （4）能在提出解决方案中采用一些实用的策略； （5）能在问题求解的思维过程中引入计算机科学中的一些方法； （6）能针对问题确定其基本程序结构； （7）能使用传统流程图描述问题的解决方案； （8）能掌握 Raptor 的基本使用方法及结构化程序设计方法； （9）能利用 Raptor 实现较为复杂的混合结构的程序设计方法	（1）如何通过约简、嵌入、转化和仿真等方法，把一个看来困难的问题重新阐释成一个知道怎样解决的问题； （2）基于问题求解的一般过程，针对问题提出基本的解决思路； （3）利用计算机进行问题求解，确定程序设计结构，使用流程图描述方法； （4）利用 Raptor 工具提供可视化的问题解决方案	（1）保温杯里是可乐，玻璃杯里是热水，怎样调换过来； （2）明年是否为闰年； （3）生活用水实行三级阶梯水价，这个月的水费是多少； （4）给二年级的小朋友出三道加法题； （5）高三最后一个学期，每个月平均花多少钱； （6）100 块钱存在银行，1 年定期，存多少年后，能拿回 150 元； （7）随便给你 6 个人的体重，你是否能找出最胖的； （8）1，1，2，3，5，8，…，第 7 个数是多少？…第 100 个数是多少； （9）“韩信点兵”

续表

课程单元	知识点	技能点	重点应用	案　例
计算思维应用	(1) 算法的概念； (2) 算法的基本性质； (3) 算法设计的要求； (4) 蛮力法； (5) 递归法； (6) 插入排序； (7) 冒泡排序； (8) 选择排序； (9) 顺序查找； (10) 二分查找	(1) 利用蛮力算法解决问题； (2) 利用递归算法解决问题； (3) 掌握排序的各种方法； (4) 掌握查找的各种方法	(1) 怎样对复杂的问题进行抽象和分解？ (2) 如何通过启发式推理来寻求问题的解答？ (3) 通过问题分析归类，选择合适的解决问题的算法。 (4) 通过算法分析，优化算法，提高解决问题的效率	(1) 求出所有的“水仙花数”； (2) 古典《孙子算经》中的鸡兔同笼问题； (3) 年龄问题； (4) 求 n 的阶乘； (5) 扑克牌排序问题； (6) 扑克牌查找问题

教学内容简介：

(1) 计算机文化与生活：通过案例等方式，让学生了解计算机原理、计算机领域内的风云人物、当前计算机相关的热门技术、信息编码等。通过文件管理，讲授 Windows 7 的基本操作。通过桌面定制，讲授 Windows 7 的高级应用。通过网络新应用介绍，让学生了解 Internet 的各种应用。

(2) 将相关知识点按功能要素进行划分，形成校园杂志、广告设计、制作准考证、制作电子书等案例，采取“任务场景→知识引导→实现路径→总结提高”模式，讲授 Word 的常用功能及高级排版。

(3) 将相关知识点按难易程度进行划分，形成制作登记表、成绩处理及销售数据分析等案例，采取“任务场景→知识引导→实现路径→总结提高”模式，将计算思维基本知识融入“知识引导”部分，在讲授 Excel 的常用功能、数据处理以及数据分析功能的同时，培养学生的基本计算思维能力。

(4) 通过今日深圳等案例，采取“任务场景→知识引导→实现路径→总结提高”模式，讲解 PowerPoint 的常用功能及美化技巧。

(5) 通过韩信点兵等案例，采取“问题建模→问题分析→寻求方案→方案比较→方案实现”方式，引入计算思维，讲解计算问题求解的一般过程，培养学生基本的计算思维能力。

教学方法：

（1）打破传统计算机导论的授课内容及方式，围绕贴近学生生活的计算机文化之主题，提炼授课内容。以“计算机文化与生活”开始课程教学，通过介绍计算机发展过程中的典型事件和风云人物，如冯·诺依曼、阿兰·图灵、乔布斯、比尔·盖茨、马化腾等的相关事迹，培养学生的学习情趣。

（2）通过引入与学生日常生活密切相关的计算机技术，例如，通过条形码、二维码的应用，来讲解信息技术的编码知识。通过微信、云计算、比特币等技术的讲解，让学生掌握计算机、网络与其他相关信息技术的基础知识和基本操作技能。

（3）任务驱动，以提高学生学习兴趣。提出单元任务，思考设计一般步骤；演示样例，分析完成任务所需知识点。在办公软件应用教学内容上，通过对教学过程中是否有“培养学生的自学能力、综合应用能力和创造能力”的反思，改变以往的办公软件培训讲座模式，转换为“项目分析→知识点解析→任务实现→总结与提高→知识拓展”教学模式，即注重培养学生实际操作能力的同时，更注重学生信息素养的培养。

（4）通过设计覆盖信息处理全过程的项目，培养学生信息查找、信息整理、信息处理以及信息分析的综合技能，提升学生信息处理的能力。

（5）通过对办公软件功能的总结和提升，逐步培养学生计算思维的基本能力。

（6）将计算思维与日常生活相结合，通过“问题建模→问题分析→寻求方案→方案比较→方案实现”生动形象地向学生讲授计算思维的基本思想，从而提高学生的信息素养。

考核方式：

1. 形成性考核方式

本课程采用形成性考核方式，总成绩由平时考核和期末考试两部分形成：总成绩＝形成性考核成绩（50分）＋期末考试成绩（50分）。

2. 形成性考核成绩

形成性考核成绩（50分）＝平时学习表现考核（考勤、课堂讨论、课堂实训）

（10 分）+Office 综合作业（30 分）+计算思维大作业（10 分）。Office 综合作业见“Office 综合作业要求”。

3．期末考试采用案例考试的方式

闭卷考试，时间 2 个小时。期末考试以 100 分为总分，考核内容与分数分布如表 3–3 所示。

表 3-3　考核内容与分数分布表

考核内容	计算机文化与生活	Word	Excel	PowerPoint	计算思维
分数分布	10	20	30	10	30

4．Office 综合作业要求

（1）内容要求：

① 主题自定（要求：思想健康，最好与专业相关），效果美观。

② 搜索主题相关数据信息（即素材）并整理（要求：字段 5 个以上，信息量 30 条以上）。

③ 对数据信息进行挖掘、统计、分析。

④ 根据搜集信息和统计分析结果，查找或撰写内容相关的总结文档（信息量：A4 纸张，10 页左右）。

⑤ 对撰写的文档用样式进行排版。

⑥ 将主题内容做成演示文稿进行演讲（幻灯片 10 张以上）。

（2）知识点要求（要求：作业中所应用知识点不少于下面所列知识点的 70%）

① Word 部分：

- 页面设置、属性设置。
- 插入常用符号、图片、图形、分隔符、封面、表格、文本框、艺术字、页眉页脚等。
- 字体格式、段落格式设置。
- 项目符号、编号、多级列表的应用、定义。
- 样式应用、新建、修改。
- 图文混排。

● 主题、样式、多级编号、节、复杂页眉页脚（使用域）。
● 生成目录、更新目录、插入脚注、尾注、题注等。

② PPT 部分：
● 插入表格、图表、图片等。
● 美化 PPT：版式、动画、切换等。
● PPT 母版、超链接。

③ Excel 部分：
● 单元格的格式设置和引用。
● 数据的排序、筛选。
● 运算符、公式、函数。
● Excel 数据分析的基本方法。
● 迷你图及图表的制作。

④ 分类汇总、数据透视图/表的使用。

参考教材：

[1] 周晓宏，聂哲，李亚奇．计算机应用基础[M]．北京：清华大学出版社，2013．
[2] 许晞、刘艳丽、聂哲．计算机应用基础[M]．北京：高等教育出版社，2013．
[3] 吴雪飞，王铮钧，赵艳红．大学计算机基础[M]．北京：中国铁道出版社，2014．
[4] 夏耘，黄小瑜．计算思维基础[M]．北京：电子工业出版社，2012．
[5] 程向前，陈建明．可视化计算[M]．北京：清华大学出版社，2013．

学时：64。

第 4 章　高职计算机类专业平台课程

4.1　高职计算机类专业平台课程

4.1.1　高职专业平台课程概念的背景

高职专业平台课程是本书提出的一个新概念，高等职业教育教学改革是以专业改革为切入点的，“解构学科课程体系，构建职业课程体系”是改革的目标。解构学科课程体系后，专业建设的指导思想是以职业岗位能力需求为导向，通过职业分析构建课程体系，其结果是各专业除少数必修的公共课程，如英语、数学、计算机应用等外，其他都围绕本专业职业岗位能力需求设置，为本专业职业能力培养服务。

回顾被解构的学科课程体系建设的思路，是按基础学科、专业基础学科和专业学科构建课程体系的，形成的专业基础课程可以为学生打好较为宽厚的学科基础，使学生具备解决专业问题的更广泛的知识基础和工作的迁移能力。

高等职业教育是否应类似职业培训，仅围绕本专业职业岗位能力要求开发课程？这是否会使学生职业能力面向过窄，而影响学生职业生涯的可持续发展和职业迁移能力呢？这些问题在深化改革中很值得研究。我们认为很有必要针对一类职业需要的专业通用能力，设计一批体现职业类基本能力需求的课程，类似于学科体系的专业基础课，但设计思路是从职业类的能力需求而非以学科为基础的。我们将这类课程统称为“高职专业平台课程”。本章将以计算机类以及电子信息类专业为例，讨论高职专业平台课程，给出其典型案例，并希望能将其基本思想、概念、方法等推广到其他高职专业类。

4.1.2　高职专业平台课程概念及特征

1. 专业平台课程概念

专业平台课程其内涵是指具体的一门课程针对一类相关或相近的专业而设置的，

即基于一类相关或相近专业共同的技能、技术和知识需求，并为一类专业共用的课程。

能为计算机类以及电子信息类专业共用的课则可称为计算机类专业平台课程。

2．专业平台课程特征

专业平台课程具有 3 个突出的特征：

（1）共享性：专业平台课程支撑所有的相关专业，是相关专业的基础。其所需的师资、实践条件和环境、教材通常是一致的；课程中所涉及的教学案例或教学项目，为这类职业通用的任务。

（2）职业性：专业平台课程所涵盖的知识点和技能点均来源于相关专业的职业分析，满足对应行业中若干职业的需求。

（3）系统性：由相关专业的职业分析获得的知识点、技能点进行归纳、补充、整合形成满足若干职业需要的较为系统的理论实践一体化的知识技能体系，组成专业平台课程的内容。其课程内容应反映一类专业职业共同需要的基本知识、基本方法、技术规范、操作程序等。

4.1.3 专业平台课程设置的依据

专业平台课程设置的主要依据如下：

（1）职业要求：适应相关专业对应的职业岗位对从业人员技术、技能及文化素养的要求；适应相关行业发展对从业人员特殊素养的要求；满足学生在相关岗位中可持续发展和终身学习的需求；满足新技术发展对从业人员创新素质的要求。

（2）共同需求：课程涵盖的知识和技能满足相关专业的共同需求，选取的教学案例或教学项目也要满足这类职业的要求。

4.1.4 高职计算机类专业平台课程开发方法

以信息类各专业的职业分析为背景，分析信息类各专业面向职业对应的典型工作任务，进而分析得到信息类专业各典型工作任务对应的基本知识点和技能点，通过归纳、整合得到高职计算机专业平台课程的核心知识点和技能点，再结合学科体系中相关知识内容进行必要的补充，得到完备的高职计算机类专业平台课程的知识点和技能点，以此为依据进行该门课程的开发设计。

在每一门课程开发中，所选取的项目载体因该门课程性质不同而有所差异。对于课程内容偏向硬件的，如本章中典型案例一“IP 通信技术”和典型案例四“计算机组装与维护”，所选取的项目是多项、多元的，依据不同的知识点和技能点，按照职业发展规律，项目难度依次递进；对于课程内容偏向软件的，如本章中典型案例二，“Java 程序设计”和典型案例三，“网络数据库技术”，所选取的项目往往是一个大项目贯穿于整个课程，将项目按照知识点、技能点及工作流程和职业发展规律，分解为若干子项目，课程完成后，学生即可完成一个完整的实际项目。

4.1.5　要加强对高职专业平台课程开发的研究

高职专业平台课程本质上是基于职业，而非学科的专业基础课，应采用什么样的方法进行设计和开发还有待研究。目前，从高职专业课程设计方法来看，基本上是以专业为基础的，课程设计为本专业服务，如何为一类专业设计共同的职业性课程，还没有具体的方法;而从高职院校来看，归属于各个专业的教师，长期按专业设计课程，也难于站在专业类的角度通盘审视这类专业平台课程，存在明显的对这类课程设计的局限性，还需要在认识上和方法上对这类课程取得共识。同时，也反映了还缺少一支专职进行这类课程开发设计与教学的师资队伍，这些问题都有待解决。

4.2　典型方案一：IP 通信

课程名称：IP 通信

课程设计理念：

以教育部高职电子信息类专业教学指导委员会“职业竞争力导向的工作过程——支撑平台系统化课程模式及开发方法”为指导，采取校企合作的方式，以电子信息类相关职业分析为背景，分析提取电子信息类相关职业对应的典型工作任务，进而分析得到各典型工作任务对应的基本知识点和技能点，再结合学科体系基本知识点和技能点与之融合，得到完备的高职高专电子信息类相关课程的完备的知识点和技能点。本课程以企业典型工作任务为导向，将课程知识点、技能点训练与企业典型工作任务有机结合，使学生在做中学，学中练，在掌握新知识的同时，培养其对课程的兴趣，使其更好地适应将来的职业岗位。

由职业分析得到的专业类共同需求分析：

本课程旨在培养具有电子信息化系统安装与调试、运行与维护的工程技术人员，课程的学习对于学生建立良好的职业技术应用理念、培养对实际数据通信类产品的认知、应用及维护能力具有重要的引领作用。分析电子信息工程、通信技术以及计算机类相关专业职业分析的结果，得到专业类共同需求的知识点和技能点包括：

（1）知识点：网络的定义、发展、分类，OSI 模型，IP 地址规划，交换机 VLAN 的建立和划分，路由功能，静态路由，动态路由。

（2）技能点：常见交换机和路由器的识别，交换机和路由器的带内、带外管理配置，交换机和路由器配置文件的备份和升级、交换机 VLAN 的配置、路由器静态路由和动态路由的配置。

以此职业分析得到共同需求的知识点和技能点为核心构建本课程内容。

课程目标：

通过课程内容的学习和不同章节的案例引导及项目训练，使学生具备基本的数据通信理论知识，具有网络规划能力，从而为培养勘察工程师、系统规划与设计等职业岗位提供 IP 通信方面的理论基础；通过交换机、路由器的带内、带外管理以及备份和升级的学习与项目训练，培养学生胜任网络管理员及网络维护人员等职业岗位；通过静态路由及动态路由协议的学习及项目训练，培养学生具备网络调试及维护等职业岗位的能力。同时，通过项目中的合作与训练，培养学生团队协作、敬业爱岗和吃苦耐劳的品德和良好的职业道德。

课程功能：

通过本课程的学习，能够提高学生对电子信息工程等专业的系统认知，使其对电子信息类职业岗位具有一定程度的体会，系统掌握 IP 通信基础理论，切实提高实践动手能力，从而能够胜任网络管理员及网络维护人员等职业岗位。同时，为“数据业务信息化应用”“语音业务信息化应用”“多媒体业务信息化应用”等学习领域课程的学习和电子信息类、通信类相关专业课程的学习奠定基础。

课程结构要素：

“IP 通信”课程结构要素如表 4-1 所示。

表 4-1　“IP 通信”课程结构要素

课程单元	知识点	技能点	案　例
第 1 章　网络基础	(1) 网络的定义、发展、分类； (2) 网络拓扑结构； (3) OSI 模型； (4) TCP/IP 体系； (5) IP 地址规划	(1) 网络层、数据链路层、物理层对应的网络设备识别 (2) 主机 IP 地址及子网掩码配置	园区网络结构规划与设计
第 2 章　网络通信设备介绍	(1) 交换的意义及交换机； (2) 路由的意义及路由器； (3) 三层交换机； (4) 局域网接口类型及线缆； (5) 广域网接口及线缆； (6) 逻辑接口的概念和作用	(1) 常见的交换机识别； (2) 常见的路由器识别； (3) 局域网接口线缆制作	园区网络互联设备认识
第 3 章　以太网交换机及其配置基础	(1) 以太网帧结构； (2) 以太网的寻址过程； (3) 交换机工作原理及性能指标 (4) 交换机带内管理和带外管理； (5) 交换机的配置模式	(1) 交换机带内和带外管理配置； (2) 交换机配置文件的备份和升级	交换机的数据转发
第 4 章　交换机实用配置技术	(1) VLAN 的概念及作用； (2) VLAN 的划分方式； (3) PVLAN 原理； (4) Super VLAN 原理； (5) 生成树协议； (6) 链路聚合及 IEEE 802.3ad	(1) VLAN 的建立和划分； (2) 单交换机 VLAN 的配置； (3) 跨交换机 VLAN 的配置； (4) PVLAN 的配置； (5) Super VLAN 的配置； (6) 生成树协议配置； (7) 链路聚合配置	用交换机实现广播域隔离
第 5 章　路由基础	(1) 路由器的工作过程； (2) DHCP 与静态 IP； (3) 路由功能； (4) IP 通信流程； (5) 路由器的管理方式； (6) 路由器的配置模式	(1) 路由器结构认知； (2) 路由器的带内和带外管理； (3) 路由器常用的配置模式； (4) 路由器配置文件的备份和升级； (5) 路由器的登录，查看与配置； (6) 主机 IP 及网关的配置	路由器的基本管理和配置文件升级
第 6 章　路由协议及配置	(1) 路由表的构成； (2) 静态路由； (3) 动态路由； (4) 缺省路由； (5) 单臂路由； (6) RIP 的作用； (7) OSPF 的作用； (8) 三层交换机的功能及特点	(1) 静态路由配置； (2) RIP 动态路由配置； (3) OSPF 动态路由配置； (4) 路由器缺省路由配置； (5) 三层交换机路由功能配置； (6) 单臂路由配置； (7) 局域网配置故障排除	跨网段数据转发的实现

教学内容简介：

本课程主要讲授和训练 IP 通信的基本理论和应用技能；重点介绍 OSI 模型、IP 地址规划、以太网交换机原理、交换机管理方式、虚拟局域网 VLAN 技术、路由基础，路由器的管理方式，路由协议的配置等内容。通过本课程的学习，使学生对电子信息类职业岗位具有一定程度的体会，系统掌握 IP 通信基础理论，切实提高实践动手能力，从而能够胜任网络管理及网络维护等职业岗位。

教学项目设计案例：

（1）项目名称：小型网络路由配置。

（2）项目描述：静态路由是由管理员手工配置上去的，其特点是具有稳定性、可靠性，但是一旦网络拓扑发生改变，也需要手动更改配置，这种路由配置方案适应于小型网络。而动态路由采用一定的算法，能够根据网络拓扑实时更新路由表，具有较大的灵活性，但其算法复杂，占用网络带宽及路由器自身资源较多，适用于大型网络。在动态路由中，由于算法不同，使得不同的路由协议适用于不同的网络，如 RIP 适用于中小型网络，OSPF 适用于大型网络。这就需要网络管理员根据网络实际情况选择合适的路由进行配置。本项目就是在给定需求的条件下，要求学生利用所学习的网络配置方法，实现各主机之间互相 ping 通，路由器配置可选用静态或动态路由。本项目可应用于校园或企业中小型网络。

（3）项目需求：对于如图 4-1 所示的跨网段网络拓扑，实现各主机之间互相 ping 通，路由器配置可选用静态或动态路由。

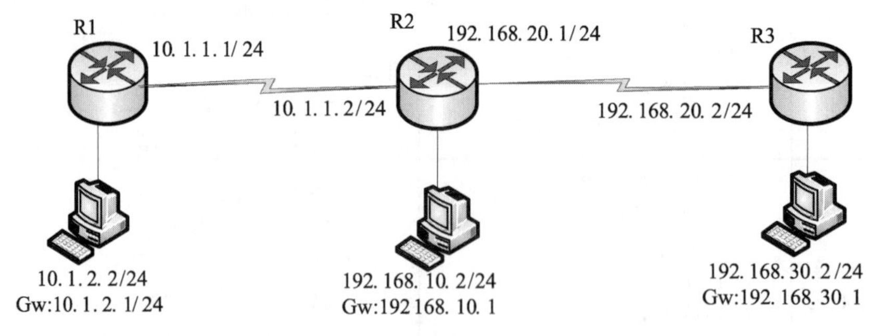

图 4-1　跨网段网络拓扑

（4）教学目标：本项目对学生的基本要求是实现各主机之间 ping 通，主要培养学生以下能力：

① 路由基本工作原理，掌握路由器跨网段路由过程。

② 至少掌握静态或动态路由配置的一种方法。

③ 能够根据实际网络拓扑要求，选择合适的路由配置方案。例如，配置中考虑可靠性要求高（宜采用静态路由），还是网络拓扑发生改变时易于调整（宜采用动态路由）。

④ 对学有余力的学生，可考虑是否需要将配置数据备份到服务器，以防路由器发生故障时及时进行数据恢复。

(5) 教学学时：建议 4 学时（其中，项目及相关知识点技能点回顾、设计方案选择 1 学时，仿真练习 1 学时，实际设备配置及调试以及总结反思 2 学时）。

(6) 项目实施：本项目实施过程中建议以小组与学生个体结合的形式完成。

① 布置项目任务（包括相关知识点技能点回顾）。

② 学生分组。

③ 进行项目方案的选择（采用静态还是动态路由），可小组讨论完成。

④ 根据确定的项目方案，进行仿真配置，可以学生个体独立完成。

⑤ 实际设备的配置及调试，建议以小组完成。

⑥ 项目完成报告及心得体会的撰写，建议学生个体独立完成。

⑦ 成果的提交：项目成果的提交包括：网络拓扑仿真结果（个人提交）+设备配置调试及网络 ping 通结果（小组提交）+项目完成报告及心得体会（个人提交）。

⑧ 项目成果检验评价：本项目的检验根据其成果的各个部分考核情况综合给出。各部分考核所占比例建议如下：网络拓扑仿真结果（30%）+设备配置调试及网络 ping 通结果（40%）+项目完成报告及心得体会（20%）+小组讨论、团队协作等（10%）。

⑨ 总结与反思：根据本项目的完成情况，教师引导学生对各种网络配置方案进行比较、讨论，使学生进一步体会各不同网络配置方案的优缺点，以更好地应用于实际网络设计与调试。

(7) 项目分析：本项目在对学生基本路由配置的要求基础上，给予了学生较大的设计或创新空间，可在路由协议选择及网络可靠性上对其提出更高的要求，从而培养其独立思考能力、处理随机或突发事件的能力，以及团队协同工作的能力等。

本项目实施需要实训室具备网络仿真软件及路由器、三层交换机、主机、网线等相关设备。

教学方法：

针对本课程特点，提出以下教学建议：

（1）应加强对学生实际职业能力的培养，鼓励创新精神，关注学生思维，注重提高学生的兴趣，在工作任务实施过程中不断强化使学生逐渐熟练网络设计过程。

（2）在教学上应采用教、学、练一体化模式，学生通过理解教师对工作任务的分解和提示，及对典型案例的分析和相关理论知识的讲解，按要求完成工作任务，掌握本课程教学要求达到的职业能力。

（3）教材编写体现项目课程的特色与设计思想，教材内容体现先进性、实用性，典型产品的选取科学，体现地区产业特点，具有可操作性。呈现方式图文并茂，文字表述规范、正确、科学。

（4）采取项目教学，以工作任务为出发点来激发学生的学习兴趣，教学过程中要注重创设教育情境，采取理论实践一体化，要充分利用挂图、投影、多媒体等现代化手段。

（5）采取阶段评价和目标评价相结合，理论与实践一体化，要把学生作品的评价与知识点考核相结合。

（6）开发相关辅导用书、教师指导用书、网络资源，要注重仿真软件的应用。

考核方式：

本课程考核采用理论、实践、过程考核与平时成绩相结合的考核方式。其中，期末考试试卷中包含笔试和上机两部分，笔试部分主要考核学生对 IP 通信基本理论的掌握情况，实践考核采用上机的方式，考核学生对实际网络的规划与配置能力。实践过程考核主要根据学生每次实训完成情况评定，平时成绩主要根据作业、出勤率和课堂回答问题及课堂讨论情况评定。

成绩组成：在总成绩中，期末考核成绩占 60%（其中理论成绩 40%，上机成绩 20%），实践过程考核占 20%，平时成绩占 20%。课程总成绩为百分制，60 分及以上为合格。

考试时间：120 分钟。

1. 理论考核内容和标准

理论考核采取闭卷笔试形式，占总成绩的 40%，考核应掌握的知识点。理论考核内容与评价标准如表 4–2 所示。

表 4-2　理论考核内容与评价标准

序号	考评项目	考核内容和标准	考核方法	分值
1	选择题	各个情境的知识点	教师评定	10
2	填空题	各个情境的知识点	教师评定	5
3	判断题	各个情境的知识点	教师评定	5
4	网络设计题	根据题目要求，进行 IP 地址规划及子网划分	教师评定	10
5	网络配置题	根据题目要求，写出配置指令	教师评定	10
合计				40

2. 实践考核内容和标准

实践考核根据学生上机操作情况评定，占总成绩的 20%，主要考核内容和标准如表 4–3 所示。

表 4-3　实践考核内容与评价标准

序号	考评项目	考核内容和标准	考核方法	分值
1	网络搭建	根据题目要求，分析并确定方案，进行网络拓扑图设计	教师评定	2
2	设备命名	对题目中的网络设备进行命名，标注必要的帮助信息	教师评定	2
3	交换机 VLAN 配置	合理规划 VLAN，并对 VLAN 进行配置、命名	教师评定	7
4	路由配置	根据题目要求，合理设置静态或动态路由，使设备之间 Ping 通	教师评定	7
5	设备远程登录配置	实现对指定设备的 Telnet 访问，并合理设置访问密码	教师评定	2
合计				20

3. 实践过程考核内容和标准

实践过程考核成绩根据平时上机及设备配置操作完成情况评定，上机操作全部为过程考核，占总成绩的 20%，每个实训项目按下面标准打分，再把每个项目成绩累加求平均值就是实践过程考核成绩。每个实训项目考核内容和标准如表 4–4 所示。

表 4-4　实践过程考核内容与评价标准

序号	考 评 项 目	考核内容和标准	考 核 方 法	分　值
1	设计思路	根据项目要求，分析并确定方案	教师及组长评定	5
2	仿真及操作	根据方案构造网络拓扑图并配置数据已实现网络功能	教师及组长评定	10
3	内容总结	对所设计的网络进行总结	教师及组长评定	5
合　　计				20

4．平时成绩考核内容与评分标准

平时成绩占总成绩 20%，其考核内容和标准如表 4–5 所示。

表 4-5　平时成绩考核内容与评价标准表

序号	考 评 项 目	考核内容和标准	考 核 方 法	分　值
1	组织纪律	缺勤 1 次扣 0.5 分，3 次迟到（早退）按 1 次缺勤算	教师及组长评定	4
2	人际交往	积极参加讨论，主动回答问题和提问，乐于帮助同学	教师及组长评定	4
3	学习方法	积极参加讨论，主动开展自主学习	教师及组长评定	4
4	团队协作	积极参加小组活动，主动承担工作任务，提出合理化建议	组长评定	4
5	环境意识	保持环境卫生	教师及组长评定	4
合　　计				20

参考教材：

[1] 赵俊英，周继彦．IP 通信技术[M]．北京：高等教育出版社，2014．

[2] 中兴通讯 NC 教育管理中心．数据通信网络技术[M]．中兴通讯股份有限公司，2012．

[3] 曹炯清．路由与交换实用配置技术[M]．北京：清华大学出版社，2010．

[4] 张国清．网络设备配置与调试项目实训[M]．北京：电子工业出版社，2012．

[5] 褚建立，邵慧莹．路由器/交换机项目实训教程[M]．北京：电子工业出版社，2009．

[6] 谢希仁．计算机网络[M]．5 版．北京：电子工业出版社，2009.

学时：64，其中理论 34 学时，实践 30 学时。

4.3　典型方案二：Java 程序设计

课程名称：Java 程序设计

课程设计理念：

以工学结合理念作为指导思想，以企业的实际开发过程为参照，采用情景教学模式和企业真实项目，以学生为中心，使教学接近企业的实际开发过程。培养学生独立制订计划，独立完成任务的能力。使学生在学习知识的同时，尽量多地接触和感受企业实际工作环境和模式。

由职业分析得到的专业类共同需求分析：

软件技术行业的发展速度非常快，其他行业对软件技术的需求也越来越大，随之产生了一些新的技术，课程的内容应该随着行业的发展而不断变化，并且要考虑行业中新技术的应用情况，充分了解这些新技术的特点和发展前景。只有这样，才能使课程有生命力，适应行业人才培养的需求。本课程是计算机程序设计方面的入门课程。

（1）知识点：Java 基础知识、类的概念定义及使用、输入/输出及文件操作、面向对象程序设计方法、图形类及事件、接口异常。

（2）技能点：运用所学的 Java 语言进行程序设计。

课程目标：

本课程是计算机类专业学习软件技术的一门核心技术课程，课程的综合性和实践性都很强，它要求学生不仅要掌握扎实的基础理论知识，更重要的是理解那些从具体项目中得来的知识经验，还要具备将所学知识应用到具体项目中的能力。通过课程不同章节的学习及项目训练，使学生具备基本的程序设计思想，能够遵守程序设计规范，具有纠错、改错的能力，能够运用逻辑思维方法进行问题研究，能够运用数学方法进行基本计算和定量分析，能够针对问题提出合理、有效的解决方案。同时，通过项目中的合作与训练，培养学生团队协作、敬业爱岗和吃苦耐劳的品德和良好的职业道德。

课程功能：

通过本课程的学习，能够提高学生对计算机类专业软件技术的系统认知，使其对软件开发、软件测试及游戏开发等职业岗位具有一定程度的体会，系统掌握 Java 程序设计的基础理论，培养学生能按照不同任务要求独立完成工作任务，具有良好的编程习惯，程序的阅读、修改、查错等核心职业能力，从而能够胜任软件编程、软件测试及软件技术支持等职业岗位。同时，为“Java Web 应用开发”“Java ME”“C#”“ASP.NET”等课程的学习奠定基础。

课程结构要素：

“Java 程序设计”课程结构要素如表 4-6 所示。

表 4-6 “Java 程序设计”课程结构要素

课程单元	知识点	技能点	案例
第 1 章 Java 语言概述	（1）Java 语言和平台； （2）Java 开发环境； （3）开发简单的 Java 应用程序	（1）配置、安装和使用软件开发环境和工具，如操作系统、Visio、JDK、Eclipse 等软件的安装和使用； （2）阅读开发 Java 应用软件项目所需的资料，了解软件开发项目的背景，撰写软件开发说明书	学生成绩管理系统的开发说明书
第 2 章 Java 语言基础	（1）标识符、关键字和数据类型； （2）表达式； （3）分支； （4）循环； （5）数组； （6）字符串	（1）详细设计文档的撰写方法、撰写详细设计文档； （2）学习顺序，循环和分支结构； （3）学习方法的使用、数组的使用	学生成绩管理系统中数据模型的设计
第 3 章 Java 的面向对象	（1）对象、类和方法； （2）接口； （3）包； （4）异常	（1）设计各模块中类的属性和方法； （2）接口的使用； （3）包的使用； （4）异常的使用	学生成绩管理系统中各模块的设计
第 4 章 Java 的图形用户界面	（1）组件； （2）容器； （3）布局； （4）事件处理	（1）设计各模块中的界面； （2）实现各个模块基本事件流图、其他事件流图功能	学生成绩管理系统的界面设计
第 5 章 Java 的输入/输出	（1）控制台的输入/输出； （2）文件的输入/输出	实现各个模块中文件的读/写操作	学生成绩管理系统的设计与实现

教学内容简介：

本课程主要讲授 Java 基础知识、类的概念定义及使用、输入/输出及文件操作、面向对象程序设计方法、图形类及事件、接口异常等知识。教学环节以实际工作任务的编程为载体，运用 Java 程序设计语言进行编程训练，培养学生遵守代码编写规范，使学生具有独立完成任务的能力。该课程中以实际工作任务转化的教学项目其活动设计以软件工程的系统程序来进行，既考虑到工作过程的真实性，也考虑到教学的适用性，使学生全面了解工作任务流程，提升在工程中进行程序设计的能力。

教学方法：

该课程采用讲授与训练相结合的方式完成教学任务。教师根据每个教学任务知识点的要求，讲授基本概念、专业技术，采用教学案例演示等教学法，使学生充分理解基本概念和专业知识，用案例作为学生的训练项目，培养学生分析、解决问题的能力，引导他们进行创造性的开发，使学生在自己“做”的实践中，掌握职业技能、习得专业知识。

在制定教学任务时应把学生的需求和兴趣以及社会对学生能力的要求放在突出位置，关注学生的个人可持续发展，体现对不同阶段的学生在知识与技能、过程与方法、情感态度与价值观等方面的基本要求，并且规定每个学生必须掌握的理论知识、实际技能和基本技能，也规定了教学进度和教学方法的基本要求。所以，基础理论的深度与难度不宜过难，教学方法应适合学生的需要，尽量通俗易懂，尽量直观，便于理解，尽量有兴趣。

考核方式：

本课程考核采用理论、实践、过程考核与平时成绩相结合的考核方式。其中，期末考试试卷中包含笔试和上机两部分，笔试部分主要考核学生对 Java 程序设计基础知识的掌握情况，实践考核采用上机的方式，考核学生设计实际项目的能力。实践过程考核主要根据学生每次实训完成情况评定，平时成绩主要根据作业、出勤率和课堂回答问题及课堂讨论情况评定。

成绩组成：在总成绩中，期末考核成绩占 60%（其中理论成绩 40%，上机成绩 20%），实践过程考核占 20%，平时成绩占 20%。课程总成绩为百分制，60 分及以上为合格。

考试时间：120 分钟。

1. 理论考核

理论考核采取闭卷笔试形式，占总成绩的 40%，考核应掌握的知识点。理论考核内容与评价方式如表 4–7 所示。

表 4-7 理论考核内容与评价方式

序号	考评项目	考核内容	考核方法	分值
1	选择题	各个情境的知识点	教师评定	10
2	概念填空题	各个情境的知识点	教师评定	5
3	判断题	各个情境的知识点	教师评定	5
4	程序填空题	根据题目要求，进行程序填空	教师评定	10
5	程序设计题	根据题目要求，编写程序	教师评定	10
合计				40

2. 实践考核

实践考核根据学生上机操作情况评定，占总成绩的 20%，主要考核内容如表 4–8 所示。

表 4-8 实践考核内容与评价方式表

序号	考评项目	考核内容	考核方法	分值
1	走进 Java 语言	学生成绩管理系统的开发说明书	教师评定	2
2	Java 语言基础	学生成绩管理系统中数据模型的设计	教师评定	2
3	Java 的面向对象	学生成绩管理系统中各模块的设计	教师评定	7
4	Java 的图形用户界面	学生成绩管理系统的界面设计	教师评定	7
5	Java 的输入输出	学生成绩管理系统的设计与实现	教师评定	2
合计				20

3. 实践过程考核

实践过程考核成绩根据平时上机及设备配置操作完成情况评定，上机操作全部为过程考核，占总成绩的 20%，每个实训项目按下面标准打分，再把每个项目成绩累加求平均值就是实践过程考核成绩。每个实训项目考核内容如表 4–9 所示。

表 4-9　实践过程考核评价方式表

序号	考 评 项 目	考 核 内 容	考 核 方 法	分　　值
1	设计思路	根据项目要求，分析并确定方案，撰写开发计划书	教师及组长评定	2
2	学生成绩管理系统	根据项目要求完成项目的功能	教师及组长评定	16
3	内容总结	对所设计的学生成绩管理系统进行总结	教师及组长评定	2
合　　计				20

4. 平时成绩评分标准

平时成绩占总成绩 20%，其考核标准如表 4–10 所示。

表 4-10　平时成绩评分标准

序号	考 评 项 目	考核内容和标准	考 核 方 法	分　　值
1	组织纪律	缺勤 1 次扣 0.5 分，3 次迟到（早退）按 1 次缺勤算	教师及组长评定	4
2	人际交往	积极参加讨论,主动回答问题和提问，乐于帮助同学	教师及组长评定	4
3	学习方法	积极参加讨论,主动开展自主学习	教师及组长评定	4
4	团队协作	积极参加小组活动,主动承担工作任务，提出合理化建议	组长评定	4
5	环境意识	保持环境卫生	教师及组长评定	4
合　　计				20

参考教材：

[1] 肖敏．Java 语言程序设计[M]．北京：电子工业出版社，2010.

[2] 高立军．Java 程序设计案例教程[M]．北京：机械工业出版社，2011.

[3] 沈昕．Java 语言基础教程[M]．北京：人民邮电出版社。2007.

[4] 单兴华．Java 基础与案例开发详解[M]．北京：清华大学出版社。2009.

[5] 施霞萍．Java 程序设计习题精析与实验指导[M]．北京：机械工业出版社，2013.

[6] 林树泽．Java 完全自学手册[M]．北京：机械工业出版社，2013.

学时：64，其中理论 20 学时，实践 44 学时。

4.4 典型方案三：网络数据库技术

课程名称：网络数据库技术

课程设计理念：

本课程以信息技术应用需求为起点，以数据库开发、数据库管理典型工作任务为依据，以培养学生的职业岗位能力为目标，以工作过程为导向，以真实的工作项目为载体，遵循以行动导向组织教学的课程理念。

由职业分析得到的专业类需求分析：

数据库技术作为计算机科学技术中发展最快、应用最广的技术之一，已经成为计算机信息系统与应用系统的核心技术和重要基础。近年来，随着全国各个行业信息化的普及，各个层次的计算机人才需求旺盛，对数据库人才的需求更为迫切，各类信息系统基本上都离不开后台数据库的支持，企业的许多数据信息都是通过数据库进行存储和管理的，数据库几乎成为所有信息系统中不可或缺的部分。

对于计算机类专业的职业分析得到该课程的目标，主要是要求了解大中型关系型数据库的管理和开发两部分的内容。数据库技术是计算机类专业的必修课程，也是非计算机专业的必修或选修课程。本课程作为计算机类专业的专业平台课程，以计算机类专业面向的职业对数据库技术应用的通用需求为依据构建教学内容，教学中可根据专业侧重点不同，对教学内容进行选取。

课程目标：

（1）能够理解数据库系统的初步需求。

（2）掌握数据库技术的基本概念、原理、方法和技术。

（3）能够对数据库进行初步设计。

（4）具备数据库系统安装、配置及数据库管理与维护的基本技能。

（5）能够在数据库中创建并管理表。

（6）能够在数据库中实施数据完整性。

（7）能够在数据库中实现对索引和视图的管理与维护。

（8）能够利用 SQL 命令对数据进行查询。

（9）能够利用 SQL 命令进行数据库编程。

(10) 熟悉常用的数据库管理和开发工具，具备使用指定的工具管理和开发简单数据库应用系统的能力。

(11) 能够进行数据库的备份与还原。

(12) 能够进行数据库的安全性管理。

课程功能：

“网络数据库技术”课程是计算机类专业的一门平台课程。本课程的学习旨在让学生了解和掌握数据库的基本原理、数据库的设计方法，掌握数据库及其对象的创建与管理、数据完整性的作用与操作，掌握 SQL 基本语法与编程、数据库应用系统的分析与实现，以及数据库的备份与还原及数据库安全性的实施；使学生能够对数据库进行初步的需求分析，利用数据库管理系统创建数据库，创建数据库中的表，实现数据完整性，利用 SQL 命令对数据进行查询，利用 SQL 命令进行数据库编程，实现数据库应用系统，进行数据库的备份与还原及实施数据库安全性，为计算机类专业需要数据库技术支撑的后续课程奠定扎实的基础。

课程结构要素：

“网络数据库技术”课程结构要素如表 4-11 所示。

表 4-11　“网络数据库技术”课程结构要素

课程单元	知　识　点	技　能　点	案　　例
单元 1:项目预览与需求分析	了解“人事管理系统”的项目背景，系统所包含的功能模块及各功能模块的需求	能够安装、部署数据库应用系统——“人事管理系统”，能够熟练地对数据库应用系统进行操作	(本课程以人事管理系统为载体，引导课程各部分内容教学) 部署和运行人事管理系统
单元 2:数据库系统基础	了解数据库应用系统的实现步骤、数据库技术中的常用术语、数据库系统的模型划分、关系数据库的基本概念、数据库系统结构及数据字典		
单元 3:数据库设计	数据库设计的特点、数据库设计的基本策略及数据库设计的步骤和数据库设计的方法	能够使用学习的数据库设计理论，进行“人事管理系统”的数据库设计，并熟练使用数据库设计工具 Power Designer	(1) 设计“人事管理系统“的概念模型； (2) 根据转换规则，将“人事管理系统“概念模型转换为逻辑模型； (3) 设计数据库的逻辑结构

续表

课程单元	知　识　点	技　能　点	案　　例
单元 4：数据库选择与安装	数据库管理系统的结构、目标和基本功能及数据库管理系统与操作系统的关系、数据库管理系统模块组成、进程结构和系统结构	可以根据实际需要选择适合的数据库管理系统，能够安装 SQL Server 2008 数据库，对数据库进行配置和使用	安装和配置 SQL Server 2008 数据库
单元 5：数据库管理	关系数据库结构，SQL Server 2008 系统数据库及作用、数据库文件和文件组及常用的数据库对像	能够使用 SSMS 和 T−SQL 语句创建和管理数据库。	（1）使用 SSMS 创建、修改和删除人事管理数据库：使用 SSMS 创建人事管理系统数据库，数据库名称为 hr，数据文件采用默认设置；使用 SSMS 修改和删除所创建的数据库 hr；使用 SQL 语句创建人事管理系统数据库，数据库名称为 hr，并设置数据库的主数据文件和日志文件，主数据文件逻辑文件名称为 hr，物理文件名为 d:\hr.mdf，文件初始大小为 3 MB，文件最大值为 10 MB，文件每次自动增长 1 MB。日志文件的逻辑文件名为 hr_log，物理文件名为 d:\hr_log.ldf，文件初始大小为 1MB，文件最大值为 10 MB，文件每次自动增长 10%； （2）使用 T-SQL 创建、修改和删除人事管理数据库
单元 6：数据库表的管理	数据库中表的创建、修改、删除等的操作步骤和方法及各选项的含义，操作数据库表中的数据	能够使用 SSMS 和 T−SQL 进行数据库表的创建、删除和修改及对表中的数据进行操作	（1）使用 SSMS 管理数据库表及表中的数据：使用 SSMS 创建人事管理数据库 hr 中的员工表 hr_employee 和部门表 hr_department，数据库表建设完成后，操作表中的数据（添加、修改、删除），最后进行表结构修改和删除的操作； （2）使用 T−SQL 管理数据库表及表中的数据：在人事管理数据库 hr 中，使用 T−SQL 语句创建员工表和部门表，使用 T-SQL 操作表中的数据（添加、修改、删除），最后进行表结构修改和删除的操作

续表

课程单元	知　识　点	技　能　点	案　　例
单元 7：实施数据库完整性	实体完整性、域完整性、参照完整性、用户自定义完整的概念及数据库完成性的实现方式	能够通过 SSMS 和 T-SQL 两种方式，在数据库中使用约束、默认值、规则和标识符实现数据库的完整性	（1）使用约束实施数据库的完整性； （2）使用默认值实现数据库的完整性； （3）使用规则实再数据库的完整性
单元 8：索引与视图	索引的概念、索引种类和创建索引的优缺点，视图的概念及使用视图的优缺点。创建和管理索引和视图的 SQL 语句的语法结构	能够使用 SSMS 和 T-SQL 熟练掌握索引的创建和删除，熟练掌握视图的创建、查询、修改、删除和更名，熟练掌握通过视图查询和更新数据的方法	（1）在“人事管理系统”数据库的“员工信息表”中创建聚集索引和非聚集索引； （2）在“人事管理系统”数据库中，根据要求创建视图，对视图进行维护，并根据规则通过视图对数据库表中的数据进行操作
单元 9：数据库编程基础	T-SQL 类型、函数、事务、锁和游标的概念	能够熟练使用 T-SQL 中常量变量、表达式、注释和控制流程语句，熟练使用 T-SQL 中的常用函数及游标的使用	（1）常量变量、运算符、表达式、注释、控制流程在 SQL 编程中的应用； （2）常用函数在 T-SQL 编程中的应用
单元 10：数据查询	数据查询的意义、SELECT 语法结构、熟练掌握各种查询技术，包括单表查询、多表查询，汇总查询、分类汇总、汇总计算、子查询等，并能对查询结果进行排序、合并、保存	能够灵活使用相关查询语句对数据库中的数据进行查询	（1）简单查询； （2）多表连接查询； （3）汇总查询； （4）子查询
单元 11：使用存储过程与触发器	存储过程的概念、优点、分类及存储过程的使用。触发器的概念、分类、作用及与存储过程的区别	能够熟练地根据实际需求，使用存储过程和触发器对数据库中的内容进行操作。能够对存储过程进行创建、执行、删除和管理等操作。能够熟练使用 DML、DDL 和递归触发器，并能够对触发器进行管理。	（1）存储过程的管理与维护：在 SQL Server 2008 的示例数据库 HR 中创建一个名为 Employee_proc 的存储过程，它将从表中返回所有读者的姓名、专业、毕业院校、身份证，要求能够灵活查询各个部门的员工信息，并执行此存储过程； （2）触发器的管理与维护：使用触发器实现，在 HR 数据库中，当管理员每次向数据库中添加员工时，该部门下的人员数量自动更新

续表

课程单元	知 识 点	技 能 点	案 例
单元 12：应用系统开发	Java EE 的基本概念、MyEclipse 安装和启动、JSTL 基础知识、Spring 的作用、Hibernate 概念、Struts2 的概念	使用相关技术，进行“人事管理系统”的系统结构、搭建开发框架及开发人事管理系统中的功能模块	（1）人事管理系统结构设计； （2）数据库应用系统框架搭建； （3）人事管理系统“职称类别管理”模块开发
单元 13：数据库备份与恢复	数据库备份与恢复的概念、术语，数据库备份策略的设计和备份、恢复数据库	能够按要求备份和恢复数据库	（1）对“人事管理系统”进行一次完整备份和差异备份； （2）恢复已备份的数据库
单元 14：数据库安全管理	数据库安全性相关概念、SQL Server 服务器安全性、SQL Server 角色、权限、管理架构的使用	在理解数据库安全性相关知识点的基础上，能够使用 SSMS 和 T-SQL 语句对“人事管理系统”数据库进行安全性管理	（1）创建登录账号和数据库用户账号，然后给用户授予访问数据库“HR”的权限； （2）管理数据库的角色、架构和权限

教学内容简介：

本课程以真实的企业项目为基础，以工作过程为导向，以“人事管理系统”作为项目实施和内容讲解的主线，按照数据库应用系统开发与管理实际项目实施的工作过程进行内容编排，主要包括“人事管理系统”预览与需求分析、数据库设计、数据库管理、数据库开发、数据库应用系统开发及数据库维护等方面的内容。以项目的实施带动知识的讲解，按工作过程对内容进行排序，以期使学生通过本课程的学习，达到掌握数据库应用系统开发与管理的目的。

教学方法：

“网络数据库技术”是一门实践性很强的课程，主要采用项目教学法进行教学活动和课程内容的编排，以小组为单位，每个小组根据功能模块难度，负责一个或几个功能模块。本课程以一个完整的项目为基础， 根据高职学生和本课程的特点，结合数据库技术的应用特点，按照“问题分析与基础知识”→“数据库设计”→“数据库管理”→“数据库开发”→“数据库应用系统开发”→“数据库维护”的线索组织教学。本课程各单元按要其特点可归并为 6 个主题：问题分析与基础知识（第 1～2 单元）、数据库设计（第 3 单元）、数据库管理（第 4～8 单元）、数据库开发（9～11 单元）、数据库应用系统开发（第 12 单元）、数据库维护（13～14 单元）。不同主题采用不同的教学方式和教学方法。

1. 问题分析与基础知识

本部分的学习，通过运行完整的“人事管理系统”，按照操作步骤，熟悉操作流程及系统功能，使学生对数据库应用系统有一个感性的认识，并对照运行的系统界面和需求说明，理解系统需求。

2. 数据库设计

以系统的需求为基础，结合理论基础知识，进行“人事管理系统”数据库设计。

3. 数据库管理和数据库开发

通过对人事管理系统数据库典型业务的需求分析和操作实践，帮助学生理解理论性较强的内容，并掌握各种操作

4. 数据库应用系统开发

在专任教师和企业工程技术人员的指导下，学生按照企业的生产过程，以“团队合作”的方式，结合“绩效考核”的方法，并按照企业的工作流程进行项目的实施，使学生掌握实际项目的工作方法，深度理解、融合业务规则，提高学生的专业技能。同时，也培训学生的语言文字能力、科学的思维能力、沟通交流能力、环保意识和批判性思维能力。

5. 数据库维护

采用实际应用案例来学习数据库的备份与安全性管理，主要采用理论与实践相结合的方式进行。

本课程采用项目教学法，融“教、学、做”为一体，需要在“一体化”实训室上课，以项目分解、任务驱动的模式组织教学。

根据专业不同，侧重点不同，可以按主题选取教学内容。

考核方式：

本课程的教学实践性、操作性较强，培养目标以技能，技巧获取和职业素养及实践经验的积累为主线，建议采用以过程性考核为主、项目开发成果的质量评定为辅的考核方式。按主题划分项目任务，每个任务完成后，需要提交相关的技术文档资料，各个项目小组分别进行小组评价、组员互相评价，结合教师评价给予最终评价的方式进行，并以学生各个任务完成的情况和整个项目的最终成果展示与答辩成

绩作为本课程评价的依据。

在项目的实施过程中，同时注重培养学生信息处理能力、科学思维能力、与人合作能力、安全意识、批判性思维的能力等通用能力与职业素养。

参考教材：

[1] 张海建，马东波，唐文晶.数据库开发与管理[M].北京：清华大学出版社，2013.

[2] 李红，张海建，吉东光.数据库设计基础与应用[M].北京：清华大学出版社，2012.

[3] 郭鲜凤.SQL Server 数据库应用开发技术[M].北京:北京大学出版社，2011.

学时：96。

4.5 典型方案四：计算机组装与维护

课程名称：计算机组装与维护

课程设计理念：

本课程以“基于工作过程”为指导，邀请行业专家对计算机专业所涵盖的岗位群进行工作任务和职业能力分析，并以此为依据确定本课程的工作任务和课程内容。根据计算机专业所涉及的计算机组成结构与内部部件的连接，计算机的装机过程与常用软件的安装调试、判断和处理常见的故障等知识内容，设计若干个学习情境，实施情境化教学设计，使学生掌握计算机硬件的组装、计算机软件的安装、常见故障的诊断和排除以及相关的专业知识，同时培养学生职业素质，锻炼学生的方法与社会能力。

由职业分析得到的专业类共同需求分析：

针对行业和地方企业对计算机组装与维护职业岗位群的需求进行课程内容的设计，使课程满足电子信息类专业的共同需求。

1. 知识点

A1. 掌握计算机内部构成，熟悉计算机各功能部件。

A2. 熟练掌握计算机软硬件系统的安装步骤、过程、对应的故障现象及处理方法。

A3. 熟练掌握 BIOS 详细设置和硬盘初始化过程。

A4. 掌握常用系统工具软件、磁盘管理工具、性能测试工具的安装及应用。

A5. 掌握软、硬件故障处理的流程和系统备份与恢复的方法。

A6. 了解计算机各配件的技术指标、主流产品、选购方法。

A7. 了解相关部件的新技术、新产品、新发展、新动态（如报价）等实用知识。

A8. 了解计算机外设的基础知识和典型外设的结构、组成和选购方法。

2. 技能点

B1. 能够根据要求选购计算机主要部件。

B2. 能够独立组装计算机硬件。

B3. 能够独立安装计算机常用的操作系统。

B4. 能够熟练使用常用系统工具软件、磁盘管理工具、性能测试工具。

B5. 能够熟练地设置 BIOS 常用功能。

B6. 熟练掌握系统维护工具进行系统备份和还原、硬盘的维护。

B7. 能够排除计算机常见的一般软、硬件故障。

3. 素质

C1. 具有勤奋学习的态度，严谨求实、创新的工作作风。

C2. 具有良好的心理素质和职业道德素质。

C3. 具有高度责任心和良好的团队合作精神。

C4. 具有一定的科学思维方式和判断分析问题的能力。

课程目标：

“计算机组装与维护”是电子信息类专业的一门专业必修的平台课程。通过学习本课程，能掌握现代计算机组成结构与内部部件的连接，熟练掌握微机的装机过程与常用软件的安装调试，并能理论联系实践，在掌握微机维修、维护方法的基础上，判断和处理常见的故障。本门课程培养学生理论联系实际，学生的学习模式应强调理论与实践并重。通过本课程的学习，学生应具备良好的职业素质，并能取得《计算机中级维修工》职业资格证书。

课程功能：

通过“计算机组装与维护”课程的学习，使学生掌握计算机组装、维护与常见计算机故障排除的基本技能，为“微机原理与应用”“网络组建与应用”“网络安全”“数据恢复”等后续课程的学习打下扎实基础。同时通过本课程的学习，培养学生的综合职业能力、创新精神和良好的职业道德。

课程结构要素：

“计算机组装与维护”课程结构要素如表 4–12 所示。

表 4-12 “计算机组装与维护”课程结构要素

序号	课程单元	教学内容			案　例
		知识点	技能点	素质	
1	选购计算机硬件	A1 A6 A7	B1	C1 C2	计算机部件选购
2	计算机硬件系统的组装与调试	A2 A8	B2 B5	C1 C2	（1）计算机硬件组装； （2）BIOS 设置
3	计算机软件系统的安装	A3	B3	C3	（1）硬盘分区； （2）操作系统安装； （3）驱动程序安装
4	软件的维护	A5	B4、B6	C1、C2	（1）系统测试优化； （2）病毒防治； （3）软件故障排除
5	硬件故障的维护与维修	A3	B3、B7	C4	计算机维护和维修

教学内容简介：

本课程按计算机导购工程师、硬件安装工程师、系统安装工程师、软件维护工程师、硬件维修工程师等岗位工作所需的知识与技能要求构建岗位情景与任务模块，打破传统的学科知识体系，以应用为主线，按“硬件导购→硬件安装→系统安装→软件维护→故障处理”序化教学内容，主要包括：计算机组成结构与内部部件的连接，计算机的装机过程与常用软件的安装调试，判断和处理常见的故障并进行软硬件的维护和硬件的维修等，如表 4–13 所示。

表 4-13 工作岗位与教学内容设计

岗　位	硬件导购	硬件安装	系统安装	软件维护	故障处理
工作岗位	导购工程师	硬件安装工程师	系统安装工程师	软件维护工程师	硬件维修工程师

续表

岗　　位	硬件导购	硬件安装	系统安装	软件维护	故障处理
职业行为	计算机部件选购	计算机硬件组装 BIOS 设置	硬盘分区、操作系统安装、驱动程序安装	系统测试优化、病毒防治、软件故障排除	计算机维护和维修
岗位情景	销售部进行计算机销售	生产部进行计算机硬件安装	生产部进行计算机软件安装	售后服务部进行软件维护	售后服务部进行硬件维护和维修
学习情境	计算机硬件的选购	计算机硬件的组装与调试	计算机软件系统的安装	软件的维护	硬件故障的维护与维修

教学方法：

本课程以工作过程为导向，以任务驱动的方式，将计算机组装与维护企业实际工作过程所需要的知识和技能整合为 5 个学习情境，21 个工作任务，真正体现了基于能力培养的教学目标；从职业岗位分析入手，解构并重构教学内容，并以学生对专业的认知规律及职业成长规律为依据，设计情景化、递进式学习任务与能力训练项目。本课程应根据课程内容和学生特点，灵活运用现场教学法、实物教学法、启发式教学讨论式教学、案例分析、分组讨论、角色扮演、启发引导等教学方法，引导学生积极思考、乐于实践，提高教学效果。教学组织形式应多样化，尽量利用现代化的教学手段。

考核方式：

（1）每个学习工作任务单总分数为 100 分，学生每个学习工作任务单的得分为个人基本分数；禁止直接对照其他同学的答案及报告照抄，发现一次扣本工作单 50 分。

（2）每项工作任务完成后，最后由各小组提交一份各自成果报告，内容越丰富全组加分越高，反之扣分。

（3）如果成果报告采用答辩、演讲形式提交，由老师随机抽取小组某一学生答辩、演讲，各组评比后给予各小组成员加分、扣分；能够对本组答辩的学生进行必要的、合理的、完善的补充的，适当对该学生加分；对本工作任务提出新的观点及一些好的相关案例的，适当对该学生加分。

（4）实操考核以小组为单位，随机一人参加测评，代表全组成员加分、扣分。

（5）学生每个学习工作任务单的最后得分为基本分数再加分、扣分以后的得分。学生本课程的最后得分是全部学习任务工作单的平均分。

参考教材：

[1] 王坤．计算机组装与维护[M]．北京：中国铁道出版社，2008．
[2] 李福，等．计算机组装与维护技能教程[M]．北京：电子工业出版社，2005
[3] 王涛，等．计算机组装与维护技能[M]．北京：地质出版社，2009．

学时：56。

第 5 章　高职计算机类专业课程体系

5.1　高职专业课程体系构建的新任务

构建专业课程体系是制定专业人才培养方案的核心内容。高等职业教育经过多年的实践和探索，特别是示范性院校和骨干性院校建设项目实施以来，以职业分析为依据进行专业课程体系开发的理念已形成共识，以职业需求为逻辑起点构建高职专业课程体系的方法得到普遍应用。随着职业教育和信息技术的不断发展，职业教育改革不断深入，高等职业教育计算机类专业课程体系的构建也面临新的要求和任务。

5.1.1　新一代信息技术的发展推动高职计算机类专业课程体系更新

目前，新一代信息技术应用正在进入一个高速发展期，“十二五”期间我国加快推进物联网、信息安全、下一代互联网、集成电路、移动通信等新一代信息技术的发展是重要的战略任务。在新一代信息技术全面发展的形势下，网络和通信的界限越来越模糊，“三网融合”成为凸显的词汇，下一代网络成为统领所有业务数据的中心。移动互联网、物联网、云计算、大数据等浪潮以前所未有之势席卷传统行业。这一切对经济生产、社会生活正在产生巨大影响。由此带来对新一代信息技术应用的技术技能型人才需求呈现不断上涨的趋势。高等职业院校的计算机类专业，亟须跟上新一代信息技术和国家电子信息产业的发展，配合新一代信息技术改造升级传统产业与新的人才需求，及时调整专业定位与专业建设，这是面临的新要求和任务之一。本章特选了“电子信息工程技术（三网融合方向）”专业、“移动互联网软件开发”专业和“软件技术应用”专业的课程体系作为典型案例，这里有新建专业，有传统专业，还有传统专业中新建的专业方向，3 个专业课程体系都反映了当今信息新技术应用的重要方面，由此可为我国相关专业的发展和人才培养提供参考和借鉴。

5.1.2 按高职教育规律与科学的课程开发方法构建计算机类专业课程体系

高等职业教育区别于普通高等教育，具有明显的职业特色。在构建专业课程体系时需遵循高等职业教育的特点和规律。随着近 20 年来高等职业教育的发展，先进的课程理念深入人心，课程模式和课程开发方法的研究成果不断出现。以能力为本位，以经济社会发展需求和人的全面发展需求为导向，以职业分析为依据构建专业课程体系，成为高等职业教育人才培养的原则。因此，现今进行高职计算机类专业课程体系的构建，必须按照高职教育的规律和特点，遵循先进的理念和科学的课程开发方法，真正“推动专业设置与产业需求对接，课程内容与职业标准对接，教学过程与生产过程对接，毕业证书与职业资格证书对接，职业教育与终身学习对接”（国务院关于加快发展现代职业教育的决定 国发〔2014〕19 号）。本章中给出的 3 个专业课程体系案例采取了 3 种不同的课程开发方法及路径进行构建。“电子信息工程技术（三网融合方向）”专业课程体系采用了原教育部高职电子信息类专业教学指导委员会提出并实施的“职业竞争力导向的工作过程——支撑平台系统化人才培养模式及课程开发方法”，其构建路径为，职业领域工作分析—确定专业定位与人才培养定位—确定典型工作任务—典型工作任务（描述）分析—支撑典型工作任务的知识点、技能点分析—学习领域课程转化—学习领域课程体系设计—支撑学习领域课程的基本理论及基本技能课程设计—形成专业课程体系。“移动互联网软件开发”专业课程体系采用了北京信息职业技术学院提出并实施的“GPTC（通用平台与技术中心的缩写）人才培养模式及课程开发方法”，其构建路径为，职业岗位工作分析（典型职业岗位及岗位职责分析）—职业能力分析（综合能力及专项技能分析）—专项能力描述—归纳整合形成专业核心课程—形成专业课程体系。“软件技术应用”专业则在借鉴和迁移印度国家信息技术学院（NIIT）的软件人才培养经验的基础上，以培养学生的职业能力和职业素质为核心，构建“项目驱动、案例教学、边讲边练、三阶段技能递进”的人才培养模式及专业课程体系。3 种方法路径不尽相同，但都是从经济社会需求、行业企业调研开始，从职业分析入手，确定专业定位和人才培养目标，依据职业分析的结果构建专业课程体系，从源头上缩小需求与培养之间的偏差。高职院校的专业建设可参考借鉴这 3 个典型案例的模式和方法，相同专业可不必重复进行开发，以这些专业课程体系为基础（因已经是依据科学方法，投入大量工作开发出来的），参照方法再对本地区的确切需求进行调研，根据需求在此方案上进行调整即可。

5.1.3　产教融合、校企合作、协同育人

高职专业课程体系构建必须产教融合、校企合作共同完成，这是在人才培养中真正使校企合作落到实处的重要方面，是从起点上保证人才培养质量的关键。学校不仅要深入行业企业进行调研，听取行业企业专家的意见，还要把他们请到学校里来，参与到课程体系构建、教学环节实施、人才培养的方方面面。企业参与职业院校人才培养的积极性需要调动，这需要国家层面出台校企合作、产学结合的政策法规给予保障，但职业院校特别是专业层面也应积极联系企业，为企业做出服务与贡献，校企双方只有找到利益的平衡点，才可能使企业为学校的人才培养做出贡献，使双方的合作持续发展。

5.1.4　关注专业课程体系中项目课程与项目教学的开发

高职专业课程建设中有两个问题还没有解决好，其一是按职业教育体系开发课程，以专业为基本单元，是否还需要有专业共同课程，这方面已经在上一章中论述，并称之为专业平台课程。本节重点谈第二个问题，即项目课程和项目教学问题。

以能力为本位的高职教育，培养人才的能力是一种综合的职业能力，它不仅包括单项的技术技能，还包括在一线工作中解决问题的能力，创造性地工作与创新能力，包括自我学习与建构的能力、沟通与团队合作能力等。这些能力正是现代社会发展，职业对人才所具备能力的新需求。而这些能力的培养正是项目课程与项目教学的长项。《国务院关于加快发展现代职业教育的决定》（国发〔2014〕19 号）中指出要“推行项目教学、案例教学、工作过程导向教学等教学模式。”多年来国家层面一直在号召，各院校专业课程体系构建中也都在声称“项目引导，任务驱动”，但在高职人才培养中真正能够开发出好的用于教学中的项目并有效实施的还不普遍。由此，还要加强对专业课程体系构建中项目课程与项目教学开发的重视。

高职计算机类专业课程体系构建中的教学案例（教师讲解用）或教学项目(学生训练用)设计，应尽可能将企业的真实工作任务转化为教学项目或教学案例，使学生能有更直接的职场体验。但也可以是模拟的项目，根据职业的一些通用工作任务或生

活中经常遇到的比较有趣味的活动设计成教学案例或教学项目。教学案例或教学项目的层次结构一般可分为三级：

一级：模仿性案例或项目。综合性强度低、具有结构化结论、客观性答案。

二级：设计性案例或项目。综合性强度中、具有半开放性，即半结构化结论、半主观性答案。

三级：创新性案例或项目。综合性强度高、具有开放性，即非结构化结论、非主观性答案。

二、三级案例或项目不仅要培养学生运用基本的技术技能（可能是综合性的），更应给予学生较大的设计或创新空间，培养学生在完成工作任务的过程中，（包括决策思考力、科学思维能力等在内的）独立思考的能力、处理随机或突发事件的能力、团队协同工作的能力等，以达到培养学生具备解决问题和创新能力的目的。

为了便于读者全面了解本章如下给出的三个专业课程体系典型方案的开发方法和路径，以及实施的条件和要求，方案以“专业教学基本要求（或称为专业教学标准）”的形式给出，专业课程体系是其核心部分。

5.2 典型方案一：电子信息工程技术（三网融合方向）专业

专业名称：电子信息工程技术（三网融合方向）

专业代码：590201

招生对象：

普通高中毕业生/“三校生”（职高、中专、技校毕业生）/初中生/高校毕业生/退役士兵。

学制与学历：

三年制，专科

就业面向：

就业面向的岗位如表5-1所示。

表 5-1　电子信息工程技术(三网融合方向)专业就业面向岗位

序号	职业领域	初始岗位	晋升岗位	预计平均升迁时间/年
1	电子信息工程（主要）	线路测试工程师 电子设备调试工	系统调试工程师	2～3
		勘察工程师	系统规划与设计工程师工程督导	
2	电子信息系统维护（主要）	线路维护工程师	项目经理	3～4
		用户终端维修员		
		系统维护人员		
		设备维修人员		
		网络优化工程师		
3	电子信息系统销售（次要）	销售员	业务经理	1～2
		电信业务营业员		
		售前工程师		
		售后工程师		

培养目标与规格：

1. 培养目标

培养具有良好职业道德，掌握三网融合技术，与信息技术应用要求相适应，具有较强的融合网络终端生产和系统的安装与调试，业务开通、维护及其相关领域从业的综合职业能力，能从事融合网络或专用信息系统的规划、优化、维护、营销等工作的高素质技能型专门人才。

2. 培养规格

(1) 毕业生应具备的综合职业能力（职业核心能力）：

① 具有新一代融合网络系统的工程项目管理、预算、布线、检测和维护能力。

② 具有新一代融合网络平台调试、维护、优化能力。

③ 具有信息系统运行、调试、业务开通的能力；

④ 具有新一代融合网络及信息系统设备运行管理、维护的能力。

(2) 毕业生应达到的基本要求（基本素质、基本知识、基本能力、职业态度）：

① 基本素质：

- 一定的英文读/写能力。

- 自我管理、学习和总结能力。
- 熟练地运用电路基础、电子技术等与本专业相关的知识。
- 很好地进行团队合作及协调能力。
- 与他人沟通的能力。
- 身心健康。

② 基本知识：
- 高等数学。
- 计算机硬件基本知识。
- 程序设计基础知识。
- 网络技术基本知识。
- 融合网络的关键知识。
- 语音、数据、多媒体信息技术。

③ 基本能力：
- 具有计算机操作（Office 组件）基本能力。
- 具有新一代融合网络组建的能力。
- 具有信息系统业务开通的能力。
- 具有信息系统配置与应用基本能力。
- 具有信息系统运行维护基本能力。
- 具有网络、电子通信设备基本操作能力。

④ 职业态度：
- 有正确的职业观念，热爱本职工作。
- 诚实守信，遵纪守法。
- 努力工作，尽职尽责。
- 发展自我，维护荣誉。

职业证书：

可选择的职业资格证书如表 5-2 所示。

表 5-2　电子信息工程技术(三网融合方向)专业可选择的职业资格证书

分类	证书名称	内涵要点	颁发证书单位
岗位职业证书	通信网络管理员(国家职业资格三级)	(1) 培训目标：从事通信网络管理、配置管理、性能管理、故障管理等工作的人员； (2) 技能要求：能够从事网络设计、平台搭建、业务开通调试、网络维护等岗位工作； (3)鉴定方式：分为理论知识考试和技能操作考核。理论知识考试采用闭卷笔试或机试（计算机软件考试）方式，技能操作考核根据实际需要，采取现场实际操作、笔试、口试相结合的方式。理论知识考试和技能操作考核均实行百分制，成绩皆达到 60 分及以上者为合格。技师和高级技师还须进行综合评审	工业和信息化部、人力资源和社会保障部
	电信机务员(国家职业资格三级)	(1) 培训目标：从事短波通信、微波通信、卫星通信、光通信、数据通信、移动通信、无线通信、长途电话交换、数据交换、分组交换、无线接入、集群通信等设备的维护、值机、调测、检修、障碍处理以及工程施工的人员； (2) 技能要求：能够从事下一代接入网络设计、平台搭建、业务开通调试、网络维护等岗位工作； (3)鉴定方式：分为理论知识考试和技能操作考核。理论知识考试采用闭卷笔试或机试（计算机软件考试）方式，技能操作考核根据实际需要，采取现场实际操作、笔试、口试相结合的方式。理论知识考试和技能操作考核均实行百分制，成绩皆达到 60 分及以上者为合格。技师和高级技师还须进行综合评审	工业和信息化部、人力资源和社会保障部
	线务员(国家职业资格三级)	(1) 培训目标：从事通信线路维护和工程施工的人员； (2)技能要求：能够从事传输线路维护等岗位工作； (3)鉴定方式：分为理论知识考试和技能操作考核。理论知识考试采用闭卷笔试或机试（计算机软件考试）方式，技能操作考核根据实际需要，采取现场实际操作、笔试、口试相结合的方式。理论知识考试和技能操作考核均实行百分制，成绩皆达到 60 分及以上者为合格。技师和高级技师还须进行综合评审	工业和信息化部、人力资源和社会保障部
	用户通信终端维修员(国家职业资格三级)	(1)培训目标：对用户通信终端设备进行客户受理、障碍测量和维修工作的人员； (2) 技能要求：用户通信终端设备维护管理等岗位工作； (3)鉴定方式：分为理论知识考试和技能操作考核。理论知识考试采取闭卷笔试方式，技能考核根据实际需要，采取操作、笔试等方式。理论知识考试和技能操作考核均采取百分制，皆达 60 分及以上为合格。技师还须通过综合评审	工业和信息化部、人力资源和社会保障部

续表

分类	证书名称	内涵要点	颁发证书单位
企业相关证书	网络工程师ZCNE	（1）培训目标：从事电子信息系统或者网络管理、配置管理、性能管理、故障管理等工作的人员； （2）技能要求：能够从事网络设计、平台搭建、业务开通调试、网络维护等岗位工作； （3）考试说明：通过规范的考试以及标准的认证，可获得企业颁发的职业技能证书	中兴通讯股份有限公司
	综合接入技术工程师、电信机务员（国家职业资格三级）	（1）培训目标：从事接入网设备的维护、值机、调测、检修、障碍处理以及工程施工的人员； （2）技能要求：能够从事下一代接入网络设计、平台搭建、业务开通调试、网络维护等岗位工作； （3）考试说明：通过规范的考试以及标准的认证，可获得企业颁发的职业技能证书	中兴通讯信股份有限公司
	光传输技术工程师、电信机务员（国家职业资格三级）	（1）培训目标：从事传输网设备的维护、值机、调测、检修、障碍处理以及工程施工的人员； （2）技能要求：能够从事传输网络设计、平台搭建、业务开通调试、网络维护等岗位工作； （3）考试说明：通过规范的考试以及标准的认证，可获得企业颁发的职业技能证书	中兴通讯股份有限公司
	信息安全工程师	（1）培训目标：从事信息安全系统管理人员； （2）技能要求：能够从事信息系统安全管理等岗位工作； （3）考试说明：通过规范的考试以及标准的认证，可获得企业颁发的职业技能证书	中兴通讯股份有限公司
	信息系统运营工程师	（1）培训目标：从事信息系统运营维护、管理人员； （2）技能要求：能够从事语音、数据、多媒体系统业务运营、管理、维护等岗位工作； （3）考试说明：通过规范的考试以及标准的认证，可获得企业颁发的职业技能证书	中兴通讯股份有限公司
	通信施工工程师	（1）培训目标：从事电子信息系统的布线、测试、设备安装、工程施工的人员； （2）技能要求：能够从事电子信息设备系统布线、测试、设备安装、工程施工等岗位工作； （3）考试说明：通过规范的考试以及标准的认证，可获得企业颁发的职业技能证书	中兴通讯股份有限公司

证书选择建议：学生获取证书可以根据以上表中所列选择工业和信息化部颁发的相关职业资格证书，如表5-2中第1～4项证书，也可以根据学校的硬件设备情况选择相关的厂商资格证书。如第5～10项等。除此之外，在开设专业核心课程（如接入

网技术、光传输技术、信息化应用等课程）时，可以结合实训室情况选择相关的专项认证，作为职业资格证书的补充。

专业的职业分析：

1. 职业分析过程概述

通过调研，对电子信息行业典型职业进行分析，得出高等职业教育毕业学生从事的专业技术领域、职业范围及职业岗位；进而对现有相关职业标准要求，新技术应用出现的新需求、职业技术证书等职业要求进行分析；通过行业企业专家职业分析研讨会，确定专业面向的职业技术领域中典型工作任务及支撑典型工作任务的知识点、技能点，确定专业培养目标及规格；由典型工作任务导出学习领域课程，推出支撑学习领域课程的基本理论及基本技能课程，形成专业的课程体系。

（1）职业定位分析。通过对北京、上海、深圳、重庆、武汉等 5 个城市合作的电子信息企业的主营业务、用人基本情况及岗位胜任能力、企业典型职业分类、职业活动分析情况、企业职业岗位工作流程与描述进行调研，数据统计显示，电子信息行业典型职业主要集中为四大类别：电子信息工程、信息应用、系统维护和销售。其中，电子信息工程、系统维护和销售三大类中有高职学生适合的工作岗位，因此本专业的职业定位主要在这三大专业技术领域。通过对电子工程、系统维护和销售岗位调研数据进行统计分析，确定了专业领域、职业范围及职业岗位，职业岗位汇总表如表 5-3 所示。

表 5-3　职业岗位汇总表

序号	专业技术领域	职 业 范 围	职 业 岗 位
1	电子信息工程	（1）主要为从事电缆、光缆等传输线路布线、测试等工作的人员； （2）主要为从事电子设备（下一代接入网设备、光传输设备、下一代互联网设备、VOIP 系统设备、视频会议系统设备、视频监控系统设备等）装配调试工作的人员； （3）主要为从事中、小型企业信息化系统勘察、设计工作的人员； （4）主要为使用电子仪器或者软件，进行线路、设备、系统测试工作的人员； （5）主要为监督和检查工程安装质量和安装工艺，及工程施工现场安全监理工作人员	（1）线路测试工程师； （2）电子设备调试工（包括：有线通信接入设备调试工、有线通信传输设备调试工、网络设备调试员、电源调试工、其他电子设备装配调试人员等）； （3）勘察工程师、系统规划与设计工程技术人员； （4）软件调试工程师、系统调试工程师； （5）工程督导（需要一定工作经验晋升）

续表

序号	专业技术领域	职业范围	职业岗位
2	电子信息系统维护	（1）从事企业、事业单位、运营商等通信线路维护和工程施工工作的人员； （2）从事电子信息系统用户终端日常管理和维护工作的人员； （3）从事电子信息系统设备日常管理和维护工作的人员； （4）从事电子信息系统网管日常管理和维护工作的人员； （5）从事电子信息网络管理、配置管理、性能管理、故障管理等工作的人员； （6）从事电子信息系统升级、扩容、改造等工作的人员	（1）线务员、线路维护工程师； （2）用户终端维修员； （3）系统维护人员、设备维修人员； （4）系统操作员； （5）网络管理员； （6）系统优化人员、网络优化工程师
3	销售	（1）从事电子信息设备销售工作的人员； （2）从事电子信息业务销售的工作人员； （3）从事电子信息产品、业务售前技术支持工作的人员； （4）从事电子信息产品、业务售后服务、技术支持工作的人员	（1）销售员； （2）电信业务营业员、业务销售人员； （3）售前工程师； （4）售后工程师

(2)职业要求及典型工作任务分析。依据相关职业标准及新技术应用要求的分析，得出对该专业所需的知识、能力、素质、关键技术与应用、综合工作任务等工作要求。通过两次职业分析研讨会确定了典型工作任务。

第一次研讨会为行业企业专家研讨会。根据基于工作过程的课程开发方法，分别从不同性质、不同类型、不同规模、不同层次的企业中邀请熟悉高职毕业生从事的工作岗位、有多年工作经验的工程技术人员或管理者，组成企业专家小组，召开行业、企业专家职业分析研讨会。专家根据所在企业对电子信息工程技术（三网融合方向）专业人才素质的要求，分别对电子信息工程、维护、销售等职业领域进行岗位分析，再对工作岗位进行工作任务分析，获得每个岗位的具体工作任务，并对完成此项任务所需要的职业能力做出细致详尽的描述。明确电子信息工程技术（三网融合方向）专业的 15 个工作任务，分别为综合布线、设备安装、勘察设计、辅助交接、工程调研、日常值班、设备维护、网络维护、信息系统维护、数据管理、辅助优化、系统调测、辅助销售、售前需求调研、方案策划。

第二次研讨会为行业企业专家与课程专家、课程开发教师共同参加的研讨会。课程专家、课程开发教师与行业、企业专家对职业分析研讨会中确定的 15 个工作任务，进行进一步分析、汇总，最终确定了与高职教育适应的职业岗位所需要的电子信息工程监督与指导、综合布线、电子信息化系统安装与调试、电子信息化系统运行与维护、电子信息化系统数据管理、电子信息化系统辅助优化、电子信息化系统辅助销售等 7 个典型工作任务。

按照开发规范设计，以典型工作任务分析为基础，根据工作任务过程的完整性、难易程度、相关性以及职业能力发展的 4 个阶段（初学者、有能力者、熟练者、专家），确定出各个典型工作任务的 4 个逐次提高的学习难度，并确定出典型工作任务，如表 5–4 所示。

表 5-4　典型工作任务学习难度范围表

难度等级	典型工作任务编号	典型工作任务名称	是否核心典型工作任务
难度 I	典型工作任务：1 典型工作任务：2	电子信息工程监督与指导 综合布线	是 否
难度 II	典型工作任务：3 典型工作任务：7	电子信息化系统安装与调试 电子信息化系统辅助销售	是 否
难度 III	典型工作任务：4 典型工作任务：6	电子信息化系统运行与维护 电子信息化系统辅助优化	是 否
难度 IV	典型工作任务：5	电子信息化系统数据管理	是

2．职业分析结论

在工作任务分析的基础上，重点分析电子信息工程技术（三网融合方向）专业 7 个典型工作任务需要的职业技能（技能点）、专业知识（知识点），并对其具体涵盖的工作任务和职业能力等层面做更深的分析，得到典型工作任务对应的基本知识点和技能点，如表 5–5 所示。

表 5-5　典型工作任务支撑知识、技能分析表

典型工作任务编号	典型工作任务名称	基本知识点	基本技能点
1	电子信息工程监督与指导	（1）计算机基础知识； （2）通信基础知识； （3）电路相关基础知识； （4）C 语言编程基础知识 （5）弱电相关基础知识； （6）设计的知识； （7）制图的知识；	（1）能够根据工程调研报告辅助工程师完成组网配量需求设计； （2）能够根据工程调研报告辅助工程师完成组网资源需求设计

续表

典型工作任务编号	典型工作任务名称	基本知识点	基本技能点
1	电子信息工程监督与指导	(8) 文档处理的知识； (9) 电工基础相关基础知识； (10) 常见工程勘察工具的使用方法； (11) 常见工程勘察软件的使用方法； (12) IP 技术专业知识； (13) VOIP 技术专业知识； (14) 音视频技术等专业知识； (15) 各种设备的功能； (16) 各种单板的安装规范； (17) 设备的内外部结构； (18) 设备各种连线的连接； (19) 常见工程安装及调试仪器的使用方法； (20) 常见工程安装及调试工具的使用方法； (21) 工程勘察管理规范； (22) 新业务的主要功能	(3) 工程预算、工程进度规划等工作； (4) 紧急情况时，能够提出应对方案； (5) 勘察任务书设计； (6) 现场信息采集、数据分析； (7) 设计、编制、签署勘察文档； (8) 与安装技术人员进行及时有效的沟通，保证工程的质量、进度； (9) 熟悉验收的各种标准，确保顺利通过验收； (10) 能够处理各种突发事件
2	综合布线	(1) 电路相关基础知识； (2) 相关电子器件基础知识； (3) 网络基础知识； (4) 电缆基本知识； (5) 光缆基本知识； (6) 会使用常见线路测试工具； (7) 熟练使用工程制图软件； (8) 工程制图、识图的相关知识； (9) 所维护的设备的结构、组成和连线方式	(1) 能够根据施工环境和施工范围的不同，使用不同品种和不同类型的施工工具； (2) 能够熟练使用工程制图软件； (3) 具备一定的识图能力； (4) 能够按照工艺要求制作各种电缆接口； (5) 能够对数据通信设备进行硬件安装和布线
3	电子信息化系统安装与调试	(1) 电子信息基础知识； (2) 计算机基础知识； (3) 网络基础知识； (4) 数据库基础知识； (5) 接入设备硬件系统结构、单板功能等基本知识； (6) 传输设备硬件系统结构、单板功能等基本知识； (7) 网络设备硬件系统结构、单板功能等基本知识； (8) 电子信息化系统硬件系统结构、单板功能等基本知识；	(1) 通过对电子设备系统结构了解、掌握信息化系统网络结构，完成信息化系统的安装调试，实现信息化平台开局调试； (2) 了解企业信息化系统结构，在网络与硬件设施安装完成后，对整个系统进行测试，如有故障及时调试解决； (3) 掌握信息化系统网管操作，实现信息化平台业务开通

续表

典型工作任务编号	典型工作任务名称	基本知识点	基本技能点
3	电子信息化系统安装与调试	(9) 工程制图、识图的相关知识； (10) 会使用常见设备安装及调试的工具及仪器仪表； (11) 网管系统基本操作知识； (12) IP 网的设备进网验收标准	
4	电子信息化系统运行与维护	(1) 电路基础知识； (2) 相关电子器件基础知识； (3) 计算机基础知识； (4) 电子信息技术基础知识； (5) 网络技术基础知识； (6) 数据库知识基础知识； (7) 电缆、光缆基本知识； (8) 各种用户终端和设备的系统结构、硬件工作原理、指标、功能； (9) 网络的基本知识，了解各种有线及无线网络通信协议； (10) 会使用常见测试工具和维护工具； (11) 语音信息化系统知识； (12) 数据信息化系统知识； (13) 视频信息化系统知识； (14) 各种电子信息设备数据配置、基本操作知识； (15) 各种电子信息设备业务开通等基本操作知识； (16) 各种电子信息设备系统升级等基本操作知识； (17) 会使用各种业务产品网管系统； (18) 应急通信保障预案及应急手段； (19) 设备验收的各种测试内容和要求	(1) 能够运用网管系统进行维护操作； (2) 能够对电子信息系统的终端进行日常管理和维护； (3) 能够对电子信息系统的设备进行日常管理和维护； (4) 能够对电子信息系统的网管进行日常管理和维护； (5) 能够对电子信息系统的数据库进行日常管理和维护； (6) 管理和维护各种电子信息化系统的终端、设备等； (7) 做好系统数据日常监控、管理等工作； (8) 及时发现、处理系统故障； (9) 管理和维护各种电子信息化系统的终端、设备等； (10) 做好系统数据日常监控、管理等工作； (11) 及时发现、处理系统故障，执行安全保障预案； (12) 相关测试仪器仪表的使用。 (13) 能根据给定的设备组网情况及要求制定网络优化方案、网络整改方案、扩容方案
5	电子信息化系统数据管理	(1) 电子信息基础知识； (2) 计算机基础知识； (3) 通信基础知识； (4) 熟悉数据库方面的知识； (5) 熟悉编程语言方面的知识； (6) 熟悉各种电子信息设备数据配置、基本操作知识； (7) 熟悉各种电子信息设备业务开通基本操作知识；	(1) 管理和维护各种电子信息化系统的终端、设备等； (2) 利用终端维护观察后台告警； (3) 熟练操作服务器，对相关文件进行观察和备份； (4) 熟悉数据库，对数据库进行维护； (5) 能够按要求恢复保存重要文件；

续表

典型工作任务编号	典型工作任务名称	基本知识点	基本技能点
5	电子信息化系统数据管理	(8)熟悉各种电子信息设备系统升级基本操作知识； (9)会使用常见系统管理软件和各种业务产品网管系统； (10)具备企业专用信息化系统知识 (11)具备 ERP 系统知识； (12)信息化系统网络数据制作规范	(6)了解企业信息化系统后台数据库结构，能够对企业的相关数据进行采集、编程、录入、整理分析； (7)能够对重要数据进行备份
6	电子信息化系统辅助优化	(1)电子信息、计算机及通信等基础知识； (2)网络的基本知识，熟知各种有线及无线网络通信协议； (3)语音、数据、视频等信息化系统知识； (4)会使用各种业务产品网管系统； (5)网络及设备优化的相关知识	(1)能够根据系统运行评估报告，结合技术发展方向，进行系统优化； (2)能提出网络及设备的优化建议和实施方案； (3)能利用路测工具进行测试，优化覆盖性能； (4)能够根据网络发展的需要，提出无线覆盖规划
7	电子信息化系统辅助销售	(1)掌握信息化应用方面前沿信息与技术； (2)熟悉企业管理流程，具有市场销售基本知识； (3)具有一定的文字功功底，掌握沟通心理学知识； (4)具有一定计算机基础及电子信息系统设备基本知识； (5)语音、数据、视频等信息化业务知识	(1)具备基本销售的能力； (2)掌握交流沟通的技巧； (3)能够获知客户需求； (4)能够开展前期准备和后期协调追踪工作； (5)从销售角度分析企业信息化建设需求； (6)调研各方面技术实现可能性； (7)了解建设任务的能力； (8)分析汇总客户需求； (9)团队合作策划销售方案； (10)最终销售信息化系统产品

专业课程体系：

1. 主要课程分析

我国高等职业教育的培养目标指向的工作任务，其综合职业能力和复杂程度，决定了在培养学生完成工作任务的过程中，往往需要相对系统的理论知识和熟练的单项技术、技能支撑。对当前职业实际工作过程中的典型工作任务进行整体化的深入分析，并依据职业分析结论中典型工作任务的能力要求，科学的分析、归纳、总结形成不同的行动领域，并最终将典型工作任务转化为对应的学习领域课程（简称 C 类课程），将其对应的性质相近的知识点和技能点整合成为支撑学习领域课程的平台课程（简称

A 类和 B 类课程）。

从典型工作任务转化构成的学习领域课程，可分为核心和一般学习领域课程两组。每一个典型工作任务转化为一门学习领域课程，组成学习领域课程体系。学习领域课程体系分析详如表 5–6 所示。

表 5-6　学习领域课程体系分析表

典型工作任务难度等级（4 级）	子典型工作任务	典型工作任务性质	专业技术领域	归　并	学习领域课程	学习领域课程性质是否核心进度排序（6 级）
电子信息工程监督与指导（I）	a．电子信息工程监督与指导	核心	电子信息工程	a	电信工程项目实施	核心（3）
综合布线（I）	b．综合布线	一般	电子信息工程	b	综合布线	一般（1）
电子信息化系统安装与调试（II）	c1．语音业务信息化系统安装与调试；c2．数据业务信息化系统安装与调试；c3．多媒体业务信息化系统安装与调试	核心	电子信息工程	c1、d1、e1、f1	语音业务信息化应用	核心（4）
电子信息化系统运行与维护（III）	d1．语音业务信息化系统运行与维护；d2．数据业务信息化系统运行与维护；d3．多媒体业务信息化系统运行与维护	核心	电子信息维护	c2、d2、e2、f2	数据业务信息化应用	核心（5）
电子信息化系统数据管理（IV）	e1．语音业务信息化系统数据管理；e2．数据业务信息化系统数据管理；e3．多媒体业务信息化系统数据管理	核心	电子信息维护	c3、d3、e3、f3	多媒体业务信息化应用	核心（6）
电子信息化系统辅助优化（III）	f1．语音业务信息化系统辅助优化；f2．数据业务信息化系统辅助优化；f3．多媒体业务信息化系统辅助优化	一般	电子信息维护			

续表

典型工作任务难度等级(4级)	子典型工作任务	典型工作任务性质	专业技术领域	归并	学习领域课程	学习领域课程性质是否核心进度排序(6级)
电子信息化系统辅助销售(II)	g、电子信息化系统辅助销售	一般	电子信息销售	g	市场营销	一般(2)

对当前职业实际工作过程中的典型工作任务进行整体化的深入分析，并依据典型工作任务对应的基本知识点和技能点，将其对应的系统的、性质相近的基本技能、相关理论知识以及相关技术方法，整合成为学习领域课程的支撑性基本技能平台课程（简称 B 类课程），如表 5-7 所示；将其对应的系统的、共性的、基础性的、性质相近的理论知识整合成为学习领域课程的支撑性基本理论平台课程（简称 A 类课程），如表 5-8 所示。

表 5-7　支撑性基本技能平台课程（B 类课程）分析

基本技能点	基本知识点	技术或方法	课程名称	支持的典型工作任务
（1）单片机程序设计； （2）单片机系统设计； （3）调试软件 Keil C 的使用； （4）ISP 下载； （5）电子产品开发流程	（1）单片机基本知识； （2）单片机内部资源； （3）单片机指令系统； （4）单片机控制系统	（1）单片机编程方法； （2）单片机应用电路设计方法； （3）单片机应用系统调试方法	单片机技术与应用	（1）电子信息化系统安装与调试； （2）电子信息化系统运行与维护
（1）通信工程常用图例识图； （2）概预算表格及填写方法； （3）通信工程概预算编制办法； （4）通信工程概预算软件使用	（1）通信工程概预算的概念、作用及按设计阶段的划分； （3）通信工程预算定额； （2）通信工程费用定额的构成； （4）通信工程概预算的编制	（1）通信工程定额及使用方法； （2）通信工程制图与工程量统计的技巧与方法； （3）概预算软件使用技巧及方法	电信工程概预算	（1）电子信息工程监督与指导； （2）综合布线

续表

基本技能点	基本知识点	技术或方法	课程名称	支持的典型工作任务
(1) AutoCAD 软件基本操作； (2) 利用 AutoCAD 软件进行二维图形的绘制、编辑与标注； (3) 室内机房设备图的勘测、草图绘制与 CAD 制图； (4) 室外线路图的勘测、草图绘制与 CAD 制图	(1) AutoCAD 软件使用基础； (2) AutoCAD 软件二维图形绘制、编辑与标注命令的使用； (3) 电信工程制图的总体要求和统一规定； (4) 室内机房设备布置图的勘察、草图绘制和 CAD 制图要求； (5) 室外线路图的勘察、草图绘制和 CAD 制图要求	(1) 利用 Auto-CAD 软件进行二维图形绘图的方法； (2) 室内机房设备布置图的勘察、草图绘制和 CAD 制图方法； (3) 室外线路图的勘察、草图绘制和 CAD 制图方法	工程制图 (Auto CAD)	(1)电子信息化系统安装与调试； (2) 电子信息化系统运行与维护； (3) 电子信息化系统数据管理； (4) 电子信息化系统辅助优化
(1) 常见网络设备识别； (2) 交换机、路由器的带内、带外管理； (3) VLAN 的建立和划分； (4) 路由协议的配置	(1) OSI 模型； (2) IP 地址规划； (3) VLAN 的概念及作用； (4) 路由表的构成	(1) IP 地址规划方法； (2) 网络设备配置方法和技巧； (3) 局域网故障排除及调试方法	IP 通信（数据通信）	(1) 电子信息化系统安装与调试； (2) 电子信息化系统运行与维护； (3) 电子信息化系统数据管理
(1) 光传输网管软件使用； (2) 传输业务开通配置； (3) 光传输业务配置； (4) 光传输保护业务配置； (5) 光传输网日常维护	(1) 光纤基本知识； (2) 光传输技术基本原理； (3) 光传输设备逻辑功能模块； (4) 自愈网基本原理	(1) 光纤测试工具使用； (2) 光传输设备安装调试方法； (3) 光传输网日常维护及故障定位方法	光传输系统组建与维护	(1) 电子信息工程监督与指导； (2) 综合布线； (3) 电子信息化系统安装与调试； (4) 电子信息化系统运行与维护
(1) 宽带数据业务开通配置； (2) 语音业务开通配置； (3) IPTV 业务配置； (4) 接入网维护	(1) 接入技术发展历程； (2) EPON 技术基本原理； (3)EPON 设备功能； (4) VOIP、组播基本知识	(1) 接入网设备安装调试方法； (2) 宽带接入业务测试方法； (3) 接入网日常维护及故障定位方法	宽带接入系统组建与维护	(1) 电子信息化系统安装与调试； (2) 电子信息化系统运行与维护

表 5-8　支撑性基本理论平台课程（A 类课程）分析

基本知识点	基本知识单元	课程名称	支持的典型工作任务
（1）电路的基本物理量及参考方向概念； （2）RLC 的伏安关系； （3）独立源与受控源； （4）KCL 与 KVL 定律； （5）线性电阻电路计算及相关定理； （6）正弦量的向量形式及向量形式的电路定律； （7）RLC 的向量形式的伏安关系及相关计算； （8）交流电路的功率及功率因数； （9）正弦三相电路及相关计算； （10）LC 串并联谐振性质及相关计算； （11）互感及变压器； （12）非周期周期性正弦电路的参数与性质及相关计算； （13）动态电路的换路定律及过度过程计算； （14）一阶电路的分析与计算； （15）二端口参数方程及计算	（1）电路的基本概念和定律； （2）直流电阻电路的分析； （3）正弦交流电路； （4）三相交流电路； （5）谐振与互感电路； （6）非正弦周期电流电路； （7）动态电路分析； （8）二端口网络	电路分析基础	（1）电子信息工程监督与指导； （2）综合布线； （3）电子信息化系统安装与调试； （4）电子信息化系统运行与维护
（1）C 语言的特点； （2）C 语言基本数据类型及数据存储（含 C51）； （3）数组； （4）指针； （5）算法的基本概念； （6）用流程图表示算法。 （7）数据的输入与输出； （8）顺序结构程序设计； （9）选择型程序设计； （10）循环程序设计； （11）函数（含 C51 库）	（1）C 语言基础知识； （2）C 语言高级应用； （3）算法设计； （4）程序机构化设计； （5）模块化设计	程序设计基础（C 语言）	（1）电子信息化系统数据管理； （2）电子信息化系统辅助优化
（1）PN 结单向导电特性及二极管应用； （2）晶体管、场效应管特性及参数； （3）低频小信号放大器分析与计算； （4）差动放大器原理；	（1）半导体器件及基本应用电路； （2）运算放大器电路的应用； （3）信号发生器；	模拟电子技术应用	（1）电子信息工程监督与指导； （2）综合布线；

续表

基本知识点	基本知识单元	课程名称	支持的典型工作任务
（5）集成运算放大器性质与应用； （6）反馈类型及应用； （7）振荡器原理； （8）RC、LC 及石英振荡器电路； （9）函数信号发生器； （10）功率放大器基本概念； （11）甲类、乙类及甲乙类功放电路分析和计算； （12）半波与全波整流； （13）集成稳压器应用； （14）高频小信号谐振放大器组成、计算及应用； （15）高频功率放大器的组成、计算及应用； （16）调幅的概念及相关电路的分析； （17）检波的原理及应用； （18）混频的原理及应用； （19）角度调制的原理及电路； （20）角度调制及其解调电路的调试	（4）功率放大器； （5）直流稳压电源； （6）高频小信号谐振放大器； （7）高频功率放大器； （8）调幅、检波和混频电路； （9）调角及解调电路	模拟电子技术应用	（3）电子信息化系统安装与调试； （4）电子信息化系统运行与维护
（1）逻辑函数的表示和化简； （2）TTL 门、CMOS 门电路结构及参数； （3）常见组合逻辑电路芯片功能； （4）常见时序逻辑电路芯片功能； （5）A/D、D/A 转换相关知识	（1）数字电路的基础知识； （2）门电路； （3）组合逻辑电路； （4）时序逻辑电路； （5）脉冲信号的产生与变换； （6）A/D、D/A 转换	数字电子技术应用	
（1）模拟和数字通信系统模型及系统性能指标； （2）信息量与信道模型； （3）模拟调制与解调工作原理； （4）PAM 与 PCM 工作原理； （5）无码间干扰基带传输系统原理； （6）二进制数字调制与解调工作原理； （7）差错控制编码生成方法及编码种类； （8）载波同步、位同步、帧同步、网同步工作原理	（1）通信系统及信道； （2）模拟通信系统； （3）模拟信号的编码传输系统； （4）数字信号的基带传输系统； （5）数字调制系统； （6）数字通信系统中的差错控制技术； （7）通信系统的同步	通信系统原理	（1）电子信息化系统安装与调试； （2）电子信息化系统运行与维护

2．课程体系结构

由典型工作任务转化学习领域课程，进而推出支撑学习领域课程的基本理论及基本技能平台课程，构建由公共基础平台、专业基础理论知识平台、专业基本技术平台、学习领域及拓展等课程组成的课程体系。课程体系结构如图 5-1 所示。

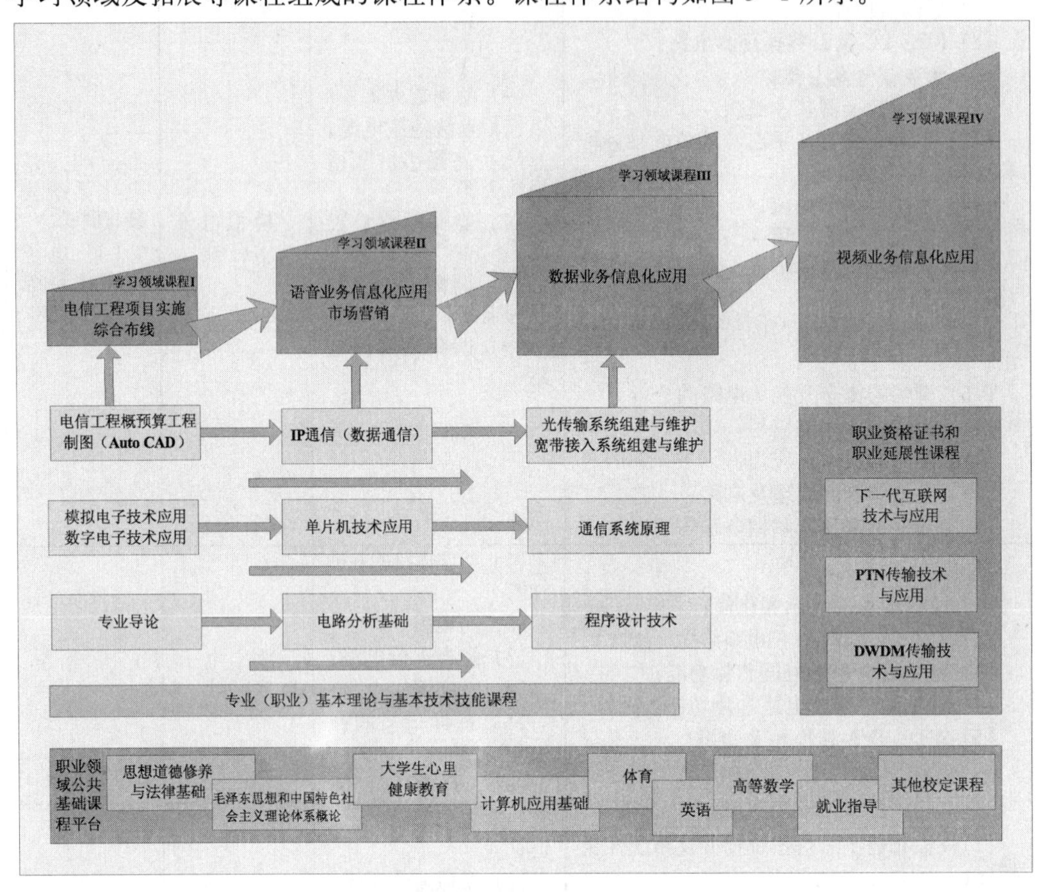

图 5-1　专业课程体系结构图

(1) 公共基础平台课程。为达到高素质技能型专门人才德智体全面素质培养的规格要求，实现学生的可持续发展，课程体系中的职业领域公共基础课程平台是必不可少的。该平台包括思想道德修养与法律基础、大学生心理健康教育、毛泽东思想和中国特色社会主义理论体系概论、英语、高等数学、体育、计算机应用基础、就业指导及其他学校自定等课程。通过对这些课程学习，使学生的基本职业素养和人文素质得到潜移默化的提升，为专业学习领域课程的学习起到支撑作用。

(2) 专业基础理论知识平台课程。基础知识培养由专业导论、电路分析基础、程序设计技术（C 语言）、模拟电子技术应用、数字电子技术应用、通信系统原理等课程构成，以培养学生掌握专业基本知识，为专业能力的形成奠定基础，并通过专业导论课程对本专业的设置过程和课程体系有大致的了解，从而了解融合网络及信息技术应用所必需的基本理论知识、能力要求以及就业的专业技术领域。

(3) 专业基本技术平台课程。基本技能培养由包括工程制图（Auto CAD）、IP 通信（数据通信）、电信工程概预算、单片机技术应用、光传输系统组建与维护、宽带接入系统组建与维护等课程构成，以培养学生基本技术技能为目标。它是在学生具有一定的基本理论知识基础上，在数据通信实训室、宽带接入实训室、光传输实训室模拟职业环境支撑下，培养学生掌握新一代网络软交换、IPv6 互联、EPON 接入、SDH 光传输等职业核心技术，为形成综合职业能力打下坚实的基础。

(4) 学习领域课程。综合职业能力提升由包括综合布线、电信工程项目实施、数据业务信息化应用、语音业务信息化应用、多媒体业务信息化应用、市场营销等学习领域课程构成。它以培养学生三网融合新一代网络统一业务应用能力为目标，在融合通信、视频会议、融合网络工程等实训室支撑下，使学生的语音、数据、多媒体新一代网络业务综合应用能力得到全面提升。

(5) 核心课程。在核心课程的选择上，结合行业的最新技术和设备，以语音、数据、多媒体业务为核心，融合了 IP 通信技术、下一代接入网技术、下一代互联网技术、光传输技术等，并辅助于下一代接入网典型案例应用、下一代互联网典型案例应用、传输网典型案例应用、信息化技术与应用、工程概预算和工程项目管理等实践内容。这些课程的设置可以系统全面地培养学生掌握必要的网络与通信理论和技术，并在此基础上学习当前行业最新的技术和产品，以及这些产品所提供的业务，使学生在校期间不但可打下坚实的基础，而且还掌握了前沿技术、拓宽了视野。学生毕业后可以马上把所学应用到生产中，为其就业增加了竞争力。

3．专业教学计划（教学进程安排）及说明（见表 5-9）

表 5-9 电子信息工程技术（三网融合方向）专业教学计划表

课程类型	序号	课程名称	学分	学时	学时分配		学年学期分配						备注
					理论	实践	第1学年 一	第1学年 二	第2学年 三	第2学年 四	第3学年 五	第3学年 六	
公共基础平台课程	1	思想道德修养与法律基础	3				√						
	2	大学生心理健康教育	2					√					
	3	毛泽东思想和中国特色社会主义理论体系概论	4						√				
	4	英语	10-16				√	√	√				
	5	高等数学	5～10				√	√					
	6	体育	6				√	√	√				
	7	计算机应用基础	4～6				√						
	8	就业指导	2						√				
	9	其他校定课程	4～6				√	√					
	小计		40～55										
专业基础理论知识平台课程	1	专业导论	2				√						
	2	电路分析基础	4				√						
	3	程序设计技术(C 语言)	3				√						
	4	模拟电子技术应用*	5					√					
	5	数字电子技术应用	4					√					
	6	通信系统原理	3						√				
	小计												
专业基本技术平台课程	1	工程制图（AutoCAD）	3					√					
	2	IP 通信（数据通信）*	4					√					
	3	电信工程概预算	3						√				
	4	单片机技术应用	4						√				
	5	光传输系统组建与维护*	4						√				
	6	宽带接入系统组建与维护*	4							√			
	小计		22										

续表

课程类型	序号	课程名称	学分	学时	学时分配		学年学期分配						备注
					理论	实践	第 1 学年		第 2 学年		第 3 学年		
							一	二	三	四	五	六	
学习领域课程	1	综合布线	2						√				
	2	电信工程项目实施	3							√			
	3	数据业务信息化应用*	4							√			
	4	语音业务信息化应用*	4							√			
	5	多媒体业务信息化应用*	4								√		
	6	市场营销	2							√			
	小计		19										
拓展课程	1	下一代互联网技术与应用	2							√			
	2	PTN 传输技术与应用	2								√		
	3	DWDM 传输技术与应用	2								√		
	4	其他学校规定拓展课程	2～4							√	√		
	小计		8～10										
		毕业实践	18									√	
合计			128～145				9	9	9	7	4	1	

说明：（1）专业核心课程后以“*”标记，为必须开设课程。

（2）建议第五学期至少安排 12 周课。

（3）选修课为公共选修课和专业选修课，预留 10～20 学分，未在专业教学计划表中列出。

（4）学时根据各学校的学分学时比自行折算。

专业核心课程简介：

1．语音业务信息化应用

（1）课程名称：语音业务信息化应用。

（2）课程设计理念：密切结合企业实际项目，将实际工程项目思路引入教学过程，手把手教会学生如何站在实际工程项目角度思考问题，培养其做项目的系统思维，同时提高其综合职业能力。

（3）课程目标：通过这门课程的学习，学生可以基本掌握 VOIP 技术原理、数字中继原理，掌握融合通信系统结构、设备安装调试、数据配置及应用。

（4）课程功能：以 IP 数据通信知识、综合布线为核心基础，通过对实际项目的训练，培养学生系统思维，使学生与企业更好地对接，本课程对前序课程《IP 通信》、《综合布线》等的知识点、技能点进行了巩固和综合。

（5）课程内容简介：本课程是电子信息工程技术（三网融合方向）专业的核心课程之一（属 C 类课程），主要讲授和训练企业语音业务信息化应用平台网络构架、平台搭建、设备安装调试、语音业务核心技术基本理论知识及语音业务信息化实际应用。该课程以 IP 技术为核心，将语音业务与企业实际应用融为一体，整合全套的语音业务丰富的增值应用，使学生掌握企业所需的各种信息化应用。

（6）教学方法：采用项目教学法和任务驱动法。模拟企业工程项目团队结构：第一步，教师带领学生完成一个典型工程项目；第二步，教师给出一个难度适中的工程项目，让学生独立完成；第三步，对所做项目进行总结与反思。

（7）考核方式：采取过程性考核与水平性考核相结合。教师根据教学过程中观察到的问题、各小组任务分工及完成情况，综合评价学生的工作情况，重点评价各小组所提交项目成果的优缺点，以及亟待完善的地方；各小组成员根据自己在本小组中的工作参与情况，给自己打出一个合理的自评成绩，同时各小组成员间进行互评，互评成绩一并写在过程考核单上。课后，指导教师结合学生的自评、互评成绩，给出每位学生一个综合性评价。

职业素养成绩(40%)：包括出勤纪律（20%）、团队协作（20%）、任务实施（30%）、小结报表（30%）；综合考试成绩（60%）：包括知识考核（20%）、技能考核（80%）。

（8）学时：64 学时，其中理论教学 32 学时、实践操作 32 学时。

2. 数据业务信息化应用

（1）课程名称：数据业务信息化应用。

（2）课程设计理念：密切结合企业实际项目，将实际工程项目思路引入教学过程，手把手教会学生如何站在实际工程项目角度思考问题，培养其做项目的系统思维，同时提高其综合职业能力。

（3）课程目标：通过这门课程的学习，学生可以基本掌握 ACL、MPLS、VPN、AAA、RADIUS、802.1X 等协议原理、数据配置及应用。

（4）课程功能：以 IP 数据通信知识、交换与路由高级技术、综合布线为核心基础，通过对实际项目的指导，培养学生系统思维，使学生与企业更好地对接。本课程对前序课程“IP 通信”“交换与路由高级技术”“综合布线”等的知识点、技能点进行了巩固和综合。

(5) 课程内容简介：本课程是电子信息工程技术（三网融合）专业的核心课程之一（属 C 类课程），主要讲授和训练企业数据业务信息化应用平台网络构架、平台搭建、设备安装调试、数据业务核心技术原理及数据业务信息化实际应用。该课程以 IP 技术为核心，将数据业务与企业实际应用融为一体，整合全套的数据业务丰富的增值应用，使学生掌握企业所需的各种信息化应用。

(6) 教学方法：采用项目教学法和任务驱动法。模拟企业工程项目团队结构：第一步，教师带领学生完成一个典型工程项目；第二步，教师给出一个难度适中的工程项目，让学生独立完成；第三步，对所做项目进行总结与反思。

(7) 考核方式：采取过程性考核与水平性考核相结合。教师根据教学过程中观察到的问题、各小组任务分工及完成情况，综合评价学生的工作情况，重点评价各小组所提交项目的优缺点，以及亟待完善的地方；各小组成员根据自己在本小组中的工作参与情况，给自己打出一个合理的自评成绩，同时各小组成员间进行互评，互评成绩一并写在过程考核单上。课后，指导教师结合学生的自评、互评成绩，给出每位学生一个综合性评价。

职业素养成绩(40%)：包括出勤纪律（20%）、团队协作（20%）、任务实施（30%）、小结报表（30%）、综合考试成绩（60%）：包括知识考核（20%）、技能考核（80%）。

(8) 学时：64 学时，其中理论教学 32 学时、实践操作 32 学时。

3. 多媒体业务信息化应用

(1) 课程名称：多媒体业务信息化应用。

(2) 课程设计理念：本课程以多媒体业务信息化的各种应用为导向，将课程知识点、技能点训练与企业典型工作任务有机结合，使学生在做中学，学中练，在掌握新知识的同时，培养其对课程的兴趣，使其更好地适应将来的职业岗位。课程设计中注意将多媒体相关理论知识与视讯技术的现网设备及应用相结合。

(3) 课程目标：通过这门课程的学习，学生可以基本掌握视讯技术原理，了解视频会议系统网络构架，掌握平台搭建、设备安装调试、数据配置及应用。

(4) 课程功能：通过理论讲授及项目训练，使学生建立对多媒体业务信息化应用的整体概念，从而全面掌握多媒体视讯技术的理论基础，学会使用现网设备组建系统、现场调试及运行，并以此提高对“三网融合”相关业务的综合应用能力和创新能力。

(5) 课程内容简介：本课程是电子信息工程技术（三网融合方向）专业的核心课程之一（属 C 类课程），主要讲授和训练企业多媒体业务信息化应用平台网络构架、平台搭建、设备安装调试、多媒体业务核心技术原理及多媒体业务信息化实际应用。该课程以 IP 技术为核心，将多媒体业务与企业实际应用融为一体，整合全套的多媒体业务丰富的增值应用，使学生掌握企业所需的各种信息化应用。

(6) 教学方法：采用项目教学法和任务驱动法。模拟企业工程项目团队结构：第一步，教师带领学生完成一个典型工程项目；第二步，教师给出一个难度适中的工程项目，让学生独立完成；第三步，对所做项目进行总结与反思。

(7) 考核方式：采取过程性考核与水平性考核相结合。教师根据教学过程中观察到的问题、各小组任务分工及完成情况，综合评价学生的工作情况，重点评价各小组所提交项目的优缺点，以及亟待完善的地方；各小组成员根据自己在本小组中的工作参与情况，给自己打出一个合理的自评成绩，同时各小组成员间进行互评，互评成绩一并写在过程考核单上。课后，指导教师结合学生的自评、互评成绩，给出每位学生一个综合性评价。

职业素养成绩(40%)：包括出勤纪律（20%）、团队协作（20%）、任务实施（30%）、小结报表（30%）；综合考试成绩（60%）：包括知识考核（20%）、技能考核（80%）。

(8) 学时：64 学时，其中理论教学 32 学时、实践操作 32 学时。

4．光传输系统组建与维护

(1) 课程名称：光传输系统组建与维护。

(2) 课程设计理念：本课程的设计基础是光传输系统的各个组成部分，如光发射（光源）、光传输（光纤和光缆）、光接收（光接收机）等，并且将课程知识点、技能点训练与企业典型工作任务有机结合，使学生在做中学，学中练，在掌握新知识的同时，培养其对课程的兴趣，使其更好地适应将来的职业岗位。课程设计中注意将光纤通信相关理论知识与 SDH 等传输现网设备组网工作相结合。

(3) 课程目标：通过这门课程的学习，学生除了可以基本掌握光纤通信的基本原理、SDH 传输技术的原理以外，还可以学习传输设备的硬件结构和软件配置、传输网的拓扑结构以及传输设备的操作维护，使学生更快地掌握传输在国家电信级组网中的应用及其重要地位与作用，把握传输技术发展方向。为学生今后获取传输助理工程师认证以及能很快适应并融入企业的运行之中，对将来从事通信行业的运营部门或设备商工作打下良好的基础。

（4）课程功能：通过理论讲授及项目训练，使学生建立光纤通信的基本概念，从而全面掌握光传输系统的理论基础，学会使用 SDH 现网设备组建基本的传输网络、离线配置、在线调试及运行，并以此提高对光传输网络在通信现网中地位和作用的认识水平，为“语音业务信息化应用”“数据业务信息化应用”“多媒体业务信息化应用”等后续课程提供支撑。

（5）课程内容简介：本课程是电子信息工程技术（三网融合方向）专业的核心课程之一（属 B 类课程）。以 IP 技术为基础，提供包括语音、数据、多媒体等多种业务的数据传输，课程主要讲授和训练同步光网络搭建、业务配置、网络维护及实际应用。

（6）教学方法：采用案例引导、分析及任务驱动教学法。以现网实际应用的光传输设备为载体，将光纤通信相关理论知识与 SDH 设备及应用相结合，理论讲授与实训项目指导相结合，从应用角度着手培养学生光网系统组建与维护理论和实践技能。

（7）考核方式：采用理论、实训考核相结合的过程考核方式。

理论课考试采用笔试闭卷形式；实训课考试采用上机配置实际数据、故障分析与处理的形式；平时成绩主要根据作业、出勤、课堂表现及阶段测试情况评定。

理论成绩占 50%，实训成绩占 50%。在总成绩中，平时成绩（日常考勤成绩 30%、阶段测试成绩 50%、研究型综合实训 20%）占 30%，认证成绩占 70%。

（8）学时：64 学时，其中理论教学占 32 学时、实践操作占 32 学时。

5．宽带接入系统组建与维护

（1）课程名称：宽带接入系统组建与维护。

（2）课程设计理念：对宽带接入技术工程师岗位进行深入剖析，依据典型工作任务提炼知识点和技能点，围绕这些知识点和技能点设计理论和实践授课环节。

（3）课程目标：本课程以 OLT 与 ONU 硬件设备为载体，以 EPON 网络搭建、数据配置、开通调测为主线，培养学生 EPON 系统构建、数据配置和业务开通能力，从而培养适应宽带接入网技术发展需要的技能应用型人才。通过这门课程的学习，学生可以基本掌握家庭或小区的宽带数据业务、VOIP 业务、组播业务的开通，进而胜任接入网技术支持工程师、EPON 网络运维工程师、EPON 产品售前售后工程师等岗位的各项工作。

（4）课程功能：服务宽带接入网络及企业信息化技术应用，为“语音业务信息化应用”“数据业务信息化应用”“多媒体业务信息化应用”等课程提供支撑。

（5）课程内容简介：本课程是电子信息工程技术（三网融合方向）专业的核心课程之一（属 B 类课程），以 IP 技术为基础、基于开放的网络架构，提供包括语音、数据、多媒体等多种业务的光纤接入。课程主要讲授和训练宽带接入网发展与应用；了解宽带接入网组网方式；掌握宽带接入网实际应用，其中包括学习企业、家庭、小区的宽带业务、语音业务、组播业务（视频会议、IPTV、视频点播等业务）开通、网络的日常维护、管理及故障处理实训等。

（6）教学方法：采用案例分析法、技能训练法，从应用角度着手培养学生宽带接入系统组建与维护理论和实践技能。

（7）考核方式：采用理论、实训考核相结合的过程考核方式。理论课考试采用笔试闭卷形式；实训课考试采用上机配置实际数据、故障分析与处理的形式。

平时成绩主要根据作业、出勤、课堂表现及阶段测试情况评定。

理论成绩占 50%，实训成绩占 50%。在总成绩中，平时成绩（日常考勤成绩 30%、阶段测试成绩 50%、研究型综合实训 20%）占 30%，认证成绩占 70%。

（8）学时：64 学时，其中理论教学占 32 学时、实践操作占 32 学时。

6．IP 通信

（1）课程名称：IP 通信。

（2）课程设计理念：本课程以企业典型工作任务为导向，将课程知识点、技能点训练与企业典型工作任务有机结合，使学生在做中学，学中练，在掌握新知识的同时，培养其对课程的兴趣，使其更好地适应将来的职业岗位。

（3）课程目标：通过课程不同章节的案例引导及项目训练，使学生具备基本的数据通信理论知识，具有网络规划能力，从而为培养勘察工程师、系统规划与设计等职业岗位提供 IP 通信方面的理论基础；通过交换机、路由器的带内、带外管理以及备份和升级的学习与项目训练，培养学生胜任网络管理员及网络维护人员等职业岗位；

通过静态路由及动态路由协议的学习及项目训练，培养学生具备网络调试及维护等职业岗位的能力。同时，通过项目中的合作与训练，培养学生团队协作、敬业爱岗和吃苦耐劳的品德和良好的职业道德。

（4）课程功能：本课程是电子信息工程技术（三网融合方向）专业的核心课程之一（属 B 类课程）。通过本课程的学习，能够提高学生对电子信息工程专业的系统认知，使其对电子信息类职业岗位具有一定程度的体会，系统掌握 IP 通信基础理论，切实提高实践动手能力，从而能够胜任网络管理员及网络维护人员等职业岗位。同时，为“数据业务信息化应用”“语音业务信息化应用”“多媒体业务信息化应用”等学习领域课程的学习奠定基础。

（5）课程内容简介：本课程主要讲授和训练 IP 通信的基本理论和应用技能；重点介绍 OSI 模型、IP 地址规划、以太网交换机原理、交换机管理方式、虚拟局域网 VLAN 技术、路由基础、路由器的管理方式、路由协议的配置等内容。通过本课程的学习，使学生对电子信息类职业岗位具有一定程度的认知，系统掌握 IP 通信基础理论，切实提高实践动手能力，从而能够胜任网络管理及网络维护等职业岗位。

（6）教学方法：针对本课程的特点，建议在教学中采用教、学、练一体化模式。教师在理论教学中应注重 IP 通信基本理论的讲解和典型应用案例的引入，充分利用多媒体教学手段，提高学生学习兴趣；实训教学应与理论教学紧密配合，注重仿真软件的应用，并充分引导学生完成实际设备的配置，培养其对网络故障排除和解决的能力，以提高其学习兴趣，实训教学中建议以小组为单位，将工作任务分解，对学生实训完成情况进行量化考核。

（7）考核方式：采用理论、实训考核相结合的过程考核方式。

在总成绩中，期末考核成绩占 60%（其中理论成绩 40%，上机成绩 20%），实践过程考核占 20%，平时成绩占 20%。课程总成绩为百分制，60 分及以上为合格。

（8）学时：64 学时，其中理论教学占 34 学时、实践操作占 30 学时。

7．模拟电子技术应用

（1）课程名称：模拟电子技术应用。

（2）课程设计理念：模拟电子技术应用从内容上实践性强于理论性。基于这个特点课程内容将增大实践比例，减少相对复杂的模型分析和计算，做到从实践中获取相关的知识；优化各个知识单元的内容和结构，以基本元器件为线索对课程内容进行安排；课程内容加入仿真环节。在课堂上通过仿真软件使学生对功能电路各个关键点的参数有基本认识，然后通过实验室环节对功能电路进行实际的研究和验证。

（3）课程目标：通过本课程的学习，使学生掌握模拟电子电路的基本工作原理、基本分析方法和基本应用技能，使学生能够对各种模拟集成电路以及分立元器件构成的基本单元电路进行分析和设计，并初步具备根据实际要求应用这些单元电路，构成简单电子系统的能力，为后续专业课程的学习奠定基础。

（4）课程功能：通过该课程的学习，学生初步建立工程的概念，了解工程开发的过程，学会常用电子设备的使用，掌握电子信息产品的安装、调试与维修方法，为能够承担电子信息工程监督与指导、综合布线、电子信息化系统安装与调试、电子信息化系统运行与维护工作任务打下良好基础。

（5）课程内容简介：本课程是电子信息工程技术（三网融合方向）专业的核心课程之一（属 A 类课程），主要讲授各种常见低、高频单元电子线路的基本原理、基本分析方法和基本实验技能。通过学习本课程，学生应具备必要的工程估算能力，能看懂简单的电子线路原理图，增强动手能力，以提高分析、判断和解决问题的能力，并将所学知识运用到实践中，通过有线收发系统、无线收发系统项目，教会学生如何根据性能指标设计系统并制作电路；并能够利用 EDA 工具进行仿真。通过电子线路相关知识的学习，开拓学生的创新能力，为学习专业课打下良好的基础。

（6）教学方法：理论授课方式以案例、仿真教学、启发式为主，采用 PPT+板书的形式。板书主要给出每次课程的重点内容和提纲，PPT 主要给出每次课程中需要用到的曲线和电路图。另外，在理论授课中加入电路仿真的演示，使学生在课堂中能够结合理论对具体的电路有感性认识。

仿真授课主要采用机房授课，建议采用软件 Multisim 或 Pspice。学生根据具体要求在软件中搭建电路，然后运行仿真观测结果。教师则负责指导学生完成电路设计并指导学生检查并排除电路中的错误而得到正确的结果。这个过程有利于学生学会使用各种手段调试电路。

结合理论学习的实践环节主要在实训室进行。实验设备主要有数字万用表、示波器、函数信号发生器、直流稳压电路、电烙铁、万用板等。每次实验，需要准备电路元件耗材。教师指导学生根据要求设计电路，后根据设计的电路焊接并使用仪器仪表完成电路调试。

(7) 考核方式：采用理论、实验考核相结合的过程考核方式。理论采用笔试闭卷形式；实验成绩根据平时实验完成情况和实验报告评定，实验成绩为过程考核；平时成绩主要根据作业、出勤率和课堂回答问题及课堂讨论情况评定。

在总成绩中，理论成绩占 60%，实验成绩占 20%，平时成绩占 20%。课程总成绩为百分制，60 分及以上为合格。

(8) 学时：总学时 90 学时，其中理论教学课时为 60 学时，实验学时为 30 学时。

教学项目设计案例：

"数据业务信息化应用"课程采用项目教学法和任务驱动法。模拟企业工程项目团队结构进行教学项目的实施。首先，由教师带领学生完成一个典型工程项目，然后由教师给出一个难度适中的工程项目，让学生独立完成，最后教师与学生共同对所做项目进行总结与反思。下面就该课程的一个完整的教学项目设计案例展示如下：

1. 教师带领学生完成的一个典型工程项目

(1) 项目名称：利用 OSPF、ACL 和 NAT 技术搭建与管理校园网。

(2) 项目描述：某大学需建立内部校园网，假设有行政区、教学区、学生宿舍区、网络中心 4 个部门，其他 3 个部门分别由一台路由器连接到网络中心的汇聚交换机，再由交换机连接出口路由器，实现内网与外网的互通，网络中心这边需要部署 Web/Mail 等服务器，为用户提供相应服务，园区内的所有用户也将通过校园网的互联网出口访问 Internet，利用 ACL 技术安排学生上网的时间段，对某些非法用户可通过 ACL 技术禁止其上网。

(3) 项目需求：

① 校园网内部使用动态路由协议 OSPF 实现选路。

② 用户通过校园网访问 Internet 须应用 NAT 技术。

③ 对所用路由器、交换机进行设备选型。

④ 利用 ACL 技术安排学生上网的时间段，对某些非法用户可通过 ACL 技术禁止其上网。

(4) 教学目标：根据需求条件使用 OSPF、ACL 和 NAT 技术搭建与管理校园网络的能力；团队协作能力、搜集信息与分析判断能力、逻辑思维与决策能力、实际动手能力。

（5）教学学时：2 学时。

（6）项目实施：

① 典型工程项目分析。

② 教师指导学生分组，明确分组规模与组成员工作量安排。

③ 完成步骤：教师讲授需求分析，由学生自己撰写需求分析报告和收集相关资料，教师指导学生进行拓扑规划、IP 规划，重点指导学生如何进行设备选型；教师讲授网络搭建原则，由学生进行网络搭建；教师讲授与网络调试相关理论知识和演示实际操作技能，由学生完成基本网络调试；教师帮助学生解决网络调试中遇到的问题，最后由学生进行网络验证。

④ 提交成果：需求分析报告，网络拓扑，IP 规划表，设备列表与选型依据，网络设备配置文件，网络功能实现之电子截图。

⑤ 项目反馈与总结：教师与学生组成项目讨论组，由学生来反馈对整个项目的掌握情况以及心得，教师通过学生反馈的情况，分析学生掌握程度，为下一步布置项目难易度的调整提供依据。

2．学生组队独立完成的工程项目

（1）项目名称：利用 OSPF 与 NAT 技术搭建校园网。

（2）项目描述：某大学需建立内部校园网，假设有行政区、教学区、学生宿舍区、网络中心 4 个部门，其他 3 个部门分别由一台路由器连接到网络中心的汇聚交换机，再由交换机连接出口路由器，实现内网与外网的互通，网络中心这边需要部署 Web/Mail 等服务器，为用户提供相应服务，园区内的所有用户也将通过校园网的互联网出口访问 Internet。（注：与教师带领完成的典型工程项目在建网规模、OSPF 技术应用和 NAT 技术应用等方面均有所区别）

（3）项目需求：

① 校园网内部使用动态路由协议 OSPF 实现选路。

② 用户通过校园网访问 Internet 需应用 NAT 技术。

③ 对所用路由器、交换机进行设备选型。

（4）教学目标：根据需求条件使用 OSPF 和 NAT 技术搭建校园网络的能力；团队协作能力、搜集信息与分析判断能力、逻辑思维与决策能力、独立思考与实际动手能力，总结与反思能力。

（5）教学学时：4 学时。

（6）项目实施：

① 学生自行组成项目小组。

② 布置项目任务。为了区分各小组项目内容，教师可以从以下几个方面进行区分：网络规模不一致，导致设备选型的不同；OSPF 网络可以单区域建网或多区域建网；NAT 可以有动态 NAT 与静态 NAT 组合或 PAT 与静态 NAT 组合。要求小组分工合作完成。

③ 完成步骤：需求分析、资料收集、拓扑规划、IP 规划、备选型、网络搭建、网络调试、网络验证、撰写项目完成报告及心得体会。

④ 提交成果：需求分析报告、网络拓扑、IP 规划表、设备列表与选型依据、网络设备配置文件、网络功能实现之电子截图、项目完成报告及心得体会。

⑤ 成果检验评价：本项目的检验根据其成果的各个部分考核情况综合给出。项目组成绩组成建议如下：需求分析报告（10%）+网络拓扑（10%）+IP 规划表（10%）+设备列表与选型依据（20%）+网络设备配置文件（20%）+网络功能实现之电子截图（10%）+项目完成报告及心得体会（20%）；个人成绩组成建议如下：平时成绩（20%）+个人所完成工作（40%）+个人总结报告（30%）+小组讨论、团队协作等（10%）。

3．整体项目总结与反思

（1）教学学时：2 学时。

（2）总结与反思：

① 查看各小组（个人）提交成果是否完整。

② 各小组在讨论总结的基础上由一位代表向全班汇报完成项目概况。

③ 教师针对每个小组汇报的具体项目进行点评分析，看是否已实现项目基本功能，IP 规划、设备选型是否合理，网络设备配置语句是否正确完整等；学生也可以发表看法与建议。通过这样一个流程，帮助学生把完成项目的思路进一步梳理，从而促进学生工程项目的实施思维与执行能力的构建。在总结与反思过程中，教师通过对项目的评价，给予学生一个很重要的指导意见，让学生明白如何衡量一个项目的优劣，

使学生澄清一些不合理的观念与做法，从而可以朝着完成更优质的工程项目迈进。

④ 学生畅谈完成两个项目的心得体会以及建议，教师总结并点评完成项目过程中团队合作、交流沟通、遵守规范、独立思考、勇于创新等情况，并记录下学生的合理化建议，进一步改进项目教学。

(3) 项目教学分析：

① 成立项目小组，各组自行讨论制定项目方案，可以培养学生团队协作能力。

② 通过调查学校师生规模，了解学校用户量，从而为路由器、交换机设备的容量选型提供依据。可以培养学生搜集信息与分析判断能力。

③ 通过调查行政区、教学区、学生宿舍区具体布局情况，为 IP 规划提供依据。可以培养学生逻辑思维与决策能力。

④ 进行 IP 规划，校园网拓扑图搭建与仿真，应用 OSPF、NAT 技术。可以培养学生独立思考与实际动手能力，巩固课程知识点、能力点。

⑤ 仿真 Web/Mail 服务器。此处属于拓展知识点，可以培养学生自我学习能力，科学搜集信息与处理信息的能力。

⑥ 小组讨论与项目小结。可以培养学生团队协作、交流沟通与总结反思能力。

⑦ 通过教师带领学生完成一个典型工程项目，使学生有了一定的分析工程项目的思维能力，了解工程项目完成的过程，并巩固学习相关的专业知识与操作技能。

⑧ 通过教师给出一个难度适中的工程项目让学生独立完成，使学生在工程项目中得到真正的锻炼，培养学生的团队协作能力、搜集信息与分析判断能力、逻辑思维与决策能力、独立思考与实际动手能力，此步可充分发挥学生的自主能动性，大大提高学生的学习兴趣。

支持环境和条件保障：

1．专业教学团队

电子信息工程技术（三网融合方向）专业最低生师比建议为 1:16。电子信息工程技术（三网融合方向）专业的专任教师应具备电子信息工程技术专业的教师任职资格，包括：具备相关专业本科以上学历、教师资格证书、网络工程师（二级）、或综合接入技术工程师（二级）或光传输技术工程师（二级）或信息系统运营工程师（二级）或通信施工工程师（二级）及同等级别的职业资格证书，以及相关企业工作经历等，具有相当的课程开发能力与教学能力，较强的实训项目指导能力，热爱职业教育，工作态度认真负责，具备严谨、科学的工作作风等。在工程实践、工程管理类课程上建议聘请企业兼职教师，企业兼职教师除了具有 3 年以上相关工作经验外，更要求具有较强的执教能力。在专业核心课中专职和兼职教师的比例建议为 1:1。

各类师资的要求：

（1）专业核心课教师要求:

① 学历：硕士研究生或以上。

② 专业：电子信息工程类相关专业。

③ 技术职称：副高级或以上。

④ 实践能力：具有电子信息行业企业一年以上实践经历、或有电子信息类职业技能资格证书、或工程师职称。

⑤ 工作态度：认真严谨、职业道德良好。

（2）非专业限选课教师要求:

① 学历：本科或以上。

② 专业：电子信息工程类相关专业。

③ 技术职称：中级或以上。

④ 实践能力：具有电子信息工程类行业企业半年以上实践经历，或有网络工程师、综合接入技术工程师、光传输技术工程师、信息系统运营工程师、通信施工工程师等职业技能资格证书，或工程师职称。

⑤ 工作态度：认真严谨、职业道德良好。

（3）企业兼职教师要求

① 学历：本科或以上。

② 专业：电子信息工程类相关专业。

③ 技术职称：中级或以上。

④ 实践能力：具有所任课程相关的电子信息工程类行业企业工作经历 3 年以上，工程师技术职称。

⑤ 工作态度：认真严谨、职业道德良好。

⑥ 授课能力：有良好的表达能力，普通话标准，有授课技巧，并且热爱教育工

作，最好有客户培训经验。

2．教学设施

(1)校内基础课教学实验室和教学设备的基本要求。要开设电子信息工程技术(三网融合方向)专业，必要的校内基础课教学实验室和专业教学实训室设备基本要求如表 5–10 所示。其中，带*号的实训室是该专业开设时必须设置的实训室。对于专业核心实训室可以结合本校情况，开设行业及相关厂商的职业资格取证实训。

表 5-10　电子信息工程技术（三网融合方向）专业校内实训室设备基本要求

实训室分类	实训室名称	实训项目名称	主要设备要求
电子信息工程技术实训室	数据通信实训室*	(1) 数据网组建、数据传输、网络安全等实训； (2) 网络工程师	二层交换机、三层交换机、路由器及相关应用软件、PC
	电信工程实训室*	(1) 电信工程勘测、辅助设计、施工、优化调测、运行、综合布线等实训； (2) 通信施工工程师	走线架、实习机架、天线、电信工程常用测试仪器、工具、操作台
	工程制图与概预算综合实训室*	电信工程制图及概预算实训	AutoCAD 软件、概预算软件、PC
	视频会议实验室*	(1) 多媒体系统业务运营、管理、维护等实训； (2) 电话、传真、呼叫中心、调度指挥（专业系统）、即时通信等实训	多媒体终端、摄像机、音响设备及相关软件、PC
	融合通信实训室*		综合业务交换设备、接入设备、可视电话、网管软件、PC
	无源光网络实训室	(1) 宽带接入网络平台搭建、业务开通调试、网络维护等实训； (2) 综合接入技术工程师	无源光接入网局端设备、无源光接入网终端设备、光分配设备、专用电源系统及相关软件、PC
	光传输实训室	(1) 光传输网络平台搭建、业务开通调试、网络维护等实训； (2) 光传输技术工程师	光传输实训平台、交换机及相关软件、PC
基础课程实训室	计算机应用实训室	Office 应用软件	PC、Office 组件
	电路实验室	电路基础实训	电路实验台、示波器、万用表
	电子线路实验室	(1) 模拟电路实训； (2) 数字电路实训	电子线路实验箱（台）、示波器、信号源、稳压电源、万用表

续表

实训室分类	实训室名称	实训项目名称	主要设备要求
基础课程实训室	单片机实训室	单片机实训	单片机开发平台、示波器、稳压电源、万用表、PC 及相关软件
	通信实训室	模拟、数字通信系统搭建、调测实训	通信原理实验箱、示波器、电源、信号源、频率计、频谱分析仪

（2）校外实训基地的基本要求。学校要积极探索实践“订单培养、工学交替、顶岗实习”的产学研结合模式和运行机制，不断拓展校外实训基地，规范产学关系，形成良性互动合作机制，实现互利双赢，以培养综合职业能力为目标，在真实的职场环境中使学生得到有效的训练。为确保各专业实训基地的规范性，对校外实训基地必须具备的条件制定出基本要求：

① 企业应是正式的法人单位，组织机构健全，领导和工作（或技术）人员素质高，管理规范，发展前景好。

② 所经营的业务和承担的职能与相应专业对口，并且在本地区的本行业中有一定的知名度，社会形象好。

③ 能够为学生提供专业实习实训条件和相应的业务指导，并且满足学生顶岗实训半年以上的企业。

④ 与学校积极合作，利用自身的行业优势为专业提供发展动力，主动配合学校完成课程体系的设置和专业课程的开发与改革。

（3）信息网络教学条件。有条件的学校为学生提供网络远程学习条件和资源。

3．教材及图书、数字化（网络）资料等学习资源

由于电子信息技术发展十分迅速，教材选用近三年之内出版的教材，图书馆资料也应该及时更新。对于网络资源，有条件的学校，如国家示范校，应按照国家资源库标准提供丰富的网络学习资料。具体包括：课程 PPT、课程实验指导、课程项目指导、课程电子教材、课程重点、难点动画、课程习题、网络在线练习、课程在线考试、课程论坛等网络资源，使学生随时随地都能学习。

教学建议：

1．教学方法、手段与教学组织形式建议

对于基本理论课，建议采用启发式授课方法，以讲授为主，并配合简单实验。针对高职学生多采用案例法、推理法等，深入浅出地讲解理论知识，可制作图表或动画，易于学生理解；对于基本技能课程，采用训练考核的教学方法。在讲清原理和方法的基础上，以实践技能培养为目标，保证训练强度达到训练标准，实践能力达到技术标准。可采用演示、分组辅导，需要提供较为详尽的训练指导、动画视频等演示资料；对于理论-实践一体化课程（如学习领域课程），可采用项目教学法：按照项目实施流程展开教学，让学生间接学习工程项目经验。项目教学法尽量配合小组教学法，可将学生分组教学，并在分组中分担不同的职能，培养学生的团队合作能力。

2．教学评价、考核建议

针对不同的课程可采用不同的考核方法：对基本理论知识性程课，建议采取理论考核的方法；对于基本技能的课程，采用实操考核的方法，根据学校情况结合行业标准进行考核，也可以将职业资格证书考试纳入课程体系范围；对于理论-实践一体化课程，采用过程评价与结果考核相结合的考核方式，如项目考核的方法，针对不同的项目分别考核，同时注重过程考核和小组答辩的考核，锻炼学生的基本素质、职业态度和综合工作能力。

3．教学管理

高职生源可分为两类：高中毕业生和三校生。两类学生有不同的学习基础和学习特点，建议尽量分班教学。如果不能做到，在教学管理中应该考虑各自的特点，设计分层的教学目标。对已高中毕业的学生，理论学习的能力比较强，在课程设置上可以在理论课程提高难度。但他们的实践经验比较少，应该在操作技能的课程上增加课时量。三校生在操作技能和先修课程上已经有 3 年的经验，因此在操作技能类的课程上应该提高难度，在初级或入门的内容减少课时，提高任务的复杂度，训练他们解决问题的能力，提高他们的学习兴趣。尽管他们的理论基础较为薄弱，但也应采取切实有效措施，使他们在理论知识方面达到专业培养要求。

无论是高中毕业生还是三校生，也无论是理论课程还是实践课程，调动学生学习积极性是当前高职教学管理的关键，也是提高教学质量的关键，各校应将其作为教学管理的主要目标之一。根据本校学生实际情况，努力进行教学管理改革实践探索。

继续专业学习深造建议：

本专业毕业的学生可以通过专升本的考试进入本科的电子信息工程技术专业或通信技术或网络工程专业进行深造；也可以通过企业在岗培训获取更高级别的职业资格证书。

5.3　典型方案二：嵌入式技术与应用（移动互联软件开发）专业

专业名称：嵌入式技术与应用（移动互联软件开发）

专业代码：590102

招生对象：

普通高中毕业生、“三校生”（职高、中专、技校毕业生）

学制与学历：

三年制，专科。

就业面向：

本专业的毕业生主要面向的工作单位为事业单位、互联网企业、移动通信公司、手机开发公司、移动终端游戏开发公司。

（1）主要就业岗位：软件程序员、软件工程师、嵌入式工程师。

（2）次要就业岗位：产品测试员、测试工程师、产品维护及管理员。

（3）相近就业岗位：产品销售、技术支持等工作。

培养目标：

本专业培养思想品德优秀、身体健康灵活、心理素质良好、专业知识扎实、技能精准熟练，初步掌握嵌入式理论、主流系统硬件架构、应用开发等技术，具备一定的移动互联网综合应用能力，能从事智能手机、嵌入式设备、平板计算机、M2M 等移动设备的应用软件开发、销售、维护等工作，面向生产、建设、服务和管理第一线、在移动互联技术领域具有一定理论基础与实践能力，具备良好的团队合作精神的高素质高技能人才。

职业证书：

专业需获取资格证书如表 5–11 所示。

表 5-11　专业需获取资格证书（双证书）

类　别	资格证名称	职业资格等级	职业资格颁证单位	要　求
通用资格	全国计算机等级考试	三级	教育部考试中心	任选一个
	英语应用能力考试	A、B 级	高等学校英语应用能力考试委员会	
职业资格	嵌入式产品高级检验员	国家职业资格三级	国家劳动与保障部、国家职业技能鉴定所	任选一个
	计算机操作员			

专业的职业分析：

1．职业分析过程概述

根据本地区本行业发展的实际需求，首先开展社会需求调研与专业建设调研，坚持进行区域和行业专业人才需求预测和职业岗位要求的调查分析，包括人才数量和质量规格的要求等，分析经济、社会发展对本专业人才需求的新要求；对毕业生及用人单位进行跟踪调查，分析毕业生及用人单位的反馈信息；充分发挥专业建设指导委员会的作用，与来自相关行业企业的委员共同论证专业设置和调整的合理性与可行性。在充分调研的基础上，根据社会人才市场现实与未来发展对专业人才的有效需求，确定专业设置，调整专业结构，促进人才培养模式的改革，明确专业的定位。

（1）典型职业岗位。根据调研了解到企业对于互联网应用软件开发应用类技能人才的需求大致可分为 4 类：软件开发、软件测试、软件销售、维护和管理。了解到企业组织结构包括：项目经理、程序员、测试员、产品经理、售前工程师、售后工程师、行政主管、助理、销售经理等。通过对产业结构的分析得到本专业就业面向的典型职业岗位如表 5–12 所示。

表 5-12　典型职业岗位

序号	职业领域或方向	典型（职业）岗位
1	软件编程	程序编码、模块开发 岗位：软件工程师、软件程序员
2	软件测试	软件系统和嵌入式系统测试 岗位：测试员、测试工程师
3	软件销售	软件和嵌入式产品销售、维护、管理 岗位：产品销售。例如，销售经理等
4	技术支持	软件和嵌入式产品技术支持 岗位：技术支持，例如，售后工程师等

（2）岗位职责分析：

① 开发程序员岗位职责：利用 Java、Android 等编程语言进行应用软件开发，完成相关工具的建立工作，负责程序代码的开发及文档编写，理解产品及项目需要，编写应用程序，调试应用程序，生成可执行文件，编写规范软件开发文档。

② 开发工程师岗位职责：在胜任程序员岗位职责的基础上，负责策划开发过程，建立开发框架等一系列软件开发复杂工作，需要有一定经验。

③ 测试员岗位职责：负责备测试工作，合理运用测试方法和工具进行软件测试，根据公司技术文档规范编写相应的技术文档。

④ 测试工程师岗位职责：在胜任程序员岗位职责的基础上，负责软件项目的测试方案制定，设计测试数据和测试用例，对项目总的问题进行跟踪分析和报告，及时合理地解决测试中的问题。

⑤ 技术支持工程师岗位职责：负责全面深入地把握公司品的售前、售后等各个环节；准确把握行业发展形势和深刻理解用户体验和关键需求，支持销售人员完成产品销售工作，负责产品在各地区前期推广和执行的售前培训、支持与指导。

⑥ 销售工程师岗位职责：负责销售及推广公司自主研发的软件产品，能策划并完成各类市场活动增加产品销售范围，为客户提供有价值的解决方案和建议；结合客户具体需求，制定并实施切实可行的销售方案，建立和维护客户档案，完成各项工作报告和市场调查报告，提出合理化建议。

（3）典型工作过程：

① 开发人员典型工作过程:根据工作分配的任务，阅读和理解需求、概要设计等

文档，利用相关软件开发工具独立完成编码编写工作，解决相关问题，代码符合编程规范，遵守相关协议。

② 测试人员典型工作过程:根据工作分配的任务，阅读和理解需求、概要设计等文档，编写测试用例等，利用测试工具完成代码测试工作，做好测试记录文档，文档符合编写规范。

③ 技术支持人员典型工作过程:阅读和理解需求、概要设计等文档，辅助销售人员完成产品销售工作，产品售出后，制订计划，在各地区培训、支持与指导。

④ 销售人员典型工作过程：市场策划，制订目标和计划，明确客户需求，准备文件，编写方案，完成销售，客户管理。

2. 职业分析结论

职业分析的目的是对职业（岗位）上的从业人员的职业能力要求进行分析。综上所述将工作职责对应于综合能力，而工作任务对应于专项能力。职业能力的层次结构示意图如图 5–2 所示。。

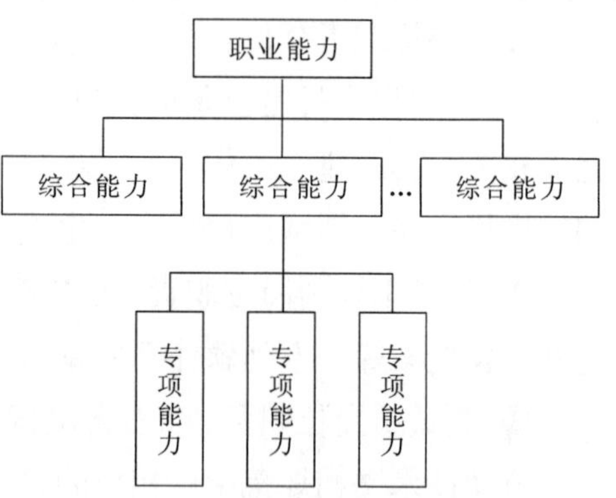

图 5–2 职业能力层次结构示意图

(1) 职业分析表。职业分析表如表 5–13 所示，纵坐标是综合能力编号（A、B、C、D)，横坐标是二级编号（范围 1–4)，单元格对应具体的专项能力，专业技能的编号由字母和数字共同组成，例如，专业技能“需求分析”的编号为 A1。

表 5-13 职业分析

专项能力 / 综合能力	1	2	3	4
A 开发准备	需求分析	选择开发工具	搭建开发环境	熟悉编程标准
B 开发程序	编写开发流程	编写程序	修改程序	测试程序
C 部署程序	数据交换	系统移植	模拟仿真	真机调试
D 项目管理	项目规划	编写文档	代码管理	文档管理

(2) 专项能力解析表。专项能力解析表如表 5–14～表 5–29 所示。

表 5-14　专项能力解析（A1）

能力目标	需 求 分 析	编　　号	A1
具体描述	通过用户调查和系统分析，全面了解用户需求和系统需求。根据项目安排的任务，合理细化项目的先后开发顺序及关系		
步骤	（1）了解项目工程背景、开发要求、实现成果； （2）分析各功能之间的关系及开发顺序，根据模块功能构架合理的代码层级结构； （3）详细分解各功能的实现方法及细节。分析功能结构所产生的问题，选定合理的技术手段或以成熟的开源包实现； （4）根据功能列表及实现难易程度制订开发计划的时间表		
工具与设备	（1）文档资料编辑软件如 Microsoft Office、Visio 等； （2）PC； （3）UML 工具		
知识基础	（1）相关开发语言； （2）文档资料编辑软件工具使用； （3）设计模式、数据结构、算法		
通用能力与职业素质	（1）责任心； （2）信息处理能力； （3）分析与解决问题能力； （4）安全与环保意识		
考核标准	（1）编写开发文档； （2）结构清晰； （3）功能明确； （4）时间、顺序等安排合理		

表 5-15　专项能力解析（A2）

能力目标	选择开发工具	编　　号	A2
具体描述	熟悉软件项目的架构环境、语言及平台，使用合适的开发工具统一代码规范，尽可能地提高开发效率		
步骤	（1）了解满足项目组开发工具的整体要求； （2）熟悉开发工具； （3）系统掌握开发工具； （4）掌握配置管理工具； （5）将配置管理工具与开发工具整合（在适当的时候）		

续表

能力目标	选择开发工具	编　　号	A2
工具与设备	(1) 计算机； (2) 开发工具，开发工具插件真机设备； (3) 辅助工具：图形设计工具、英文翻译工具		
知识基础	(1) 文档阅读能力； (2) 快速学习能力； (3) 具有一种以上开发工具使用经验； (4) 掌握图形设计工具		
通用能力与职业素质	(1) 责任心； (2) 科学思维能力； (3) 自主学习能力； (4) 批判性思维		
考核标准	(1) 了解开发工具的作用和功能，并能够熟练运用； (2) 是否能够使用配置管理工具		

表 5-16　专项能力解析表（A3）

能力目标	搭建开发平台	编　　号	A3
具体描述	根据项目要求统一搭建开发环境，安装开发工具		
步骤	(1) 搭建运行环境，包括操作系统，虚拟机等； (2) 安装开发工具及相关插件； (3) 对开发工具进行相关配置及优化； (4) 编写简单示例对开发环境进行测试； (5) 安装代码管理工具，以便团队开发		
工具与设备	(1) 操作系统如：Windows、MacOS、Linux 等，虚拟机、开发包（如 Android、iPhone 等）； (2) 真机设备（如 iPhone 手机等）； (3) IDE 开发工具（如 Eclipse、Xcode），开发工具插件		
知识基础	(1) 了解系统硬件环境、操作系统； (2) 基本软件安装步骤； (3) 阅读帮助文档； (4) 环境变量配置		

续表

能力目标	搭建开发平台	编　　号	A3
通用能力与职业素质	(1) 自主学习能力； (2) 沟通与合作能力； (3) 分析与解决问题能力； (4) 安全与环保意识		
考核标准	(1) 开发工具配置合理； (2) 记录步骤； (3) 开发平台能够正确运行； (4) 正确解决安装异常		

表 5-17　专项能力解析（A4）

能力目标	熟悉编程标准	编　　号	A4
具体描述	了解编程国际标准、国家标准、行业标准、公司标准		
步骤	(1) 了解编程国际标准； (2) 了解编程国家标准； (3) 了解编程行业标准； (4) 了解编程公司标准； (5) 遵守执行编程标准		
工具与设备	(1) 计算机； (2) 打印机、复印机； (3) 阅读软件		
知识基础	(1) 熟悉各种开发工具； (2) 对各种标准的知识储备； (3) 丰富的开发经验和标准的运用能力		
通用能力与职业素质	(1) 自主学习能力； (2) 责任心； (3) 批判性思维； (4) 科学思维能力		
考核标准	(1) 是否遵守和执行编程标准； (2) 对编程标准的理解是否全面、准确		

表 5-18　专项能力解析（B1）

能力目标	编写开发流程	编　　号	B1
具体描述	充分理解需求规格说明书，设计合理的开发流程		
步骤	(1) 理解需求规格说明书； (2) 理解概要设计、数据库设计及模块关联接口； (3) 了解开发规范及开发平台； (4) 理解各项任务的前后顺序和关键步骤； (5) 清楚基础任务和瓶颈任务； (6) 设计合理的开发流程； (7) 评估开发流程		
工具与设备	(1) 文档资料编辑软件如 Microsoft Office、Visio 等； (2) PC； (3) 项目管理软件		
知识基础	(1) 软件工程； (2) 项目管理能力； (3) 使用建模工具能力； (4) 使用项目管理软件能力		
通用能力与职业素质	(1) 科学思维能力； (2) 信息处理能力； (3) 分析与解决问题能力； (4) 创新能力		
考核标准	(1) 是否已了解待研发技术和技术难点； (2) 是否清楚整个开发的任务结构与关键点； (3) 是否清楚自己已掌握技术的程度和技术难点； (4) 开发流程设计是否合理		

表 5-19　专项能力解析（B2）

能力目标	编 写 程 序	编　　号	B2
具体描述	编写的代码能准确地达到设计要求，实现具体的功能		
步骤	(1) 阅读设计文档； (2) 了解功能模块的关系与接口； (3) 理解开发流程； (4) 按照任务书完成代码编写工作； (5) 编译调试代码； (6) 评审代码		

续表

能力目标	修 改 程 序	编　　号	B3
工具与设备	(1) 办公软件； (2) 开发环境、网络环境； (3) 计算机		
知识基础	(1) 软件基本语法； (2) 代码规范格式； (3) 文档的阅读与编写能力； (4) 任务书的理解能力		
通用能力与职业素质	(1) 自主学习能力； (2) 信息处理能力； (3) 责任意识； (4) 科学思维能力		
考核标准	(1) 代码符合规范； (2) 代码逻辑结构合理； (3) 功能实现； (4) 有无关键重要的注释		

表 5-20　专项能力解析（B3）

能力目标	修 改 程 序	编　　号	B3
具体描述	定位程序中 BUG，找出问题的原因，修改 BUG		
步骤	(1) 根据项目分析编写模块代码； (2) 代码整合，调试程序； (3) 定位 BUG 位置、分析并确定 BUG 原因； (4) 修改 BUG； (5) 运行程序查看		
工具与设备	(1) 操作系统； (2) 开发工具； (3) 真机设备		
知识基础	(1) 软件基本语法； (2) 代码规范格式； (3) 异常故障分析		

续表

能力目标	修 改 程 序	编　　号	B3
通用能力与职业素质	(1) 责任心； (2) 沟通与合作能力； (3) 分析与解决问题能力； (4) 安全与环保意识		
考核标准	(1) 代码符合规范； (2) 代码逻辑结构合理； (3) 功能实现； (4) 正确解决 BUG		

表 5-21　专项能力解析（B4）

能力目标	测 试 程 序	编　　号	B4
具体描述	根据项目有效测试代码的异常、效率、耦合度，查找出代码中的错误及性能问题		
步骤	(1) 设计测试数据； (2) 运行测试代码； (3) 分析测试结果； (4) 记录错误情况； (5) 编写日志		
工具与设备	(1) 计算机； (2) 测试工具； (3) 开发工具		
知识基础	(1) 软件工程； (2) 测试用例设计； (3) 文档组织，编写能力； (4) 测试文档规范格式		
通用能力与职业素质	(1) 自主学习能力； (2) 沟通与合作能力； (3) 分析与解决问题能力； (4) 安全与环保意识		
考核标准	(1) 解决方法可行性； (2) 测试数据的覆盖全面性； (3) 测试结果的正确性； (4) 记录准确性		

表 5-22　专项能力解析（C1）

能力目标	系统架构模式	编　　号	C1
具体描述	根据项目分析系统的需求与功能，理解 mvc 框架		
步骤	（1）理解 mvc 的框架结构； （2）了解各功能模块的关系与接口； （3）程序逻辑处理过程； （4）展示过程		
工具与设备	（1）PC； （2）虚拟机； （3）办公软件		
知识基础	（1）技术分析能力； （2）编写文档的能力； （3）总体分析能力		
通用能力与职业素质	（1）科学思维能力； （2）沟通与合作能力； （3）分析与解决问题的能力； （4）安全与环保意识		
考核标准	（1）正确识别框架； （2）了解框架工作原理		

表 5-23　专项能力解析（C2）

能力目标	系 统 移 植	编　　号	C2
具体描述	根据项目针对不同要求进行内核移植、裁剪，根据不同系统选取适合的文件格式，完成驱动的移植、应用程序的移植、图形界面的移植		
步骤	（1）内核的移植与裁剪； （2）文件系统的制作； （3）驱动的移植； （4）应用程序的移植； （5）图形界面的移植		
工具与设备	（1）嵌入式平台； （2）PC； （3）虚拟机		
知识基础	（1）C 语言基础； （2）汇编语言； （3）计算机硬件的功能和作用； （4）Linux 系统		

续表

能力目标	系 统 移 植	编　　号	C2
通用能力与职业素质	(1) 沟通与合作能力； (2) 信息处理能力； (3) 分析与解决问题能力； (4) 创新能力		
考核标准	(1) 正确移植、裁剪内核； (2) 正确制作相应的文件系统； (3) 驱动程序的移植方法及操作正确； (4) 应用程序的移植方法及操作正确； (5) 图形界面的移植方法及操作正确		

表 5-24　专项能力解析表（C3）

能力目标	模 拟 仿 真	编　　号	C3
具体描述	根据项目要求将经过测试的应用程序在模拟器上进行仿真		
步骤	(1) 了解不同平台版本差异性； (2) 根据不同版本要求准备相应资源； (3) 根据不同版本修改相应代码； (4) 创建模拟器； (5) 将生成的不同版本的应用在模拟器中测试、运行		
工具与设备	(1) 编辑工具； (2) 版本打包工具； (3) 模拟器		
知识基础	(1) 编程语言； (2) 应用平台软、硬件知识； (3) 平台版本文档； (4) 模拟器使用		
通用能力与职业素质	(1) 沟通与合作能力； (2) 信息处理能力； (3) 分析与解决问题能力； (4) 创新能力		
考核标准	(1) 能够阐述不同平台版本的差异性； (2) 能够配置各种不同平台模拟器参数； (3) 能够组织不同平台版本的资源； (4) 能够生成不同应用的版本		

表 5-25　专项能力解析（C4）

能力目标	真 机 测 试	编　　号	C4
具体描述	根据项目要求将生成的不同版本应用安装到设备上进行测试与修改，以验证程序的实际操作性、可靠性和稳定性		
步骤	(1) 选择设备平台，进行相关配置及优化，编写简单示例对环境进行测试； (2) 将应用安装至相应设备； (3) 在设备上进行真机测试； (4) 记录 bug 并反馈给开发人员； (5) 修改重新测试，编写测试报告		
工具与设备	(1) 计算机； (2) 真机设备； (3) 数据线等传输设备		
知识基础	(1) 了解系统硬件环境、操作系统； (2) 基本软件安装步骤； (3) 阅读帮助文档； (4) 设备配置		
通用能力与职业素质	(1) 责任心； (2) 沟通与合作能力； (3) 分析与解决问题能力； (4) 安全与环保意识		
考核标准	(1) 开发工具配置合理； (2) 记录步骤； (3) 开发平台能够正确运行； (4) 正确解决安装异常		

表 5-26　专项能力解析（D1）

能力目标	项 目 规 划	编　　号	D1
具体描述	根据项目要求策划各个阶段任务，包括项目实施计划、测试计划等		
步骤	(1) 与用户沟通； (2) 明确项目需求； (3) 策划各个阶段任务； (4) 编写计划； (5) 修改完善计划		
工具与设备	(1) Word； (2) Excel； (3) UML 工具； (4) Project		

续表

能力目标	项 目 规 划	编　　号	D1
知识基础	(1) 沟通技巧； (2) Office 工具软件； (3) 建模软件； (4) 项目管理软件		
通用能力与职业素质	(1) 责任心； (2) 沟通与合作能力； (3) 分析与解决问题能力； (4) 信息处理能力		
考核标准	(1) 项目需求分析合理； (2) 各个阶段任务分配合理； (3) 编写计划完整； (4) 工具使用正确		

表 5-27　专项能力解析（D2）

能力目标	编 写 文 档	编　　号	D2
具体描述	根据项目各阶段任务编写相应的文档等		
步骤	(1) 明确编写任务； (2) 确定编写文档类型和格式； (3) 阅读相关公司技术文档规范； (4) 编写文档； (5) 提交文档		
工具与设备	(1) Word； (2) Excel； (3) UML 工具； (4) Project		
知识基础	(1) 文字处理； (2) Office 工具软件； (3) 建模软件； (4) 项目管理软件		
通用能力与职业素质	(1) 责任心； (2) 批判性思维； (3) 分析与解决问题能力； (4) 信息处理能力		
考核标准	(1) 各个阶段任务理解正确； (2) 文档类型和格式选择合理； (3) 文档填写格式正确； (4) 文档提交及时		

表 5-28 专项能力解析表（D3）

能力目标	代码管理	编 号	D3
具体描述	在多人团队中控制代码，防止代码管理混乱、代码冲突，对代码拥有者进行权限控制等，从而规范软件开发		
步骤	（1）安装版本控制工具； （2）配置版本控制工具服务器； （3）设置管理版本控制工具使用权限； （4）对所选系统的源代码进行版本管理		
工具与设备	（1）代码管理软件； （2）PC； （3）服务器		
知识基础	（1）代码管理软件（如：SVN、CVS 等）； （2）网络		
通用能力与职业素质	（1）责任心； （2）沟通与合作能力； （3）分析与解决问题能力； （4）信息处理能力		
考核标准	（1）正确安装版本控制工具软件； （2）正确配置版本控制工具服务器； （3）正确设置管理版本控制工具使用权限； （4）代码管理清晰		

表 5-29 专项能力解析（D4）

能力目标	文档管理	编 号	D4
具体描述	系统开发的整个过程中会形成的很多文档资料，包括工作文档和技术文档。将这些文档按照一定给是存储、分类和检索。每个文档具有一个类似于索引卡的记录，记录了诸如作者、文档描述、建立日期和使用的应用程序类型之类的信息		
步骤	（1）收集、阅读和整理文档； （2）按照不同应用文档分类； （3）建立记录索引； （4）文档管理		
工具与设备	（1）Office 工具； （2）PC		
知识基础	（1）文档资料编辑软件工具； （2）网络		
通用能力与职业素质	（1）沟通与合作能力； （2）分析与解决问题能力； （3）信息处理能力； （4）科学思维能力		

续表

能力目标	文 档 管 理	编　　号	D4
考核标准	（1）收集资料； （2）记录索引编写合理		

（3）职业分析结论：

① 通用能力与职业素质：

- 责任心。
- 信息处理能力。
- 分析与解决问题能力。
- 沟通与合作能力。
- 安全与环保意识。
- 创新能力。
- 科学思维能力。
- 自主学习能力。
- 批判性思维。

② 知识：

- 掌握计算机软件基础及程序设计知识。
- 熟悉软件开发流程和国际流行的软件开发规范。
- 具备阅读帮助文档（中、英文）的能力。
- 掌握 Java、C、Android 等编程语言基本语法。
- 掌握文档资料编辑软件工具。
- 掌握的开发平台配置、安装、调试。
- 具备移动通信技术及设备的相关知识。
- 具备嵌入式操作系统的应用及开发的相关知识。
- 具有熟练使用 Linux 操作系统的能力。
- 熟悉基本数学、物理知识并具备必要的数学运算、物理知识运用能力。

③ 技能：

- 具备搭建开发平台的能力。
- 具备利用开发语言编写应用程序的能力。

- 具备利用开发语言测试、修改应用程序的能力。
- 具备编写测试脚本、执行测试的能力。
- 具备针对不同的任务进行系统移植的能力。
- 具备编制项目规划的能力。
- 具备编写文档的能力。
- 具备代码管理的能力。
- 具备文档管理的能力。

专业课程体系：

1. 主要课程分析

主要课程分析如表 5–30 所示。

表 5-30　主要课程分析

序号	课 程 类 型	课 程 名 称	专项技能簇（用专项技能编号表示）	参 考 学 时
1	专业核心课	IOS 移动应用基础开发	A1～A4、B1-B4、D1～D4	128
2	专业核心课	IOS 移动应用项目开发	B1～B4、C1、D1～D4	64
3	专业核心课	Android 移动应用基础开发	A1～A4、B1～B4、D1～D4	64
4	专业核心课	Android 移动应用项目开发	B1～B4、C3、C4、D1～D4	128
5	专业核心课	计算机技术基础	D1～D4	64
6	专业核心课	嵌入式操作系统	A1、B1～B4、C2、D1～D4	64

2. 专业课程体系结构

课程体系设计思路是紧贴企业需求、把握行业发展趋势、向移动互联行业输送具备经济思维、高素质、专业化合格的人才。当今科学技术的发展既高度分化，又趋向综合，各学科广泛交叉、相互渗透，课程体系的建设不仅要考虑科学技术与社会发展的变化和需求，以利于教学内容与知识的更新，同时还应有相对稳定的理论支持体系，使课程体系结构满足可持续发展的要求。移动互联软件开发专业课程体系结构如图 5–3 所示。

专业课程体系分两个方向：方向一基于典型的 ARM+Linux 嵌入式产品开发，包括数码相框、数码照相机、低端手机等；方向二基于开发智能终端产品，目前典型的平台有 iOS 和 Android 等，基于此类平台开发的产品有 iPhone 及其他智能手机。采用“双平台”培养模式让学生既可以了解嵌入式软件编程，又可以做嵌入式移植，更进一步可以做到嵌入式底层开发，以便更好地拓宽就业面。课程体系上总体分成两个方向，既有不同又有联系。

专业课程体系由专业基础课程、专业核心课程、拓展类课程、实习实训、企业实习五方面组成。学生的基础编程能力由“C 语言程序设计”等课程完成；实践能力由“嵌入式操作系统”等课程实现；应用能力由“Android 移动应用基础开发”等课程实现；创新能力由嵌入式竞赛、企业实习来实现。

专业课程体系结合实际，确定“知识、能力和素质三位一体”的人才培养模式，以创新型高技能人才培养为主线，以真实的生产项目为载体，以学生为中心，构建并实践“做中学”的教学形式，解决了学生知识、技能、素质协调发展问题。本专业构建了培养学生的综合素质的通用课程平台、拓宽学生专业基础的专业课程平台、培养学生专业基本理论和技能的核心课程平台、培养学生基本素质能力的选修课平台、培养学生社会适应能力的实践教学平台和培养学生实践创新能力的第二课堂等组成的专业课程体系，具有实用性、实践性强和科学性。能力培养侧重应用，循序渐进，层层递进。实践课程体系内容涵盖认证课程，如图 5-4 所示。

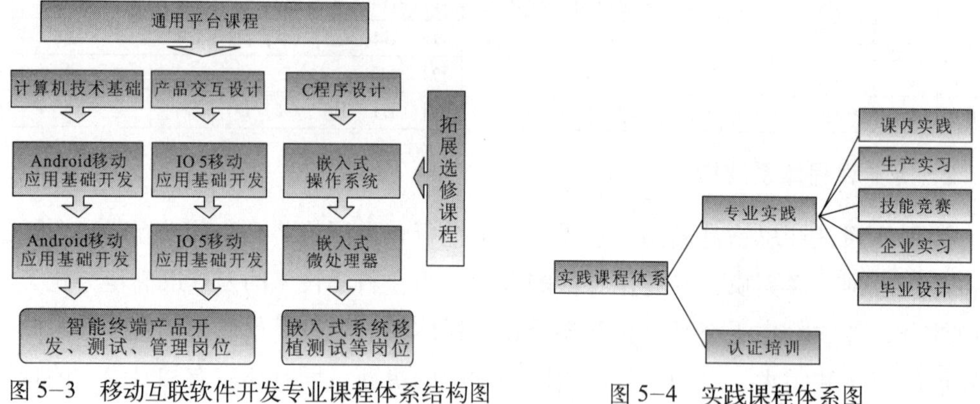

图 5-3　移动互联软件开发专业课程体系结构图　　　图 5-4　实践课程体系图

3. 专业教学计划（教学进程安排）及说明

专业教学计划如表 5-31 所示。

表5-31 嵌入式技术与应用（移动互联软件开发）专业教学计划（三年制）

序号	课程属性	课程名称	课程类型	统考学期	课程学分	学时分配			每学期周学时分配					
						理论	实践	小计	一	二	三	四	五	六
									16	16	16	16	17	6
1	通用平台课程	数学	A	1	4	64	0	64	4					
2		科学思维训练	A	/	4	44	20	64		4				
3		公共英语	A	1～2	8	128	0	128	4	4				
4		体育	A	/	4	8	56	64	2	2				
5		思想道德修养与法律基础	A	1～2	4	60	4	64	2	2				
6		毛泽东思想和中国特色社会主义理论体系概论	A	3～4	4	60	4	64			2	2		
7		职业生涯规划	B1	/	2	32	0	32				2		
8		心理健康教育	A	/	2	32	0	32	2					
9		职业沟通	A	/	2	32	0	32			2			
10		国防教育	A	/	2	36	0	36			0			
通用平台课小计					36	496	84	580	14	12	4	4	0	0
1	专业核心课程	iOS 移动应用基础开发	B3	/	8	32	96	128		8				
2		iOS 移动应用项目开发	B3	3	4	16	48	64			4			
3		Android 移动应用基础开发	B4	/	4	16	48	64			4			
4		Android 移动应用项目开发	B5	4	8	32	96	128				8		
5		计算机技术基础	B1	1	4	40	24	64	4					
6		嵌入式操作系统	B1	3	4	36	28	64			4			
专业核心课小计					28	136	312	448	4	8	8	8	0	0
1	专业支撑课程	C程序设计	B1	/	4	16	16	64	4					
2		产品交互设计	B1	/	4	40	24	64						
3		网页设计与制作	B1	/	4	40	24	64						
4		嵌入式软件测试技术	B1	/	4	36	28	64						
5		嵌入式微处理器应用	B1	4	4	32	32	64						

续表

序号	课程属性	课程名称	课程类型	统考学期	课程学分	学时分配			每学期周学时分配					
						理论	实践	小计	一	二	三	四	五	六
									16	16	16	16	17	6
专业支撑课小计					20	164	124	320	4	0	8	8	0	0
1	工程实践环节	生产实习	C	/	2	0	90	90				3		
2		生产性实训	C	/	10	0	300	300					10	
3		毕业设计与顶岗实习	C	/	12	0	300	300					6	6
工程实践环节小计					24	0	690	690	0	0	0	3	16	6
公共任选课程合计					12	180	0	180	0	4	4	4	0	0
（周）学　时（分）　合　计					120	976	1210	2218	22	24	24	24	0	0

专业核心课程简介：

1. iOS 移动应用基础开发

（1）课程名称：iOS 移动应用基础开发。

（2）课程设计理念：以应用为导向，理论与实践相结合，使学生逐步具备扎实的编程功底和思想，并提高解决问题的能力。同时，通过项目小组的分工与合作，培养学生具备较强的沟通、协调能力和良好的团队精神。

（3）课程目标：培养学生熟练使用 iOS 平台独立完成应用程序的设计、编码、调试和测试的能力，使他们从零基础到具备一定的开发能力。

（4）课程功能："iOS 移动应用基础开发"是移动互联网应用软件开发专业的核心课程，为后续的"iOS 移动应用项目开发"课程和 iOS 生产性实训奠定扎实的基础。通过学习此课程，让学生能够掌握 iOS 移动开发基础知识，具备初步的代码编写能力，从零基础开始做 iOS 系统、应用及游戏的开发，最终开发出属于自己的 iOS 作品，使学生逐步掌握 Mac OS、iPhone、iPad 等多个平台的开发技术。

（5）课程内容简介：本课程主要内容是 Objective-C 语言基础、iOS 开发环境搭建、iOS 软件开发的基础、模拟器的使用以及 iOS 高级应用开发。课程全面介绍 iOS 应用开发所需要的所有知识点，从最简单的程序实现到 iOS 应用如何提交到 App Store。

（6）教学方法：在整个学习过程中采用基础理论与项目实战相结合的教学方式。本课程采用项目教学，学生以项目小组的形式，每个小组 2～4 人,每个老师辅导 5～6 组为宜。

（7）考核方式：本课程注重学生学习过程的考评，每个子任务分别考评。每个子任务均要提交工作计划、子任务源代码（注释）和工作日志，最终以学生实际子任务完成情况和报告撰写情况作为本课程成绩的评价依据。

（8）学时：128。

2. iOS 移动应用项目开发

（1）课程名称：iOS 移动应用项目开发。

（2）课程设计理念：坚持做中学，理论联系实际，以项目为载体，重在培养学生扎实的编程功底、编程思想和项目实战经验。通过参与中小型 iOS 产品研发，让学生积累一定的项目开发经验,更好地胜任企业对人才的任用要求，具备在工作中学习新知识的能力，提高独立解决问题的能力。

（3）课程目标：致力于培养扎实的程序设计基础，能够熟练使用 iOS 平台，具有独立开发中小型 iOS 项目能力的移动软件开发高级人才。

（4）课程功能："iOS 移动应用项目开发"是移动互联网应用软件开发专业的核心课程，是"iOS 移动应用基础开发"的后续课程。通过学习该课程，培养学生独立开发应用程序的能力，积累对产品的策划设计、开发、发布的丰富经验，使学生拥有智能移动终端软件开发的设计思想，完成一整套设计、开发与发布流程，提高独立解决问题的能力。

（5）课程内容简介：本课程的主要内容是完成中小型项目的设计、开发与发布，重点讲授和训练开发过程中各种功能点的实现方法和开发技巧。

（6）教学方法：在整个学习过程中采用基础理论与项目实战相结合的教学方式。本课程采用项目教学，学生以项目小组的形式，每个小组 2～4 人,每个老师辅导 5～6 组为宜。

（7）考核方式：本课程注重学生学习过程的考评，每个子任务分别考评。每个子任务均要提交工作计划、子任务源代码（注释）和工作日志，最终以学生实际子任务完成情况和报告撰写情况作为本课程成绩的评价依据。

（8）学时：64。

3. Android 移动应用基础开发

（1）课程名称：Android 移动应用基础开发。

（2）课程设计理念：本课程对应 Java 应用软件开发、维护和代码编写等岗位能力，坚持课程内容以实际软件开发的工作任务为主线，培养学生按照不同任务要求独立完成工作任务，具有良好编程习惯，掌握程序的阅读、修改、查错等核心职业能力。该课程的教学任务是按照项目进行分割的，活动设计以软件工程的工作流程来进行。

（3）课程目标：课程要求学生按照不同功能需求独立完成开发工作，使他们养成良好的编码习惯，真正了解对应岗位的工作技能，提高项目沟通交流、决策、组织管理及团队协作等综合职业素质。课程的最终目标是培养学生具有独立完成任务的能力。

（4）课程功能：要求学生遵守代码编写规范，合理地进行需求分析、项目设计，由学生独立进行编码实现并完成测试。为后续“Android 移动应用基础开发”课程和生产性实训奠定基础。

（5）课程内容简介：能够配置、安装和使用 Java 软件开发环境和工具，了解 Java 语言基础知识，熟练掌握 Java 语言的基本元素、结构控制、常用算法及面向对象的基本概念和程序实现方法；能够利用类的继承和多态处理业务逻辑；能够熟练完成图形用户界面的阅读、编写，掌握布局的设计、事件的响应等基本实现方法。

（6）教学方法：根据每个教学任务知识点的要求，采用启发式、案例式方法讲授基本概念、专业技术，使学生充分理解面向对象编程的基本概念和技术在 Java 应用软件开发中的应用；采用项目教学法，用实际项目训练学生。

（7）考核方式：本课程注重学生学习过程的考评，按项目分别考评。每个项目均要提交工作计划、项目设计报告并进行答辩，最终以学生实际任务的完成情况、项目报告撰写情况和答辩情况作为学业评价依据。总成绩的构成：项目考评成绩×80% + 理论考试成绩×20%。

（8）学时：64。

4．Android 移动应用项目开发

（1）课程名称：Android 移动应用项目开发。

（2）课程设计理念：以企业工作流程与工作内容进行课程内容和学习任务的设计，让学生在真实的环境中得到实际的工作锻炼。

（3）课程目标：培养学生能够使用 Android 平台独立完成智能移动终端应用程序的设计、编码、调试和单元测试工作，使学生熟练掌握 Android 平台的开发技能。

（4）课程功能：使学生能够按照不同任务要求独立完成移动应用项目的开发，培养学生具备良好的编码习惯；真正了解对应岗位的工作技能，具备项目沟通交流、决策、组织管理及团队协作等综合职业素质。

（5）课程内容简介：Android 应用程序结构、用户界面的设计、应用程序组件、应用程序生命周期、主题属性引用、传感器编程、数据存储方法、使用 SAX 或 DOM 解析 XML 文件、音频、视频等的播放与使用。

（6）教学方法：在教学设计上彻底打破学科课程体系，以培养综合职业能力为核心目标，以理论够用为授课标准,将教学、实训环节融为一体，建立以“项目教学、教学做一体”为核心的课程模式，采用项目教学法，根据企业实际工作流程，教学内容分为多个项目完成。

（7）考核方式：本课程注重学生学习过程的考评，按项目分别考评。每个项目均要提交工作计划、项目设计报告并进行答辩，最终以学生实际任务的完成情况、项目报告撰写情况和答辩情况作为学业评价依据。总成绩的构成：项目考评成绩×80% + 理论考试成绩×20%。

（8）学时：128。

5．计算机技术基础

（1）课程名称：计算机技术基础。

（2）课程设计理念：课堂教学设计应体现融教、学、做于一体的教学思路，通过实际操作掌握所学知识和技能。教学中提倡“教为主导，学为主体”的教学思想，强调学生的主体性，要求充分发挥学生在学习过程中的主动性、积极性和创造性。课程目标：学生通过学习，可以参加全国计算级等级考试，完成取证工作。

（3）课程目标：培养学生掌握计算机的基本概念与相关技术，具备计算机基本操

作技能与应用能力。

（4）课程功能：本课程不涉及高深的体系结构理论，而是从软件开发的需要出发，着重讲授计算机的实际操作方法，通过提供丰富的知识要点，使学生用较短的时间获得熟练操作计算机的能力，为今后使用计算机编写程序奠定基础。

（5）课程内容简介：本课程是一门计算机技术的综合课程，概述了计算机的基本概念、软硬件知识、操作系统、计算机维护和网络。概念方面讲述了计算机基本模型、用户界面、文件系统、互联网、信息编码等内容；软件方面讲述了操作系统、应用软件、数据库、软件工程等；硬件方面讲述了计算机体系结构、存储结构、设备的配置等。

（6）教学方法：本课程教学可采用边讲边练的方式，在讲解上注重理论的应用。内容的课时可以弹性安排，授课教师可以根据学生基础和接受情况对课程内容进行裁剪、选用。在内容模块的安排上，各个模块没有太强的先后顺序和依赖性，可以根据自己的实际情况选择不同的模块进行教学。内容密切地结合了目前全国计算机等级考试的内容。

（7）考核方式：笔试+上机操作。

（8）学时：64。

6．嵌入式操作系统

（1）课程名称：嵌入式操作系统。

（2）课程设计理念：坚持“教学做一体化”的思想，以应用为导向，坚持理论联系实际。

（3）课程目标：完成对操作系统基础原理和基本概念的学习，掌握操作系统基本设置及简单应用。

（4）课程功能（对提升学生能力、对专业支持等）：本课程在以核心职业能力为培养目标的课程体系中，是为嵌入式系统集成、技术支持服务、嵌入式软件维护等职业岗位方向而设定的重要课程。本课程侧重于操作系统的应用，力求通俗易懂和实用。学生通过理论学习和上机操作，提升对操作系统的应用能力和理论认识。

（5）课程内容简介：本课程的主要内容包括操作系统的基本概念、基本原理和基本功能及实现技术，要求学生掌握从零搭建嵌入式 Linux 运行环境，包括内核裁减、内核移植、交叉编译、内核调试、bootloader 编写等技能，熟练掌握 Linux/UNIX 操作系统、Windows 操作系统及 iOS 的基本操作。

(6) 教学方法：教学活动的设计运用“任务驱动”教学方法，突出“教学做一体化”的思想，同时兼顾技术的先进性和理论深度，使学生了解嵌入式操作系统的工作过程，掌握比较典型的工作方法。

(7) 考核方式：笔试+上机操作。

(8) 学时：64。

支持环境和条件保障：

1. 专业教学团队

嵌入式技术与应用（移动互联软件开发）专业的教师团队是在本专业校企合作委员会（以下简称专委会）的指导和帮助下开展工作的。专委会的成员由校内专任教师、校企合作委员会的行业专家组成，同时还吸纳了企业的技术专家。根据移动互联网行业的技术发展变化、结构升级，以及高职教育、人才培养模式的理论发展和政策更新，专委会成员的具体人选也是动态变化的，这样就构成了一个以高职院校专业教师为基础、以移动互联网技术发展为引领、以相关行业资源为依托的开放式的教师团队结构。

行业专家代表着最新的行业技术和结构动态，起到了方向性的指导作用，引领我们追踪行业的技术更新、结构升级。企业技术人员对于院校人才培养模式方案的定位、理解更加客观，更加切合实际，他们一方面谙熟企业流行的成熟技术，一方面了解在校学生的现状，能够为院校提供真正有价值的建设性意见和建议。而校内专任教师由嵌入式技术与应用（移动互联软件开发）专业的专业带头人和骨干教师组成，通过让校内专任教师下企业承接技术服务项目，使他们不断提高技术服务能力和水平，保证教学质量得到真正提高。

2. 教学设施

(1) 一体化教学环境。为了保证课程的顺利实施，需要建成与课程体系相配套的一体化教学环境，为一体化课程实施提供有力的支撑。在一体化机房中小班授课，真正实现了“教、学、做”一体化的教学目标。

（2）校内实训基地。为了保证校内仿真实训课程顺利实施，需要建成与课程体系相配套的校内实训基地，包括苹果 iOS 应用开发实训室、Android 应用开发实训室、嵌入式应用技术实训室、软件测试技术实训室等，保证学生可以在实训室完成应用软件的设计、开发、测试等工作，参与各种大赛的技能训练，并通过实训获取相关职业技能证书。

（3）校外实训基地。按照顶岗实践和教研、科研的要求，开拓多家集教师实践调研、学生顶岗实习、学生就业、学生职业技能培训、科研服务、咨询服务六位一体的战略性校企合作基地，实现了 100%的学生在合作企业顶岗实习及职业技能的培训。

（4）搭建一个综合性的资源平台，上线并保持运行。资源平台“教”与“学”的功能齐全，支持网络教学，保障教师在线授课、布置作业、学生学习、复习等方面的实际应用。

3．教材及图书、数字化（网络）资料等学习资源

符合学生自主学习的要求，保证提供内容丰富、使用便捷、更新及时的数字化专业学习资源。

教学建议：

1．教学方法、手段与教学组织形式建议

有效的教学方法能充分发挥、发扬学生学习方式的长处和优势，弥补不足，因此应采用多样化课堂教学方法。例如，任务驱动法、项目教学法、讨论法等。教师的教与学生的学是统一的、交互的，教学内容应从学生实际出发，揭示教学内容的本质特征和知识间的内在联系，融“教、学、做”为一体，让学生在仿真开发环境中体会“学中做，做中学”的真谛，启发学生的思维，调动学生的学习主动性和积极性，实践“以学生为中心”的课堂教学理念。

教学手段需要在项目设计时既考虑到工作过程的真实性，也考虑到教学的适用性，使学生全面了解工作任务流程。通过项目驱动教学模式，将教学目标分解为多个教学任务，采用讲授与训练相结合的方式完成教学任务。

教学组织形式打破传统学科系统化的束缚，将学习过程、工作过程与学生的能力和个性发展联系起来，因势利导，将老师变为教练，线上线下结合，充分发挥学生能动性，在培养中强调创造能力的培养，同一项目可以具有不同的想法，充分发挥学生的想象空间；构建“工作过程完整”学习过程。一般提倡采用理论部分集体讲解，实践部分以项目小组形式组织教学，学生分成若干项目小组，实行项目经理负责制，项目经理负责整个项目的组织、管理、控制、实施及小组评价。在项目小组讨论及交流的过程中，教师进行巡回指导。

2．教学评价、考核建议

突出能力的考核评价方式，体现对综合素质的评价；引入行业企业标准，吸纳更多行业企业和社会有关方面组织参与考核评价。通过改革工学结合课程的考核与评价方法，将评价内容与实际工作过程相结合，将过程性考核与终结性考核相结合，将理论知识考核与操作技能考核相结合，将学历证书与职业资格证书并重。实训课程的考核，要注重对学生综合职业能力的考核。学生产品的评价由市场和用户来决定，而不是老师决定。

课程分为考试课和考查课。考试课的考试形式限定为笔试、上机、实验操作考试。考查课可以采用随堂考试的方式，也可以提交各类课业成果。笔试试卷应紧紧围绕课程目标，突出能力考核，加大分析和解决工程实际问题类命题所占的比重。笔试考试应慎用开卷考试形式，开卷试卷应包含 70%以上的综合应用题。课业成果应反映出企业真实工作流程（包含分析设计等内容），形成对学生运用理论知识分析解决实际问题能力的综合考核，同时在理论考核和实践考核成绩中占据一定的比例。在考核方式上，采用过程性评价与终结性评价相结合的方式，在学习过程中，考核学生对基本理论和技能的掌握情况、工作态度、行为能力和努力程度，采取学生自评、团队互评、教师对学生评价和团队评价等方式进行。课程考核以项目成果、项目报告、操作等形式，对学生分析与解决问题的综合运用能力进行结果考核。

各类课程的大型考核项目均应包含平时成绩，包括学生考勤、平时表现、平时作业（含平时上机成果）等，占 10%～30%，其中平时作业根据作业内容（理论题或实践训练题），分别占据理论考核或实践考核成绩的一定比例。

对于实习实训课程和顶岗实习、毕业设计课程，在考核方式上以实习报告和企业评价、毕业设计（论文）等为主，设立答辩环节。由企业导师和学校导师对学生的工作态度、操作技能水平、团队合作等方面进行综合性评价。

3．教学管理

建立符合高等职业教育教学过程特点的工学结合教学管理运行机制，在教学运行和质量管理、生产性实训与顶岗实习、教学团队建设、校内外实训基地建设、校企合作等方面，推进机制创新与制度建设，保障工学结合人才培养方案的实施，促进学生的实践能力、职业能力和创业能力的提高。

(1) 教学管理制度。教学质量监控与评价体系不仅要把握质量的基本内容，而且还要建立全面的质量过程监控体系，对于教学的各个环节与过程，都实施实时的监控、评价与反馈，从各个方面保证教学质量。

引入行业企业标准，探索工学结合课程改革的考核与评价方法，将评价内容与实际工作过程相结合，将理论知识考核与操作技能考核相结合，将学历证书与职业资格证书并重。

采用由学生、教师之间、系部、教务独立测评的方式评价课堂教学质量，从不同观测点评价教师的教学准备、教学设施、教学能力和教学效果。

毕业设计质量控制采用期中检查、毕业设计文件和毕业答辩质量抽查，以此来规范毕业设计全过程，提高毕业设计质量。

(2) 顶岗实习管理制度。顶岗实习作为工学结合人才培养模式的重要组成部分，相较于校内教学组织而言，更需规范和管理。顶岗实习质量监控包括顶岗实习指导工作计划、总结，教师与企业的联系状况，教师到企业指导学生顶岗实习情况，以此来保证顶岗实习质量，使顶岗实习教学环节有组织、有计划、有考核、有落实，保证了工学结合人才培养模式的顺利实施。

通过问卷调查、毕业生座谈会、个别征询意见、顶岗实习指导教师访谈等形式征求用人单位对学院毕业生质量的评价意见，用人单位对毕业生的职业道德水平、交流合作意识与能力、团队意识、岗位工作表现、知识技能、对岗位工作的适应性、工作稳定性与发展潜力等做出实事求是的评价。

(3) 校企合作教学管理制度。校企合作是高等职业院校工学结合人才培养模式的主要途径，是为地方经济建设和社会发展培养高素质技能型人才的有效方法。为加强实践教学环节，遵循校企合作、产学研结合的原则，制定了《校企合作管理办法》《关于推行校企合作工学结合人才培养模式的实施方案》等制度文件，规定校企合作应坚持为行业和地方经济建设服务的原则；坚持“以服务为宗旨，以就业为导向”的原则；坚持“优势互补，资源共享，互惠互利”的原则。

校企合作的目标确立为适应地方产业结构调整需要，实施多元化办学模式，优化学院专业设置，提高学生岗位适应能力和就业能力，实施企业在岗人员培训，提高学院开展社会培训的服务能力，建立适应企业需要的招生就业渠道。

继续专业学习深造建议：

本专业毕业生可以通过专升本、自学考试、成人教育等渠道进入本科相关专业继续学习，从而获得更高层次的教育。

5.4 典型方案三：软件技术专业

专业名称：软件技术专业

专业代码：590108

招生对象：

普通高中毕业生。

学制与学历：

三年制，专科。

就业面向：

根据学院地处珠三角中心、拥有广州和南海两大校区、有 80 年悠久办学历史的特点，结合我们计算机软件专业在师资和教学资源方面的优势，软件技术专业明确定位为：

(1) 面向广东珠三角地区的软件行业，侧重轻工行业的企业信息化建设需求，以全日制三年专科为主要办学层次，以高技能应用型计算机软件编码人才为培养目标。

(2) 按照软件企业对 IT 人才的知识、技能、素质要求，制订科学合理的教学计划，培养具有良好的职业素质、过硬的技术应用能力、较好地自我学习能力的人才。

(3)毕业生就业方向为软件公司和网络公司中从事软件编码的程序员，软件维护、销售、咨询、培训技术员；企事业单位软件开发、软件维护技术员；Internet 技术领域内的网站设计、管理、维护技术人员。

培养目标与规格：

1. 培养目标

本专业面向软件技术行业经济建设，培养德、智、体、美全面发展，牢固掌握专业所必需的基础理论知识和专业知识，具备从事本专业领域工作的职业能力，能较快适应生产、服务、管理第一线的高技能型应用人才。

2．培养规格

以高技能应用型人才为培养目标，依据珠三角地区软件行业的需求，将通识教育与专业教育相结合，设计以通识课程和专业基础理论课程为基础，以应用能力课程为主线的知识、能力和素质结构。

知识、能力和素质结构如图 5–5 所示。

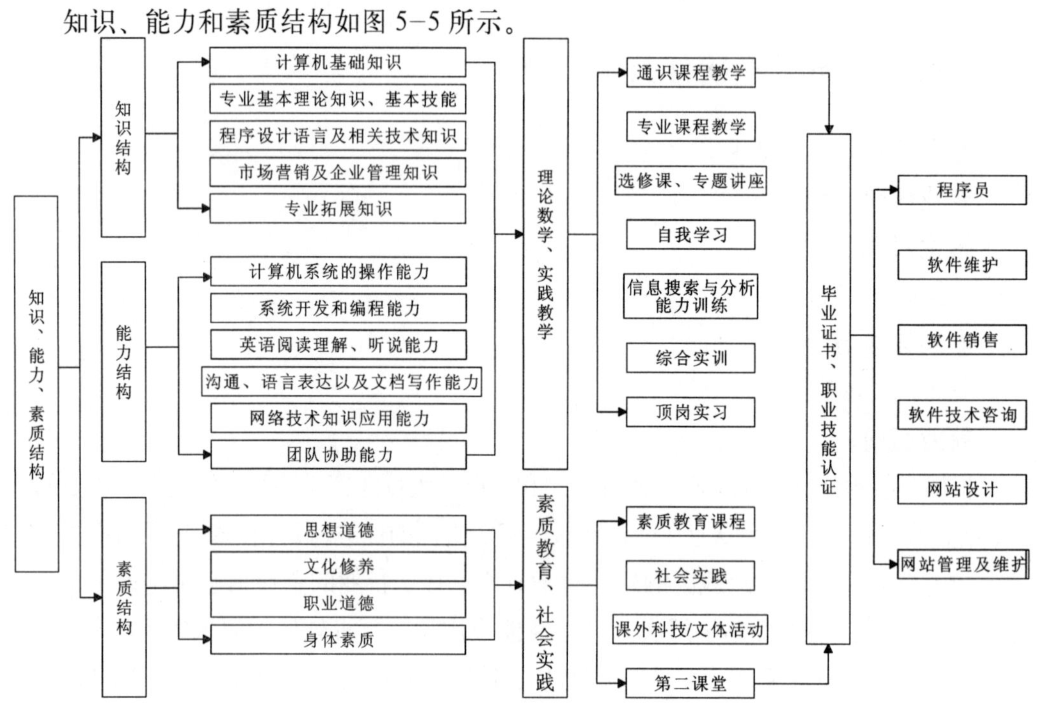

图 5–5　知识、能力、素质结构图

职业证书：

(1) 英语应用能力证书 B 级以上。

(2) 获得专业职业资格证书之一：

① (Web 方向) 微软件认证专家 MCTS (第三学期)。

② 国家程序员水平证书 (第四学期)。

③ 全国信息技术水平 (程序员) 认证 (第四学期)。

专业的职业分析：

《IT 职业分类划分表》把软件技术的职业岗位一共分为了 5 类：系统分析师、计算机程序设计员、软件测试师、软件项目管理师、系统架构设计师。

软件开发的流程如图 5-6 所示。

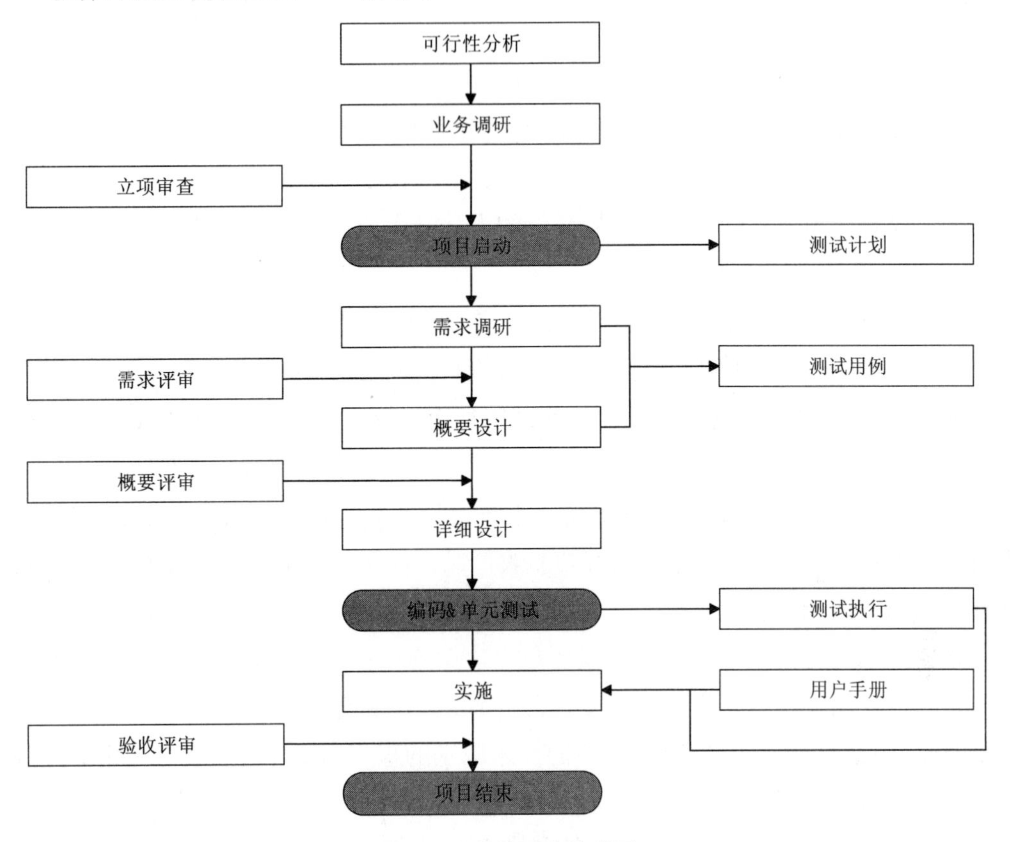

图 5-6　软件开发流程图

(1) 基于软件产品的开发活动，分析归纳程序员岗位的工作过程。软件行业是一种技术密集型行业，其技术性主要体现在隐性的思维过程中。这里将以一个软件公司的软件产品研发活动展开分析，以便确立其中的典型工作过程和程序员的工作任务，分析工作过程对程序员的能力要求，完成课程的初步设计。软件产品的研发主要包括：确定需求、开发策划、需求分析、概要设计、详细设计、功能实现、系统测试等阶段。

① 确定需求阶段：确定外部用户需求，根据市场需要确定的开发课题，拟订用

户合同要求的软件开发任务，并撰写可行性分析报告，程序员将协助市场调查。

② 开发策划阶段：确定开发目标、开发的技术路线，以及应遵循的标准法律和法规，提出开发所需资源(软硬件开发环境、设备和资金等)要求并予以落实，制订项目进度配置管理计划和质量保证计划，确定项目小组人选，拟定策划报告，程序员将协助策划。

③ 需求分析阶段：根据需求调研资料，进行可行性分析，确保项目的开发符合用户的需求，确定业务需求、用户需求、功能需求和测试需求，撰写需求规格说明书。

④ 概要设计阶段：完成系统总体方案设计，包括逻辑框图设计，接口及通信协议选用，现有产品软件的选用，边界条件的设计，运行环境确定，撰写概要设计说明书,程序员将协助进行需求的获取。

⑤ 详细设计阶段：主要完成系统功能的详细设计，包括功能算法、数据格式、实现流程、人机界面、测试用例的设计，撰写详细设计说明书。程序员将参与该阶段的工作。

⑥ 功能实现阶段：这一阶段完成系统的所有功能实现，包括代码的编写、调试、生成及部署工作，撰写帮助文档和使用说明书，是程序员的主要工作任务。

⑦ 测试验收阶段：对已完成的集成系统设计产品规格，经质量控制部门确认，进行现场安装、调试运行，最后由客户验收产品。程序员将参与该阶段的工作，负责软件产品的安装调试。

软件产品交付使用后，程序员需要负责软件的运行维护，帮助客户解决问题等。

从软件产品的研发过程分析得知,程序员参与的主要阶段是详细设计、功能实现、测试验收,以及交付后的运行维护,不同技术级别的程序员工作过程也有一定的差别。根据企业调研，分析归纳出程序员的工作过程，如图 5–7 所示。

(2) 分析程序员岗位工作任务，确定其行动领域。通过企业调研、毕业生的反馈，对程序员的岗位职责和工作过程进行了深入的了解,分析其工作任务,确定行动领域，如图 5–8 所示。

(3) 职业分析结论。专业面向的职业岗位分析是由学校提出需求，专业领导与一线教师下企业调研、实践，并与企业的领导、人力资源部、资深工程师等一起研讨完成的。高职专业人才的培养，需要结合地域经济发展对人才的需求和自身办学实力等多方面因素，因此，选择了以下就业岗位对学生进行培养。

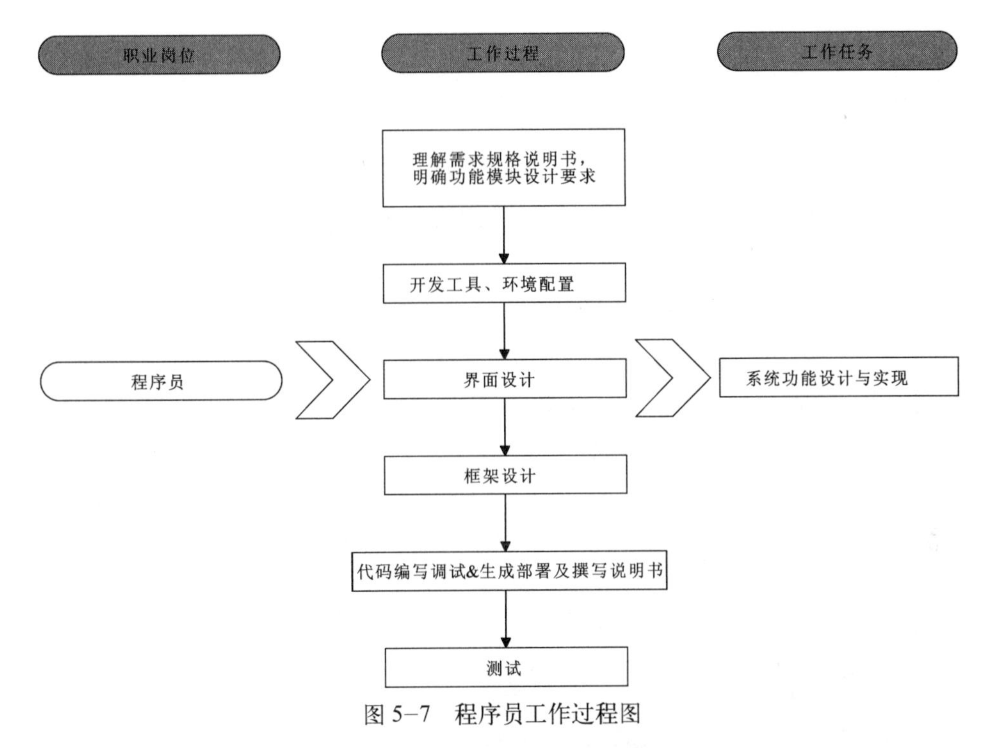

图 5–7　程序员工作过程图

岗位及岗位能力描述：

① 软件项目助理\软件售后服务员：业务调研，绘制业务流程图；了解用户需求，绘制用例视图；设计用户界面；编制、整理软件开发文档。

② 软件初级工程师：开发 Windows 桌面应用程序；开发 C/S 模式应用程序；开发应用组件。

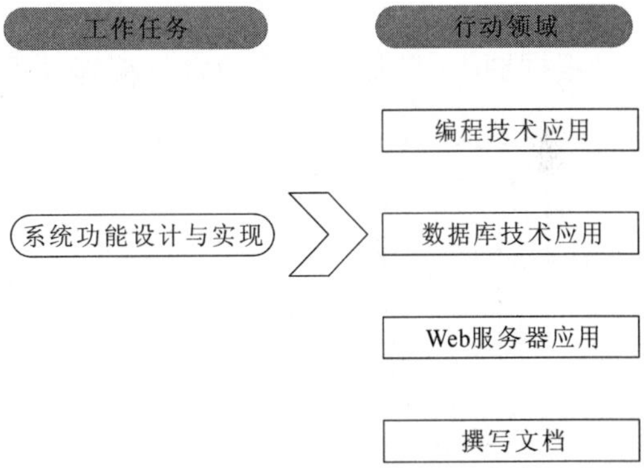

工作任务
行动领域
系统功能设计与实现
编程技术应用
数据库技术应用
Web服务器应用
撰写文档

图 5–8　工作任务-行动领域

③ 软件工程师：开发 Web 应用程序；开发 B/S 模式应用程序；使用企业级 Java 的常用架构进行软件设计；部署运行软件系统。

④ 软件测试工程师：编写测试计划，分析测试结果，编写测试报告；根据需求设计测试用例，执行测试用例；进行功能测试、性能测试、安全性测试。

⑤ 移动开发工程师：针对 Android 系统开发日常应用 App；开发移动平台的游戏。

专业课程体系：

1. 主要课程分析

（1）专业及专业方向定位原则。专业或专业方向的定位，应在对岗位任务的调查分析基础之上，明确岗位职能，再整合为岗位的专业或专业方向定位流程。即由岗位任务来确定职业岗位，再由岗位来确定专业或专业方向。

根据上述原则明确的流程如图 5–9 所示。其中，由 a1，a2，…，a*n*/b1,b2/c1 是分解出来的岗位职能，根据不同的职能集合就形成了岗位 A/B/C（职位），集合分析 A、B、C 则可形成专业方向或专业名称。

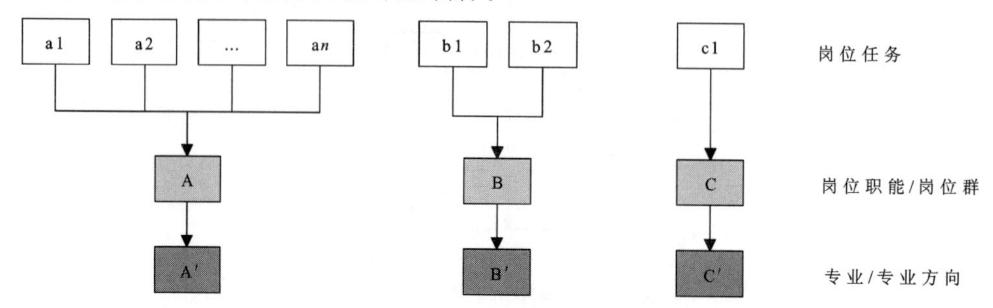

图 5–9　岗位–职能–专业图

根据图 5–9 提出的专业定位流程，可推出软件技术专业与软件企业中岗位任务关系的简要定位流程如图 5–10 所示。

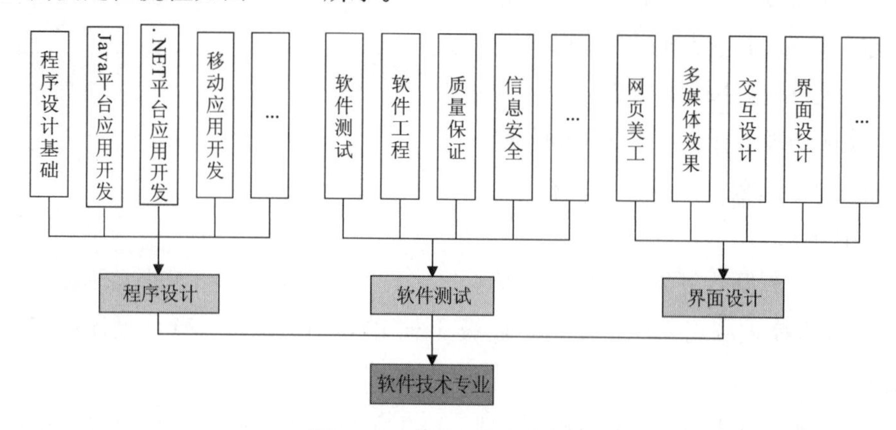

图 5–10　岗位–专业定位图

（2）专业与岗位一致性定位原则（职业性原则）。专业与职业一致性的问题，即专业目标的确定应该是以职业岗位为基准。它意味着，职业的内涵既规范了职业劳动（实际的社会职业或劳动岗位）的维度，又规范了职业教育（专业、课程和考试）的标准。在理论上，职业岗位对专业培养目标提出了品德、素质、能力和工程四方面的要求，因此专业培养目标的定位过程，即是培养目标与职业岗位要求的匹配过程。图 5-11 所示为计算机软件专业需要与程序员岗位对应的四方面要求。

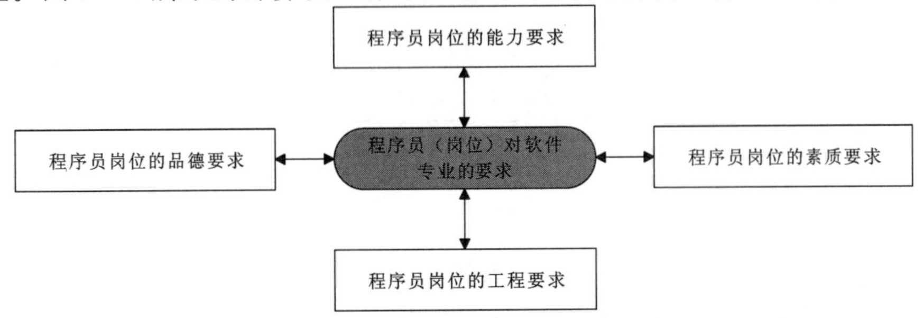

图 5-11　程序员岗位要求–软件专业关系

（3）课程路线定位原则。原来国内高校（本科）计算机软件专业的培养路线，一直是循着编程语言、数据结构、算法设计与分析、第二/三门设计语言（面向对象）、软件工程等主干课程体系走的。对于以厚基础、宽专业为总体办学目标，侧重研究面的一类（本科）高校来说，按上述课程路线开课是行得通的。但是，对于以培养技术应用型为培养目标的高职院校来说，强调的是其毕业学生与企业需求的接轨，应该是循着实用、够用的思想来培养。一般软件企业的用人，更多需要的是程序员、高级程序员一类的一线软件编码人员。因而，高职院校所采取的培养策略必须有极强的针对性，应以职业能力及其企业开发项目所用技术为主导，作为软件技术专业课程设置的依据。

（4）基于 3 个原则的专业建设流程。首先根据企业岗位确定专业或专业方向，其次根据岗位分析制定相应的培养规范，最后根据企业需求确定专业教学课程路线，上述三个原则从高职办学的几个关键环节强化了以就业为导向的指导思想，因此学校应该在此基础上来确定其专业人才培养方案（自然也需要在教育主管部门指导性专业目录的规范之下）。在上述 3 个原则基础上的专业建设工作流程如图 5-12 所示。

（5）基于行动领域分析，分解职业能力，确定学习领域。通过对程序员岗位行动领域分析，进行职业能力分解，明确其职业核心能力，并将行动领域转化为学习领域，如下图 5-13 所示。

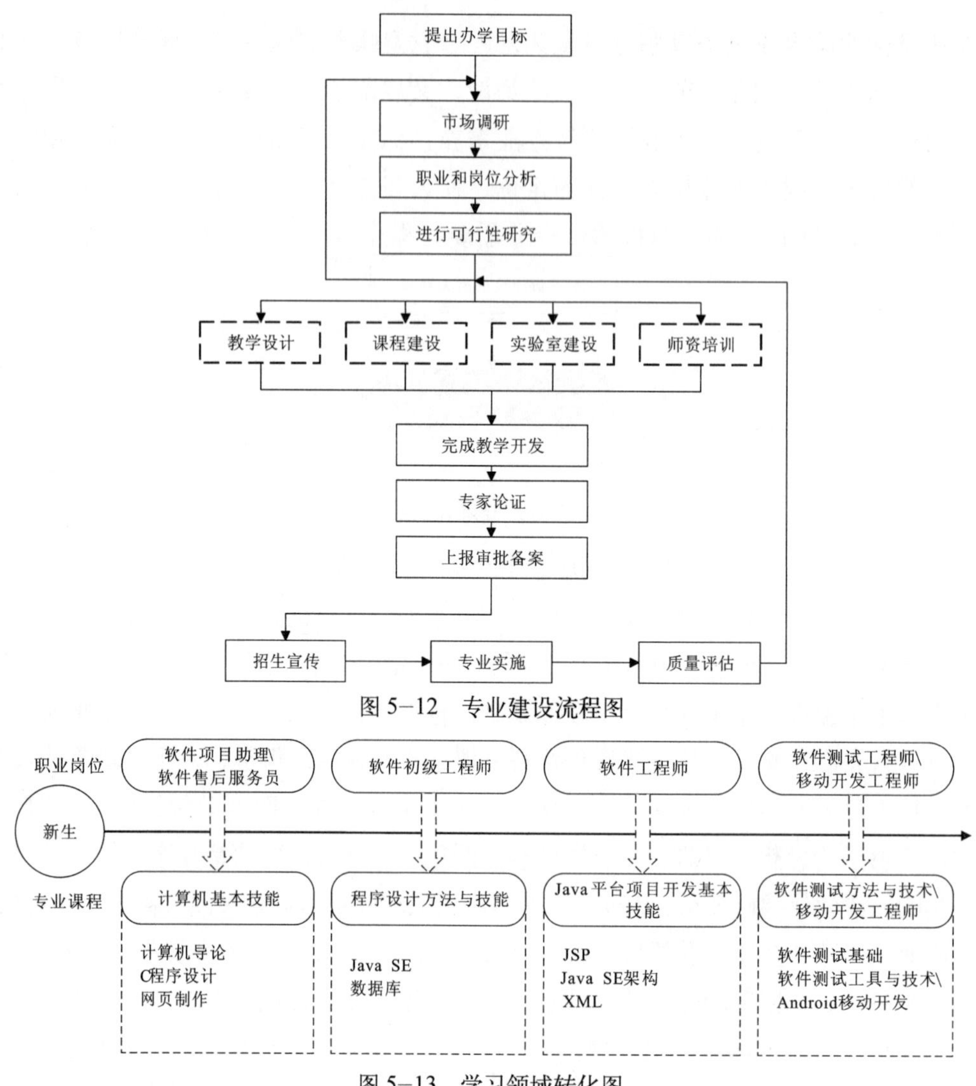

图 5-12　专业建设流程图

图 5-13　学习领域转化图

2．专业课程体系结构

（1）构建"项目驱动、案例教学、边讲边练、三阶段技能递进"人才培养模式。在借鉴和迁移印度国家信息技术学院（NIIT）的软件人才培养经验的基础上，以培养学生的职业能力和职业素质为核心，构建"项目驱动、案例教学、边讲边练、三阶段技能递进"的人才培养模式。运用示范性案例驱动教学方式，通过边讲边练方式（即教师边讲边示范设计实现实例、学生边观摩思考边动手实践——"教、学、做、总结"）

循环递进，达到理解知识、掌握技能的目标，其基本模型如图 5–14、图 5–15 所示。

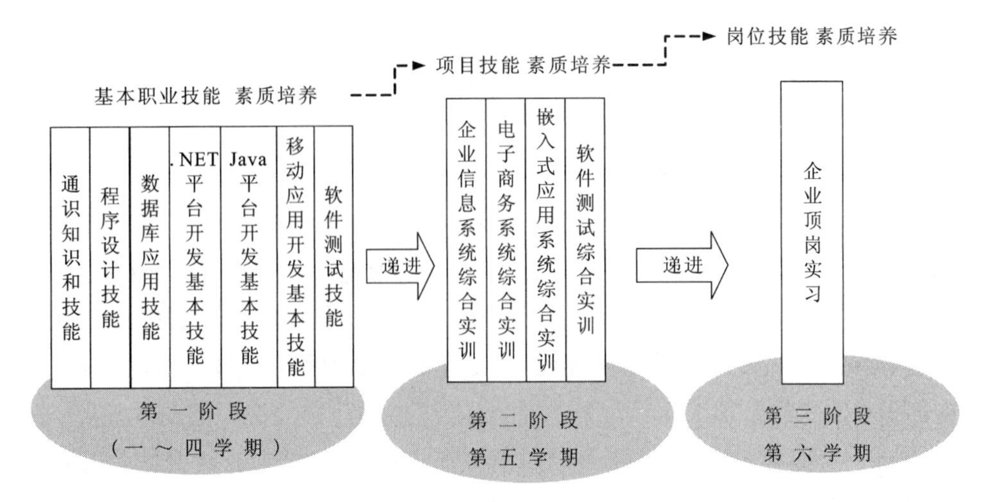

图 5–14　“三阶段技能递进式”工学结合人才培养模式示意图

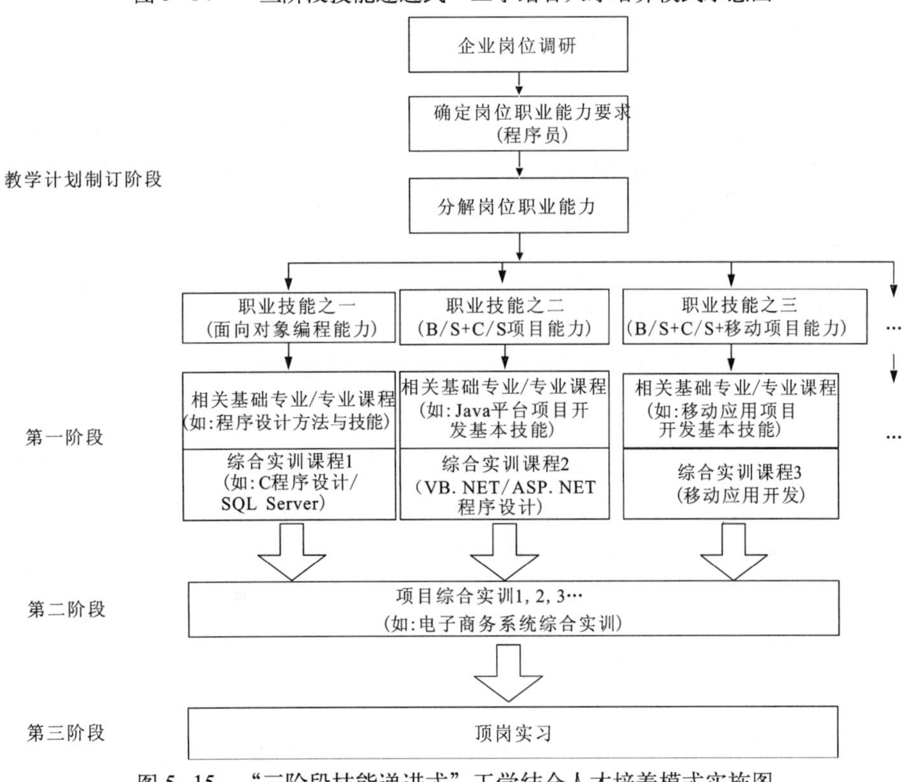

图 5–15　“三阶段技能递进式”工学结合人才培养模式实施图

“项目驱动、案例教学、边讲边练、三阶段技能递进”人才培养模式的实施，首先是通过对企业岗位的调研和岗位能力的分解，制订教学计划和实施课程教学，达到企业岗位的基本要求；其次是再通过项目综合实训以及顶岗实习，强化职业技能，最终达到企业岗位要求，成为合格的高技能软件人才。

具体阶段划分和任务如下：

第一阶段：即第一～四学期，采取学期跃进式能力提高的学习方案，借鉴 NIIT 工学结合课程体系以及“边讲边练”式教学经验，通过校企合作进行岗位能力分解，设计课程和教学内容，进一步实施“案例驱动教学、边讲边练”的教学方法。在该阶段完成对学生通识技能（公共基础知识）、专业基本知识和专业基本技能的教学和训练。专业基本技能的要求来源于对企业岗位技能的分解，符合岗位的基本需要。同时，每学期安排一个综合实训，打通该学期的相关专业课程，进行专业知识综合运用训练，使学生能够理解、掌握本学期知识，并且能够将知识运用到项目开发中，实现一个学期一个台阶地提高学生专业技能。

第二阶段：即第五学期，通过在与企业共同建设的一体化生产性实训基地中实施整个学期的项目综合实训来提高学生开发项目的能力。综合实训项目均来源于企业的实际项目或将企业实际项目进行适当裁减后形成的，学生在一体化生产性实训基地完成企业项目案例的完整训练，使学生基本具备企业上岗要求的专业技能和职业技能。

第三阶段：即第六学期，利用广州以及珠三角 IT 企业群的雄厚基础，安排和策动学生参与企业工作，使学生具备企业工作的实际技能和素质。

（2）构建技能台阶“学期跃进式”提高的课程体系，如图 5–16 所示。

（3）课程建设。课程整合：依据软件技术岗位所需要的职业能力，将其分解为 5 个子核心能力，即单层结构程序开发能力、Java 技术开发 B/S+C/S 项目能力、.NET 技术开发 B/S+C/S 项目能力、Java/.NET 开发移动应用项目能力、软件项目综合测试能力。每学期设置一门核心课程，而每门核心课程的内容均包含二～三门专业课的知识，将专业理论知识、专业知识应用以及应用技术融合于一体，以达到阶段能力目标，如图 5–17 所示。

第一阶段：对于某些专业基础或专业课，根据其知识的关联性，进行优化整合，如将计算机应用基础、网页设计、软件编程方法整合为计算机导论。

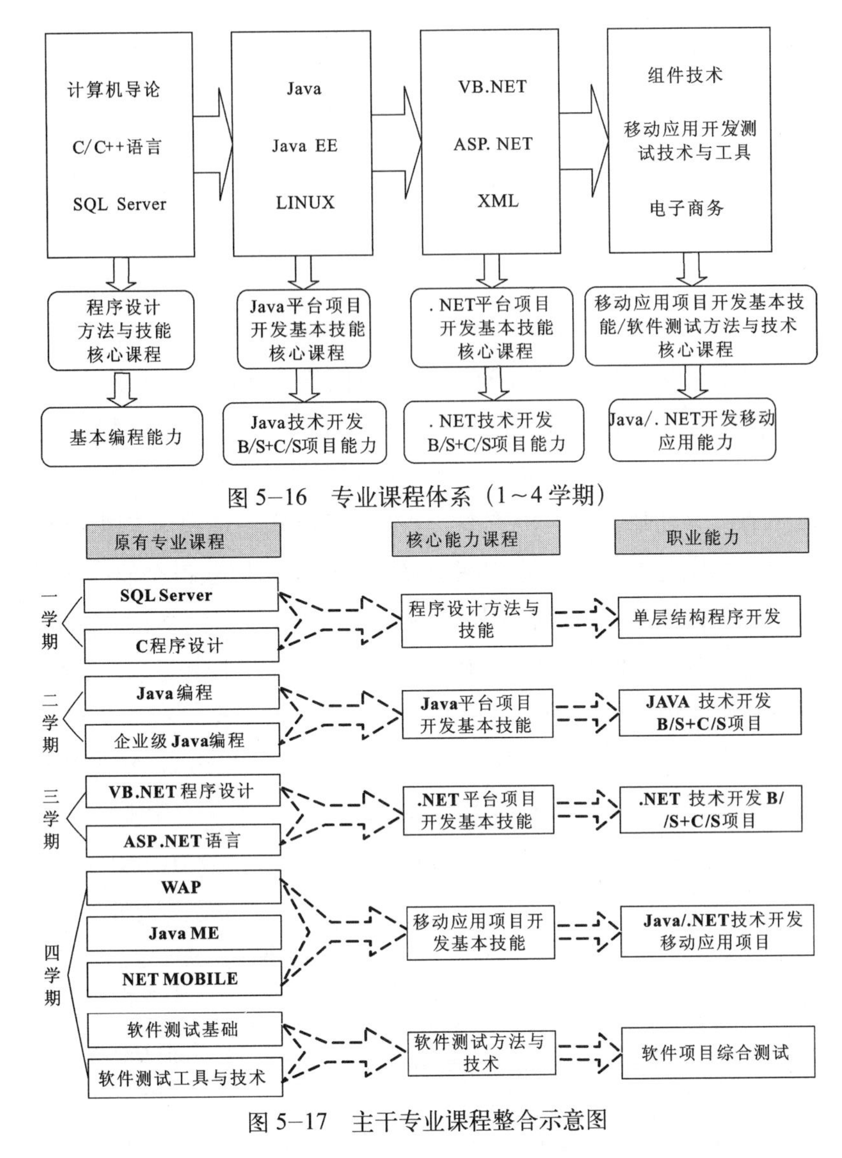

图 5–16　专业课程体系（1～4 学期）

图 5–17　主干专业课程整合示意图

第二阶段（第五学期）全程实施任务驱动综合实训项目设计：分为企业信息系统综合实训、电子商务系统综合实训、嵌入式应用系统综合实训、软件测试综合实训 4 类，以企业实际应用开发案例为蓝本，建设仿真综合实训项目案例库，以及评价考核方案等教学管理机制，建设符合职业岗位要求的综合实训课程。本阶段项目综合实训实施示意图如图 5–18 所示。

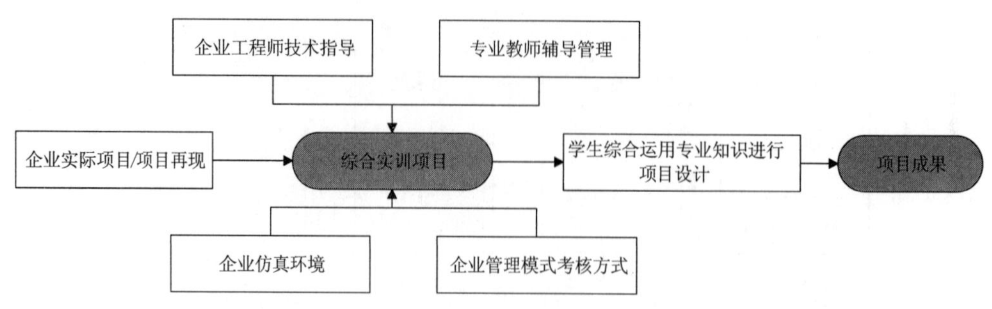

图 5–18　第二阶段项目综合实训实施示意图

第三阶段（第六学期）：全程实施顶岗实习任务设计：与企业合作，结合顶岗实习内容和第二阶段综合实训情况，制订顶岗实习计划，采用双导师制，严格按照顶岗实习管理制度，指导学生在企业完成实习任务。顶岗实习实行双导师制度，带薪聘请企业工程师作为指导老师参与学生管理。学生在顶岗实习过程中，填写实习记录，至少完成并记录一个完整的岗位技能训练项目。顶岗实习以获得企业-学校共同签发的工作经历证书为考核标准。在企业顶岗实习结束后，学生回到学校，参加由学校统一组织的顶岗实习答辩，答辩通过后，由学校在工作经历证书上盖章。工作经历证书纳入学籍管理范围作为顶岗实习的考核标准，如图 5–19 所示。

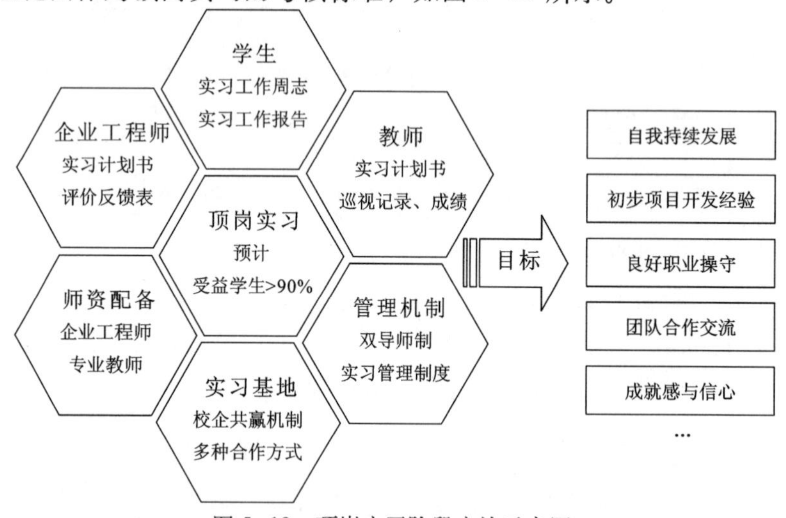

图 5–19　顶岗实习阶段实施示意图

学习评价方案：每个学期的学习包括专业课程学习和实训课程学习，主干专业课程以理论考核（笔试）为主，平时成绩为辅，评价内容主要是知识水平、基本应用；与之相配套的实训课程，则以实际应用能力为考核的主要内容，评价内容包括实训项目计划、实施情况（如功能实现、规范化程序、数据库设计、屏幕设计），以及实训项目的提交与展示（项目代码、文档、答辩情况、演示效果等），考核的形式则为答辩、演示。特别注意按企业管理模式建立学生顶岗实习阶段的教师指导和监控机制。

3. 专业教学计划（教学进程安排）及说明

专业教学计划如表 5-32 所示。

专业核心课程简介：

1. Java 平台项目开发基本技能

（1）课程名称：Java 平台项目开发基本技能。

（2）课程设计理念：该课程着眼于学生的终身学习与可持续性发展，关注学生素质,关注学生职业岗位能力的培养。该课程是依据软件技术专业工作任务与职业能力分析中的工作任务设置的。其总体设计思路是，打破以知识传授为主要特征的传统学科课程模式，转变为以工作任务为中心组织课程内容，并让学生在完成具体项目的过程中学会完成相应工作任务，并构建相关理论知识，发展职业能力。

（3）课程目标：培养学生根据软件项目的需求,能够正确完成软件系统的功能设计与实现的能力。

① 能力目标：

- 能够熟练运用 JSP 技术实现 Web 程序功能。
- 能够实现基于 Java 平台的 B/S 架构项目。
- 能够运用 struts+spring+hibernate 框架。
- 具备分析解决问题、自主学习的能力。

② 知识目标：

- 掌握 Java 平台开发环境的搭建与配置；
- 掌握 JSP 的基本语法，理解 Java 平台项目开发的相关机制，如 JDBC、Servlet 工作机制等及应用方法，理解 MVC 设计模式，理解 struts+spring+hibernate 框架结构、设计实现原理，以及应用方法；
- 掌握 JSP+Servlet+JavaBean 实现 Web 应用的方法；
- 掌握运用 struts+spring+hibernate 框架设计实现 Web 应用的方法。

表 5-32　软件技术专业教学计划（教学进程安排）

项目 / 模块	课程教学																
	序号	课程名称	课程属性	课程学分	教学总学时	集中实践（周）	教学总学时	理论讲授	课内实践	考核方式	一学期	二学期	三学期	四学期	五学期	六学期	教学场所
											13周	16周	15周	16周	21周	15周	
基础素质类课程	1	思想道德修养与法律基础（含廉洁修身）	B	4	64		64	64		S	4*16						
	2	毛泽东思想与中国特色社会主义理论体系概论(一)/(二)	B	2.0/2.0	32/32		64	64		S/S		2*16	2*16				
	3	形势与政策	B	1	16		16	16		C				2*8			
	4	职业规划划与就业指导(一)/(二)	B	1.0/1.0	16/16		32	32		C/C		2*8					
	5	体育(一)/(二)	B	1.5/1.5	24/24		48		48	S/S	2*12	2*12					
	6	大学英语(一)/(二)	B	5.0/4.0	84/64		12 8	84	64	S/S	2*14	4*16					
	7	军事教育	B	2	56	2				C							
	8	高等数学（一）	B	3	52		52	52		S	4						
	9	沟通与协作（1~4）	B	1	20		20	6	14	C		2*10					
	10	文档写作（1~4）	B	0.5	8		8	2	6	C		2*4					
	11																
	12																
	13																

续表

项目 模块	课程教学																
	序号	课程名称	课程属性	课程学分	教学总学时	集中实践（周）	教学总学时	理论讲授	课内实践	考核方式	一学期	二学期	三学期	四学期	五学期	六学期	教学场所
											13周	16周	15周	16周	21周	15周	
专业基础类课程	14	计算机数学基础	B	3	64		64	64		S		4					
	15	计算机导论（6~10）	B	2.5	50		50	30	20	S	10*5						
	16	C程序设计（11~18）	B	5.5	108	1	80	50	30	S	10*8						
	17	网页制作	B	2	39		39	19	20	S	3						
	18	数据结构	B	3	64		64	40	24	S		4					
	19	软件界面设计	B	1.5	30		30	16	14	S			2				
	20	软件工程	B	3	60		60	40	20	S			4				
	21	网络技术	B	2	32		32	20	12	S				2			
	22	移动应用开发技能（1）	B	5	120	2	24	40	24	S				4			
	23																
	24																
	25																
	26																
	27																
专业核心类课程	28	程序设计方法与技能(1)	G	12	244	3	160	90	70	S		10					
	29	Java 平台项目开发基本技能（1）	G	12	249	3	165	80	85	S			11				
	30	软件测试方法与技术(1)	G	9	184	2	128	70	58	S				8			
	31																
	32																

续表

项目 模块	课程教学																
	序号	课程名称	课程属性	课程学分	教学总学时	集中实践（周）	教学总学时	理论讲授	课内实践	考核方式	一学期 13周	二学期 16周	三学期 15周	四学期 16周	五学期 21周	六学期 15周	教学场所
拓展类专业课程	33	系内任选课	R	3	48		48	48		C							
	34	全院公选课	R	3	48		48	48		C							
	35	IT 高场营销	X	1.5	30		30	30		C			2				
专业综合训练类课程	36	顶岗实习	B	15	420	15				C							
	37	Java 平台项目开发基本技能（III）	B	7	182	7				C							
	38	软件测试方法与技术（III）	B	7	182	7				C							
	39	移动应用开发技能（III）	B	5	130	5											
	40	毕业设计（论文）															
学分/学时/周数合计				132.5	2792	1278	1514	1005	509								
实践教学学时		1787	周学时合计								28	28	26	19	2	0	
总学时		2792	学期课程门数								7	7	7	4	1	0	
总学分		132.5	考试/考查								7/0	6/1	4/3	3/1	0/1	0/0	

说明：（1）课程属性“B”表示必修课；“R”表示任选修课；“G”示示“工学结合”核心课程。

（2）考核方式“S”表示考试；“C”表示考查。

（3）教学场所“①”表示普通课室；“②”表示多媒体课室；“③”表示语音课室；“④”表示制图室；“⑤”表示机房；“⑥”表示实训实验场所。

③ 素质目标：

- 自学能力和分析能力；
- 严谨的工作作风；
- 团队合作能力。

（4）课程功能："Java 平台项目开发基本技能"是软件技术专业重要的专业必修课，是一门集技术及实现于一体的综合性课程。通过学习 JSP 技术及 MVC 架构，使学生理解 MVC 模式的设计思想，掌握运用 JSP+Servlet+JavaBean 实现 MVC 架构的简单 B/S 应用系统；在此基础上，进一步学习 struts+spring+hibernate 框架的相关知识，培养学生能够运用 struts+spring+hibernate 框架实现复杂 B/S 应用系统的能力，并通过实际项目的功能设计与实现，培养学生基于 Java 平台项目开发的基本技能，并为下一阶段的大型综合项目实训打下坚实的基础。

（5）课程内容简介：如表 5-33 所示。

表 5-33　课 程 内 容

学习单元名称	训练项目	知识要求	技能要求（含素质要求）	学时
理解需要文档	项目 1：从某系统需求分析文档明确开发任务	（1）了解软件产品开发的阶段和任务； （2）分析需要分析的说明书； （3）认识轻量级 Java EE 架构； （4）了解 B/S 系统设计实现的主流技术	（1）能够理解文档中需求的描述，明确系统的设计任务，以及设计要求、功能要求； （2）遵守课堂纪律、积极参与课堂教学活动、按要求完成准备	10
设计系统功能界面	项目 2：设计某系统主要模块功能界面	（1）界面设计原则； （2）Web 应用系统的界面设计方法	（1）能够按照需求规格,设计合理、实用的系统功能界面 （2）具有较强的实际操作能力、自主学习能力	12
开发工具安装配置	项目 3：NetBean 和 Tomcat 安装配置	（1）Java 环境搭建； （2）学习 NetBean 开发工具安装配置； （3）学习 Tomcat 服务器的安装配置； （4）学习使用 NetBean 开发工具	（1）掌握 Java 平台项目的开发、运行环境搭建步骤； （2）掌握开发工具安装配置； （3）具有较强的实际操作能力、自主学习能力、具有良好的团队协作精神	8

续表

学习单元名称	训练项目	知识要求	技能要求（含素质要求）	学时
实现单一功能的Web程序	项目4：实现某系统的登录页面	(1)学习Web应用程序运行机制； (2)学习Web应用程序开发方法； (3)掌握编写简单Web应用程序的基本语法	(1) 了解Web应用程序开发的流程； (2) 学会Web应用程序开发方法； (3)学会编写一个简单的Web应用程序	12
设计MVC模式的系统功能实现流程	项目5：设计某系统的某模块的实现流程	(1) MVC设计模式的原理； (2) 应用MVC设计模式设计实现B/S系统的方法	(1) 学会应用MVC模式设计B/S系统的设计方法； (2) 应用MVC模式设计B/S系统的功能实现流程； (3) 较强的理解分析能力、解决本专业实际问题能力、良好的团队协作精神	12
利用JSP+Servlet+JavaBean实现三层Web应用的功能	项目6：实现某系统的某模块功能	(1) JSP脚本语言语法； (2) 利用JSP实现B/S中表示层的编程； (3) 认识Servlet的生命周期和工作机制； (4)创建、部署、实现Servlet的方法，实现B/S系统的控件层； (5) B/S中访问数据库的过程； (6) 利用JDBC实现C/S中数据访问方法； (7) JavaBean的特性和及应用； (8) JSP+Servlet+JavaBean完成B/S系统功能的方法	(1)掌握用JSP完成B/S中视图层的编程实现； (2) 掌握Servlet的创建、部署； (3) 掌握B/S中利用Servlet实现控件层的方法； (4)掌握利用Servlet完成B/S中控件层的编程； (5) 熟练掌握利用JDBC驱动，实现程序对数据库的多种操作（增、删、查、改）； (6) 掌握JavaBean+JDBC实现B/S系统组件的编程； (7) 熟练掌握JSP+ Servlet+ Java Bean实现B/S系统功能的编程； (8) 较强的理解分析能力、解决本专业实际问题能力、良好的团队协作精神	36
设计SSH架构系统功能实现流程	项目7：设计某系统的某模块的实现流程	(1)学会应用struts+ spring+ hibernate框架进行B/S系统功能流程设计的方法； (2) 应用struts+spring + hibernate框架设计B/S系统的功能实现流程	(1) struts+spring+hibernate框架的原理； (2) struts、spring、hibernate框架的基本原理； (3)应用struts+spring+hibernate设计实现B/S系统的方法； (4) 较强的理解分析能力、解决本专业实际问题能力	22

续表

学习单元名称	训练项目	知识要求	技能要求（含素质要求）	学时
利用SSH 架构实现三层Web 应用的功能	项目 8：实现某系统的某模块功能	(1) struts、spring、hibernate 框架的基本原理； (2) Struts 框架的工作机制； (3)利用 Struts 框架实现 B/S 中表示层的编程； (4) struts+spring+hibernate 实现 MVC 设计模式的方法； (5) struts+spring+hibernate 完成 B/S 系统功能的方法	(1) 掌握用 Struts 框架完成 B/S 中表示层的编程； (2) 掌握应用 Spring 框架的方法； (3) 掌握用 Hibernate 框架完成 B/S 中持久层的编程； (4) 应用 struts+spring+hibernate 实现 B/S 系统功能的编程； (5) 较强的理解分析能力、解决本专业实际问题能力、良好的团队协作精神	53
利用SSH 架构实现三层架构的Web 应用系统	项目 9：实现在线考试管理系统	(1)进一步理解 SSH 架构的原理； (2)熟悉利用 SSH 架构实现应用系统的方法； (3) 掌握应用系统的部署方法	(1) 掌握用 SSH 框架完成应用系统中表示层、业务层、数据层的编程； (2) 能够进行应用系统的集成部署； (3) 较强的理解分析能力、解决本专业实际问题能力、良好的团队协作精神	

(6) 教学方法：如图 5–34 所示。

表 5-34　教学方法

编号	学习项目	学习任务	知识目标	技能目标	教学方法与建议
1	项目 1:从某系统需求分析文档明确开发任务	任务 1：从某系统需求分析文档明确开发任务	理解系统设计实现过程	(1)技能:从需求文档提炼功能设计任务的能力；识别 B/S+C/S 架构的能力； (2) 素质:思考习惯；工作态度	(1) 项目驱动法； (2) 案例分析法； (3) 多媒体教学
2	项目 2：设计某系统主要模块功能界面	任务 2：设计某系统主要模块功能界面	掌握设计实现用户界面方法	(1)技能:设计用户界面布局能力；运用常用控件实现用户界面； (2) 素质:思考习惯；工作态度；规范标准意识；积极进取	(1) 项目驱动法； (2) 示范教学法； (3) 多媒体教学； (4) 虚拟动画； (5) 企业仿真平台； (6) 团队协作

续表

编号	学习项目	学习任务	知识目标	技能目标	教学方法与建议
3	项目 3：NetBean 和 Tomcat 安装配置	任务 3：NetBean 和 Tomcat 安装配置	了解 Tomcat、Netbean 安装方法，以及配置参数作用	（1）技能:能够搭建 Java 平台项目的开发、运行环境、参数配置；（2）素质:思考习惯；工作态度；团队协作	（1）案例分析法；（2）示范教学法；（3）三段式教学法；（4）多媒体教学；（5）企业仿真平台；（6）网络平台
4	项目 4:实现某系统的登录页面	任务 4：实现某系统的登录页面	理解三层结构 B/S 系统的开发流程和设计方法；掌握 JSP 的工作机制和作用	（1）技能:运用 JSP 脚本语言编程能力；运用 JSP 实现 B/S 中视图层的编程实现；（2）素质:思考习惯；工作态度；规范标准意识；积极进取；团队协作	（1）案例分析法；（2）示范教学法；（3）三段式教学法；（4）多媒体教学；（5）企业仿真平台；（6）网络平台
5	项目 5:设计某系统的某模块的实现流程	任务 5：设计某系统的某模块的实现流程	掌握设计 Web 应用实现流程的方法	（1）技能:设计实现流程的能力；（2）素质:思考习惯；工作态度；规范标准意识；积极进取；团队协作	（1）案例分析法；（2）示范教学法；（3）三段式教学法；（4）多媒体教学；（5）企业仿真平台；（6）网络平台
6	项目 6:实现某系统的某模块功能	任务 6-1：实现系统某功能的数据访问	理解 B/S 访问数据库的过程；	（1）技能:利用 JDBC 驱动实现程序对数据库的多种操作（增、删、查、改）能力；（2）素质:思考习惯；工作态度；规范标准意识；积极进取；团队协作	（1）案例分析法；（2）示范教学法；（3）三段式教学法；（4）多媒体教学；（5）企业仿真平台；（6）网络平台
		任务 6-2：实现系统某功能的控制器	理解 Servlet 的工作流程	（1）技能:Servlet 的创建部署能力；利用 Servlet 实现控件层编程能力；（2）素质:思考习惯；工作态度；规范标准意识；积极进取；团队协作	（1）案例分析法；（2）示范教学法；（3）三段式教学法；（4）多媒体教学；（5）企业仿真平台；（6）网络平台
		任务 6-3：实现系统某功能的组件	了解 JavaBean 的特性	（1）技能:编程实现包含访问数据库功能的 JavaBean 组件能力；（2）素质:思考习惯；工作态度；规范标准意识；积极进取；团队协作	（1）案例分析法；（2）示范教学法；（3）三段式教学法；（4）多媒体教学；（5）企业仿真平台；（6）网络平台

续表

编号	学 习 项 目	学 习 任 务	知识目标	技 能 目 标	教学方法与建议
6	项目 6:实现某系统的某模块功能	任务 6–4：模块间集成,系统部署	掌握 Web 项目的配置、部署方法	(1)技能:编写系统的配置文件和框架配置文件能力；系统的测试和集成能力； (2) 素质: 思考习惯；工作态度；规范标准意识；积极进取；团队协作	(1) 案例分析法； (2) 示范教学法； (3) 三段式教学法； (4) 多媒体教学； (5) 企业仿真平台； (6) 网络平台
7	项目 7:设计某系统的某模块的实现流程	任务 7： 设计某系统的某模块的实现流程	掌握设计 SSH 架构 Web 应用实现流程的方法	(1) 技能:设计 SSH 架构 Web 应用的实现流程能力； (2) 素质:思考习惯；工作态度；规范标准意识；积极进取；团队协作	(1) 案例分析法； (2) 示范教学法； (3) 三段式教学法； (4) 多媒体教学； (5) 企业仿真平台； (6) 网络平台
8	项目 8:实现某系统的某模块功能	任务 8–1：实现 SSH 架构系统某功能表示层	基本掌握 struts 结构、工作流程	(1) 技能:利用 Struts 实现数据显示层的能力； (2) 素质:思考习惯；工作态度；规范标准意识；积极进取；团队协作	(1) 案例分析法； (2) 示范教学法； (3) 三段式教学法； (4) 多媒体教学； (5) 企业仿真平台； (6) 网络平台
		任务 8–2：实现 SSH 架构系统某功能业务层	基本掌握 spring 结构、工作流程	(1) 技能:利用 spring 技术实现业务逻辑层的能力； (2) 素质:思考习惯；工作态度；规范标准意识；积极进取；团队协作	(1) 案例分析法； (2) 示范教学法； (3) 三段式教学法； (4) 多媒体教学； (5) 企业仿真平台； (6) 网络平台
		任务 8–3：实现 SSH 架构系统某功能持久层	理解 MVC 设计模式和多层结构系统的设计方法；hibernate 基本知识	(1) 技能:利用 hibernate 实现 Model 的能力； (2) 素质:思考习惯；工作态度；规范标准意识；积极进取；团队协作	(1) 案例分析法； (2) 示范教学法； (3) 三段式教学法； (4) 多媒体教学； (5) 企业仿真平台； (6) 网络平台
		任务 8–4：模块间集成,系统部署	掌握 SSH 的配置、部署方法	(1)技能:编写系统的配置文件和框架配置文件能力；系统的测试和集成能力； (2) 素质: 思考习惯；工作态度；规范标准意识；积极进取；团队协作	(1) 案例分析法； (2) 示范教学法； (3) 三段式教学法； (4) 多媒体教学； (5) 企业仿真平台； (6) 网络平台

续表

编号	学习项目	学习任务	知识目标	技能目标	教学方法与建议
9	项目9:实现在线考试管理系统	任务9–1：系统功能实现流程的设计	基本掌握系统功能实现流程设计方法	(1) 技能:利用流程设计方法完成功能流程设计的能力； (2) 素质:思考习惯；工作态度；规范标准意识；积极进取；团队协作	(1) 案例分析法； (2) 示范教学法； (3) 三段式教学法； (4) 多媒体教学； (5) 企业仿真平台； (6) 网络平台
		任务9–2：实现SSH架构系统在线考试管理系统三层	基本掌握SSH结构、工作流程	(1) 技能:利用SSH架构实现系统三层的能力； (2) 素质:思考习惯；工作态度；规范标准意识；积极进取；团队协作	(1) 案例分析法； (2) 示范教学法； (3) 三段式教学法； (4) 多媒体教学； (5) 企业仿真平台； (6) 网络平台
		任务9–3：模块间集成,系统部署	掌握SSH的配置、部署方法	(1) 技能:编写系统的配置文件和框架配置文件能力；系统的测试和集成能力； (2) 素质: 思考习惯；工作态度；规范标准意识；积极进取；团队协作	(1) 案例分析法； (2) 示范教学法； (3) 三段式教学法； (4) 多媒体教学； (5) 企业仿真平台； (6) 网络平台

(7) 考核方式：如表5–35所示。

表5-35　考核、评价方式

序号	工作任务	评价方式	评分标准	分数分配
1	从某系统需求分析文档明确开发任务	项目计划、项目报告、项目代码、项目实施日志、自我评估、同学互评、教师评价	态度认真、正确分析问题、理解需求分析文档、	10%
2	设计某系统主要模块功能界面	项目计划、项目报告、项目代码、项目实施日志、自我评估、同学互评、教师评价	态度认真、正确分析问题、理解需求分析文档、设计合理	10%
3	NetBean和Tomcat安装配置	项目计划、项目报告、项目代码、项目实施日志、自我评估、同学互评、教师评价	态度认真、正确分析问题、工具可正常使用	5%

续表

序号	工 作 任 务	评 价 方 式	评 分 标 准	分数分配
4	实现某系统的登录页面	项目计划、项目报告、项目代码、项目实施日志、自我评估、同学互评、教师评价	态度认真、正确分析问题、实现功能要求、程序运行正常	5%
5	设计某系统的某模块的实现流程	项目计划、项目报告、项目代码、项目实施日志、自我评估、同学互评、教师评价	态度认真、正确分析问题、实现流程设计正确	10%
6	实现某系统的某模块功能	项目计划、项目报告、项目代码、项目实施日志、自我评估、同学互评、教师评价	态度认真、正确分析问题、理解需求分析文档、实现功能要求、程序运行正常、项目报告规范	10%
7	设计某系统的某模块的实现流程	项目计划、项目报告、项目代码、项目实施日志、自我评估、同学互评、教师评价	态度认真、正确分析问题、实现流程设计正确	10%
8	实现某系统的某模块功能	项目计划、项目报告、项目代码、项目实施日志、自我评估、同学互评、教师评价	态度认真、正确分析问题、理解需求分析文档、实现功能要求、程序运行正常、项目报告规范	10%
9	实现在线考试管理系统	项目计划、项目报告、项目代码、项目实施日志、自我评估、同学互评、教师评价	态度认真、正确分析问题、理解需求分析文档、实现功能要求、程序运行正常、项目报告规范	30%
合　计				100%

（8）学时：249。

2. 软件测试方法与技术

（1）课程名称：软件测试方法与技术。

（2）课程设计理念：该课程以软件测试工程师的职业能力培养为核心，以Filesearch 软件为案例，按照企业软件测试的流程实施测试，边测试边讲解测试的相关理论知识，按照循序渐进的方法，逐步引导学生如何有效地对软件进行测试。在这个软件的实际测试过程中，根据“够用为度”原则组织测试相关理论内容，生动剖析测试理论，让学生在测试实践中领会测试理论，掌握测试方法。整个课程充分体现以经验为后盾、以实用为目标、以实例为导向、以实践为主线的教学思想。本课程采用仿真项目教学法，倡导学生积极主动、用于探索的自主学习方式，特别注重培养学生的职业能力，体现以学生为主体，教师着重于引导、管理和评价。

课程设计的思路是，在教师的示范和引导下，带领学生对 Filesearch 文件检索系统进行测试需求分析，制订测试计划，确定测试策略，按照企业的测试流程、规范进行系统功能测试、性能测试和安全测试、安装测试和界面测试等，运用多种测试方法设计测试用例，实施测试并记录测试结果，最后撰写测试报告，分析整个测试过程和软件产品质量。整个测试活动根据规范的测试流程展开，每个阶段在测试理论的讲解之后，学生自行测试，然后为学生提供较详细的、可操作性的指导性文档，让学生在模仿和对比中理解测试的相关理论，掌握测试技巧和测试方法。在整个教学过程，注重学生间的相互学习和讨论，教师的工作以技术引导和过程评价为主。在本课程的提升阶段，引入 IBM 先进的测试理论和测试工具，将 Rational 测试套件运用到 filesearch 文件检索系统的测试中，讲解自动化测试流程的实施，示范测试脚本的录制，实现测试过程的综合管理，让学生领会当前国际先进的测试思想和测试方法。指导教师参与学生测试的技术讨论，通过提供示范性文档树立榜样，对关键技术进行点评和经验传授，按照计划进行阶段性的知识总结。

整个课程分为 6 个学习单元，每个单元都有软件测试的能力训练和素质培养，软件测试的知识点分布在学习单元中，职业素质贯穿于整个学习中。

(3) 课程目标：让学生具备软件测试工程师的职业技能和职业素质，能迅速适应和参与企业级的软件测试实践。

① 能力目标：

- 能对被测软件进行测试需求分析，制订测试计划，控制测试进度，把握测试风险，能熟练应用各种常用测试方法。
- 能熟练地根据测试需求设计测试用例，用最少的测试用例进行最充分有效的测试；
- 能熟练实施每个测试用例，并对测试用例和测试结果进行有效管理；
- 能熟练运用 IBM 公司的 rational 测试工具进行测试管理和自动化测试；
- 能有效地对测试过程和被测软件产品质量进行综合有效地分析，提交测试报告；

② 知识目标：

- 了解测试的目的和意义。

- 熟悉软件测试流程。
- 掌握基本的测试原理。
- 掌握常用测试方法。
- 掌握编写测试用例的原则和方法。
- 掌握测试报告的撰写方法和分析要素。
- 掌握自动化测试工具的应用及方法。

③ 素质目标：

- 通过测试技术相关知识的学习，加强学生对软件代码质量的控制意识。
- 通过测试团队的分工协作实践，提高学生的团队合作精神和沟通能力。
- 培养学生严谨、认真的工作作风，树立专业志向，有进一步探索技术的精神。

(4) 课程功能："软件测试方法与技术"是软件专业测试方向重要的专业必修课，是一门集软件测试理论、软件测试方法、软件测试工具和软件测试管理于一体的综合性课程。通过对典型软件测试过程的分析和执行，使学生了解测试的基本原理和基本方法，培养学生对被测软件进行测试需求分析、制订测试计划、设计测试用例、实施测试和评估测试结果的基本操作技能，能够独立承担软件测试任务，达到中级软件测试工程师的职业水准。

(5) 课程内容简介：如表 5-36 所示。

表 5-36　课程内容简介

单元名称	训练项目	知识要求	技能要求（含素质要求）	学时
测试需求的分析和测试计划的制订	项目 1：Filesearch 文件检索系统的测试计划制订	(1) 软件测试的意义、目的和原则； (2) 测试计划的制订	(1) 能理解软件测试对软件产品质量的影响； (2) 能根据需求文档确立测试需求，并进行量化指标的建立	24
测试策略的确定和测试方法的选择	项目 2：Filesearch 文件检索系统测试策略的制定和测试方法的选择	(1) 测试策略的定义； (2) 常用测试方法	能根据实际情况选择测试策略	24
设计测试用例和测试的执行	项目 3：Filesearch 文件检索系统测试用例的设计规格说明书和测试方案	(1) 白盒测试方法； (2) 黑盒测试方法	能根据实际选择白盒或黑盒测试方法设计测试用例	20

续表

单元名称	训练项目	知识要求	技能要求（含素质要求）	学时
功能测试、性能测试等的实施	项目 4：Filesearch 文件检索系统功能测试、性能测试的环境搭建、测试用例执行	（1）功能测试流程；（2）性能测试流程	（1）能制定功能测试方案；（2）能制定性能测试方案	20
自动化测试的实施过程	项目 5：Filesearch 文件检索系统自动化测试平台的实施和管理	自动化测试的流程和设计	能够根据需要建立自动化测试平台	10
测试脚本的编写方法	项目 6：Filesearch 文件检索系统自动化测试脚本的编写	测试脚本的录制、编辑和修正	能根据测试需求编写测试脚本和测试函数	20
测试结果分析，撰写测试报告	项目 7：Filesearch 文件检索系统的测试报告	（1）测试覆盖的评价指标（2）软件产品质量的评价指标	能根据实际情况制定测试覆盖指标和软件产品质量评价指标	10
课程实训	项目 8：蓝山人事系统功能测试	（1）测试计划的制订；（2）测试策略的定义；（3）常用测试方法；（4）功能测试流程；（5）性能测试流程；（6）测试覆盖的评价指标；（7）软件产品质量的评价指标	（1）能对实际项目进行分析，了解测试需求，制订测试计划；（2）能够选用合适的测试方法进行测试，制定测试策略；（3）能够设计测试用例并执行；（4）能够对测试过程和软件产品质量进行正确的评价	56

（6）教学方法：如表 5–37 所示。

表 5-37 教学方法

编号	项目	任务	知识目标	技能目标	教学方法与建议
1	项目 1：Filesearch 文件检索系统的测试计划制定	任务 1–1:了解测试的基本概念和基本流程	（1）软件测试的目的、意义和原则；（2）软件测试的基本流程	掌握软件测试的原则和意义，理解软件测试对软件产品质量的重要作用	现场教学任务驱动
		任务 1–2:测试需要的分析，软件测试计划的编写	（1）产品风险的确定；（2）测试计划的制订	根据需求说明等文档确立测试需求	现场教学任务驱动

续表

编号	项　　目	任　　务	知识目标	技能目标	教学方法与建议
2	项目 2：Filesearch 文件检索系统测试策略的制定和测试方法的选择	任务 2–1:确定本次软件测试的测试策略	(1) 测试策略的定义； (2) 企业级软件测试策略包括数据库完整性测试等 11 个方面	根据测试计划选择并确定测试策略	现场教学任务驱动
		任务 2–2:针对测试策略选择适当的测试方法	常用测试方法的讲解	能根据实际情况来选择不同的测试方法	现场教学任务驱动
3	项目 3：Filesearch 文件检索系统测试用例的设计规格说明书和测试方案	任务 3–1：黑盒测试方法在测试用例设计中的使用	(1) 理解黑盒测试法的基本概念； (2) 掌握黑盒测试的等价类、边界值、因果图法	(1)理解每种黑盒测试方法的优缺点； (2) 思维严谨、数学逻辑分析能力较强	任务驱动优秀设计案例分析
		任务 3–2：白盒测试方法在测试用例设计中的应用	(1) 理解白盒测试法的基本概念； (2) 掌握逻辑覆盖、基本路径覆盖方法	能根据实际情况选择合适的白盒测试方法来实现测试需求	任务驱动
		任务 3–3：白盒测试和黑盒测试的不同和比较	(1) 白盒测试和黑盒测试反映了测试思路的两方面情况； (2) 白盒测试和黑盒测试的比较	综合应用白盒、黑盒测试方法的能力	任务驱动
		任务 3–4：本次测试用例中测试方法的综合选择和确定	确定本次测试中黑盒测试方法和白盒测试方法的使用阶段、测试覆盖率的要求	能测试覆盖率的制定	现场教学任务驱动
4	项目 4：Filesearch 文件检索系统功能测试、性能测试的环境搭建、测试用例执行	任务 4–1：确定本测试是系统预测试，以黑盒测试为主；根据测试计划中测试策略的制订，选择功能测试点	(1) 知道测试策略的实施； (2) 掌握功能测试的优先级划分	能根据测试需求确定测试功能点的优先级	案例分析、学生训练
		任务 4–2：每个功能测试点采用黑盒测试方法进行分析；注意各种不同的测试方法的综合使用	掌握测试方法的综合应用	根据实际情况来选择不同的测试方法组合，增强测试用例的有效性	案例分析、学生训练
		任务 4–3：如何搭建测试环境，安排测试的有效进行	(1) 测试环境的搭建； (2) 测试人员的安排和测试进度的预测	将软件的测试模拟实际环境来进行，保证测试的有效性	案例分析、学生训练
		任务 4–4：试用例的执行、bug 如何确定；测试日志的记录。	(1) 测试的执行； (2) 测试的记录； (3) bug 的发现和确定	能有效迅速地执行测试用例，记录测试结果，确定 bug 的发现	案例分析、学生训练

续表

编号	项目	任务	知识目标	技能目标	教学方法与建议
5	项目 5：Filesearch 文件检索系统自动化测试平台的实施和管理	任务 5-1：Filesearch 文件检索系统测试项目的建立	（1）自动化测试的意义和优缺点； （2）rational 测试工具的介绍； （3）rational 测试流程的组织	（1）具的特点； （2）能应用 rational administrator 建立测试项目	讨论
		任务 5-2：Filesearch 文件检索系统测试脚本的录制	（1）robot 的界面、功能条的介绍； （2）robot 录制脚本的过程； （3）robot 插入验证点； （4）robot 脚本的调试	（1）理解 robot 录制脚本的过程； （2）掌握 robot 脚本的调试 。	任务驱动优秀设计案例分析
		任务 5-3：Filesearch 文件检索系统测试执行、测试日志的管理	（1）robot 脚本的执行过程； （2）执行结果即测试日志的记录； （3）Test Manager 对测试日志的管理	（1）掌握 robot 测试脚本的执行 （2）理解 rational 组件中 Test Manager 对测试日志的管理	任务驱动优秀设计案例分析
		任务 5-4：Filesearch 文件检索系统测试过程的管理	（1）介绍 Test Manager 的功能； （2）Test Manager 建立测试计划； （3）Test Manager 建立测试用例； （4）Test Manager 建立测试配置、测试关联。	（1）了解 Test Manager 对测试资产的整个管理作用； （2）掌握 Test Manager 建立测试计划、测试用例、测试关联、测试结果分析等。	
6	项目 6：Filesearch 文件检索系统自动化测试脚本的编写	任务 6-1：Filesearch 文件检索系统测试函数的编写	（1）robot 如何编写测试函数； （2）SQA Basic 语句的简单语法； （3）简单测试函数的编写和调试	能够根据测试需要进一步编写测试函数	优秀设计案例分析项目教学
		任务 6-2：Filesearch 文件检索系统自动化测试的实现	（1）自动化测试的误区； （2）动化测试的有效展开条件； （3）自动化测试使用 rational 组件中的实现	（1）掌握自动化测试的优点和确定； （2）能够根据需要选择合适的测试工具，展开自动化测试	优秀设计案例分析项目教学

续表

编号	项　　目	任　　务	知 识 目 标	技 能 目 标	教学方法与建议
7	项目 7：Filesearch 文件检索系统的测试报告	任务 7–1：Filesearch 文件检索系统测试过程的分析	(1) 测试覆盖率包括基于需求的覆盖率和基于代码的覆盖率； (2) 测试覆盖用于评价测试的完备性，是通过测试需求覆盖和测试用例覆盖或已执行代码的覆盖来表示的； (3) 得出 Filesearch 文件检索系统测试的测试过程分析数据	(1) 掌握测试过程的分析方法； (2) 能够正确地分析测试过程中的需求覆盖和代码覆盖情况； (3) 能够根据各种覆盖性的数据评价测试过程是否有效展开	讨论
		任务 7–2：Filesearch 文件检索系统产品质量的分析	(1) 测试中发现的 bug 提供了软件产品质量的指标； (2) 采用多种缺陷评估的方法对缺陷进行分析； (3) 得出 Filesearch 文件检索系统测试的评估报告	(1) 运用软件的质量指标； (2) 能够独立地根据测试过程中发现的 bug 来分析软件产品的质量特性和性能特性	讨论
8	项目 8：蓝山人事系统功能测试	任务 8–1：项目 8：蓝山人事系统功能测试制订测试计划、测试策略和测试用例的设计	(1) 了解测试流程； (2) 理解测试计划的制订、测试策略的选择； (3) 掌握测试方法的综合运用	(1) 能根据实际项目的需求了解测试需要，制订测试计划； (2) 能够选择合适的测试策略； (3) 能够根据测试需求设计测试用例	讨论
		任务 8–2：蓝山人事系统测试的测试执行、bug 管理和测试评估	(1) 了解测试用例执行的过程，对缺陷的识别和判断； (2) 了解缺陷的管理过程和掌握多种缺陷评估的方法对缺陷进行分析； (3) 得出蓝山人事系统系统测试的评估报告。	(1) 掌握软件的质量指标； (2) 能够独立地根据测试过程中发现的 bug 来分析软件产品的质量特性和性能特性	讨论

（7）考核方式：如表 5–38 所示。

表 5-38　考 核 方 式

序号	工 作 任 务	评 价 方 式	评 分 标 准	分数分配
1	考勤表	上课不迟到、不早退	出勤一次 3 分，共 3 分/次*35 次=105 分	10%
2	课堂表现记录	认真听讲、积极回答老师提问	主动回答老师提问奖励 2 分	5%
3	课堂练习	练习答案正确、书写规范	一次课堂练习满分 100 分，学期末将所有课堂练习得分相加	10%
4	项目训练 1：Filesearch 测试计划的制定	课前预习，积极参与课堂教学活动、测试计划完善	满分 100 分	5%
5	项目训练 2：Filesearch 测试策略的制定和测试方法的选择	思维严谨、数学逻辑分析能力较强，测试策略选择恰当，测试方法综合运用	满分 100 分	5%
6	项目训练 3：Filesearch 测试用例的设计规格说明书和测试方案	测试方案完善，测试用例设计规格说明书详细完备	满分 100 分	5%
7	项目训练 4：Filesearch 文件检索系统功能测试、性能测试的环境搭建、测试用例的执行	测试用例执行的数量和质量，测试通过的覆盖率	满分 100 分	5%
8	项目训练 5：Filesearch 文件检索系统自动化测试的实现	学习态度好、自动化测试方案切实可行，测试工具选择有效且实用	满分 100 分	5%
9	项目训练 6：Filesearch 文件检索系统自动化测试脚本的编写	学习态度好、测试脚本调试成功、测试脚本完善	满分 100 分	5%
10	项目训练 7：Filesearch 文件检索系统的测试测试报告，评价软件产品质量	测试评估报告格式规范、内容充实、分析细致	满分 100 分	5%
11	期末综合项目训练（期末实践考核）	利用所掌握的知识和技能正确完成教师规定的规划设计项目	满分 100 分	40%
合　计				100%

（8）学时：184。

支持环境和条件保障：

1. 专业教学团队

计算机系已建立满足教学需要的师资队伍，并已形成层次鲜明的学术梯队。由专业带头人为首的第一梯队，包括了几位副高以上，具有丰富教学经验和较强科研能力的教师，为专业的稳步持续发展起到导航掌舵的作用；第二梯队则是由具有丰富企业经验的工程师组成，他们是本专业的中坚力量，使本专业的教学更加贴近企业的需要；第三梯队则由对新技术有敏锐洞察力、接受能力，并具有创新精神的年青教师组成，使本专业能与最新的技术潮流同步，具有更加鲜活的生命力。另外，还从企事业、高校聘请硕士以上学历、经验丰富的资深专业人士担任兼职教师，进一步充实本专业的教师队伍。软件专业教师结构如表 5–39 所示。

表 5-39　软件专业教师结构表

职称/学历/双师型	人　　数	所占比例	说　　明
副高以上	10 人	17%	包括教授 1 人、高工 3 人、系统分析员 1 人、高级实验师 1 人
讲师（工程师）	11 人	18.6%	
双师型	20 人	33.9%	
硕士	18 人	30.5%	包括硕士、博士

2.教学设施

校内实训环境：包括计算机中心公共机房，以及本专业的专业机房。

（1）学院计算机中心公共机房共有 45 间，配套 60 台机、80 台机两种，以适应单班和合班上课需要，软硬件配置适用于普通教学，对于本专业而言，公共机房主要用于专业基础课程教学和实训。

（2）专业专用实训室包括软件开发实训室、数据库技术实训室、网络技术实训室等共 6 间，每个实训室机位为 60，备用机 5 台，另有专用服务器 3 台。主要用于主要专业课程教学，硬件配置较高，以适应于教学所用大型应用软件及专业特殊要求，软件配置则每学期更新，以适应教学和技术发展需要。

（3）实训室硬件配置情况：方正文祥 600(Pentium 4 1.5GHz/256MB SDRAM/40GB HDD)微机作为工作站；联想万全 T310(Xeon 1.8GHz 双 CPU，1GB ECC 内存，72GB

SCSI)专用服务器和SCSI接口的专业用服务器；联想1024 [(100 Mbit/s)/24口]交换机。

3．教材及图书、数字化（网络）资料等学习资源

由于当前IT类（包括软件技术）教材种类繁多，教材资源非常充沛，为我们选用教材提供了很大方便。我们选用的教材基本都是近三年出版的国家级规划教材。教材规划的建设原则在专业建设之初，充分利用了社会的教材资源来满足教学需要，适当辅以自编讲义。近几年来，由于软件专业定位准确、办学成功，我们受到不少出版社（主要是国家一级出版社）的邀请或委托，已编写了不少面向全国发行的高职高专教材。

校园网免费提供网上图书和科技文献资料查阅，学院开设有电子图书馆，拥有先进的计算机系统及海量资源存储器，已有电子图书 50 余万种，图书数据光盘 9 623 张，引进中外文电子数据库达 11 个，其中包括中国期刊网、维普科技期刊、超星电子图书、万方数据库、EBSCO、Springer 等。通过校园网与教育科研网连接，为学生提供包括中国期刊全文数据库、维普数据库、数字图书等在内的信息资源。

教学建议：

1．教学方法、手段与教学组织形式建议

(1) 教学模式的设计与创新：

遵循“以就业为导向,以学生为中心,以能力为本位”的教学理念,实施“项目（任务）驱动、案例教学、边讲边练”的教学模式。

① 引入企业真实项目，系统化设计学习情境。

以岗位需要和行业标准为依据，兼顾技术发展趋势，选取典型工作任务为载体，进行提炼、分解、序化，系统化设计学习情境（见图5–20)，且每个子学习情境均为一个真实的工作任务（项目)，以工作过程为主线来实施项目教学。

② 实施“项目驱动，案例教学，边讲边练” 的教学模式，教、学、做一体化。

引入企业真实项目，驱动专业教学，实施“项目驱动，案例教学，边讲边练”的教学模式。在项目实施过程中，通过教师边讲边示范，学生边观摩边练习，引导学生掌握理论知识、操作方法、实践技巧，将实际工作过程融于学习过程之中。

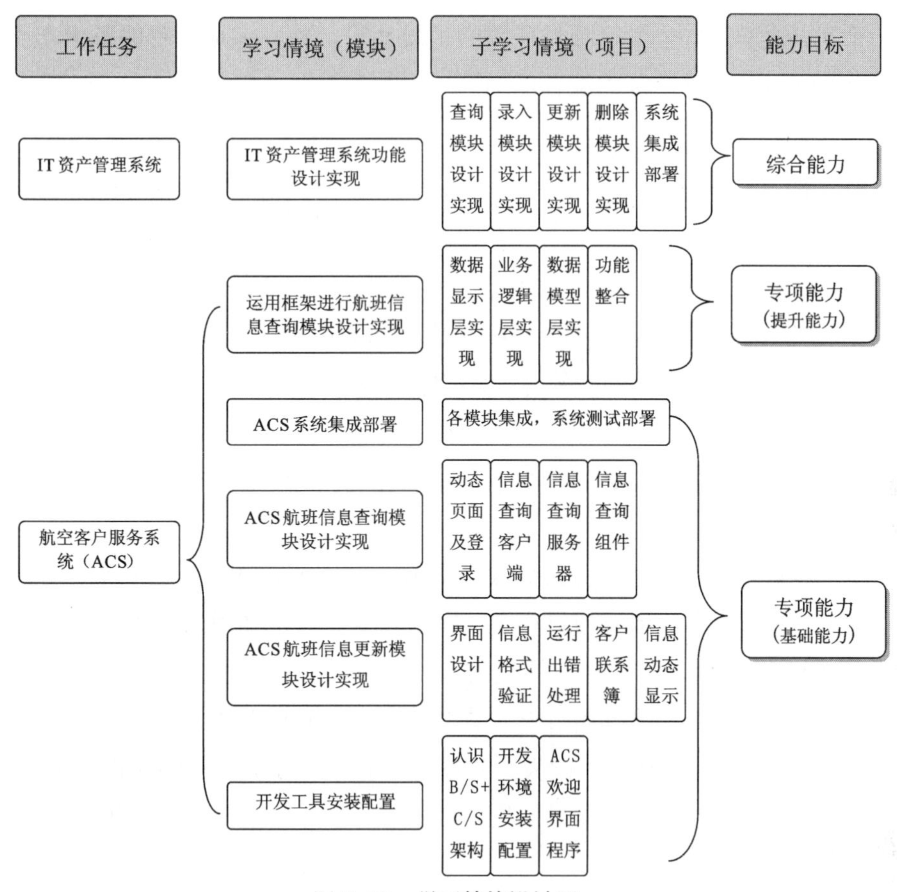

图 5–20　学习情境设计图

整个课程教学中，采用与企业环境一致的教学环境，以企业的工作过程为主线，结合学生的认知规律，精心安排整个教学过程，每个项目的教学实施均按照提出项目→案例分析→讲解示范→项目分析讨论→项目编码实现→项目指导→项目完善→点评总结→问题拓展流程完成（见图 5–21），使学生在校就可以体验到企业的工作氛围，培养学生岗位责任感、团队协作、灵活运用技术、独立完成工作任务的能力。

针对课程不同阶段的要求，教学实施方式也有所不同，在专项能力训练阶段，教师通过案例分析实现，引导学生逐步独立分析问题，运用相关知识，实现单个功能模块，掌握开发软件项目的基本技能；而综合能力训练阶段，学生在老师的指导下，综合运用所学的知识，自主学习项目所需的扩展知识，独立完成项目的整体功能设计，达到设计实现一个完整系统的综合能力。

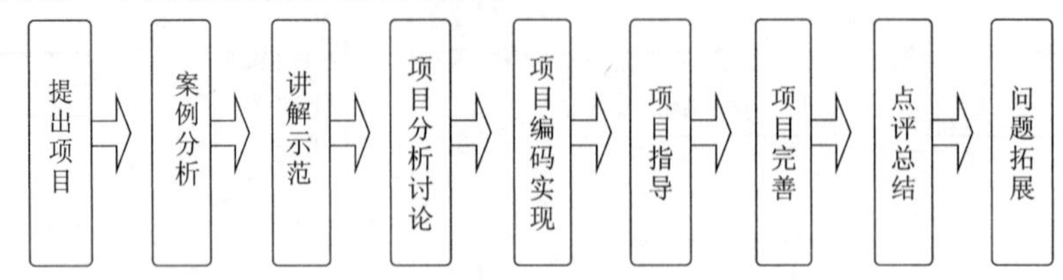

图 5–21　项目实施过程图

③ 基于工程师处理问题的模式，实施课程教学。

将工程师处理问题的工作方式，用于教学实施。将项目的示范过程，变成引导学生分析、解决问题的过程，即“先引入项目，提出问题，然后分析问题，解决问题，最后总结”。

在教学实施过程中，注重分析解决问题方法的训练，通过提出问题、分析问题、解决问题 3 个核心环节，围绕项目实现，展开对专业技术知识的讲述，示范项目的实现过程如图 5–22 所示。同时，灵活应用多种教学方法和手段，培养学生分析、解决问题的能力。例如，引入项目环节中，采用了趣味情境导入法，通过一些有趣的生活场景，引入将要讲授的知识点，激发学生的学习兴趣。分析问题的过程则采用案例分析法，通过分析问题的解决步骤列出所需知识点，引导学生思考问题解决的方法，以及如何寻求最佳解决方案。

（2）多种教学方法的运用：

①三段式教学法：通过提出问题→分析问题→解决问题 3 个环节，将企业工程师面对问题所采用的方式方法引入教学中，教授学生遇到问题，首先要分析问题的真实内涵，而后查找资料、学习相关知识，最后才真正动手解决问题。同时，在学生实操项目过程中，鼓励学生自己分析，查阅技术资料，寻找解决办法，改授“鱼”以“渔”。

②趣味情境导入法：每个学习情境实施的开始，都设计了一个引子，通过生动地描述生活或学生熟悉的情境，来导入要讲授的知识点，激发学生的学习兴趣，使学生更容易理解课程中的知识点，为应用知识解决实际问题做好铺垫。

③倒序式教学法：根据软件项目的特点，在提出项目之后，首先演示项目完成后的运行效果，而后再进行分析、讲授、实现，即“先展示结果后讲授实现”倒序式教学方法，使抽象的任务描述得以直观化展示，有利于学生理解项目需求和工作目标，极大地激发了学生的学习兴趣。

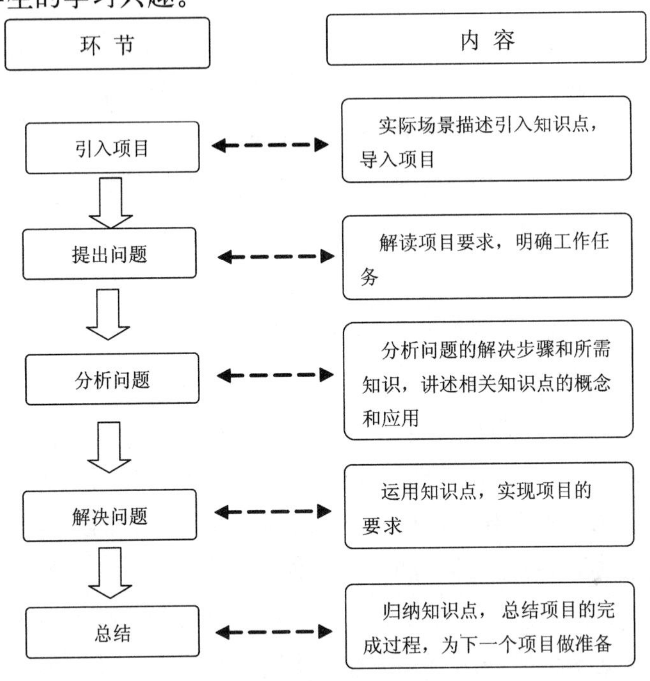

图 5–22　示范项目的实现过程

④项目驱动法：课程基于工作过程和岗位任务，精心设计若干个实训项目，每个项目均是一个真实的工作任务，学生需要根据项目的需求，完成分析、设计及实现项目的完整过程，而每个项目都是 B/S+C/S 架构系统的一部分，完成与否将会影响整个系统的实现。

⑤案例分析法：本课程中的每个项目,均是从一个真实的软件产品中分解出来的实训项目,针对每个实训项目，从该软件产品中选取了一个类似的项目作为示范用案例，教师对项目需求进行解读分析，列出其所隐含的所有问题，提出相应的设计方案和解决方法。学生置身于真实项目情景，与教师一起体会思考分析解决问题的过程，逐步提高认识、分析和解决问题的能力，形成勤于思考、善于思考的学习习惯，变“学会”为“会学”。

⑥示范教学法：在项目训练过程中，老师通过示范项目的分析设计实现过程，教授学生如何分析项目，并演示应用知识设计实现项目的过程，学生则通过操作实训项目，提高自己的操作技能，最后的项目点评，则使学生进一步理解掌握所学内容。这样有助于学生掌握设计实现要领，提高学习效率。

⑦自主学习与创新：实训项目总结时，老师会提出拓展问题，引导学生学会自己查阅技术资料，寻求解决方案，如客户资料查询，一个条件查询的问题解决了，多个条件查询如何实现，还需要应用哪些知识，培养自主学习的能力。

为了激发学生的创新意识，课程组教师积极引导学生利用课余时间开展创新项目，鼓励学生参与各种竞赛。

创新项目由 1 或 2 名指导老师和若干学生组成，学生提出项目课题，学生主导、教师辅导设计，学生独立完成项目实现，在这个过程中，学生加深了对课程知识的理解，实际应用能力也上了一个新台阶。

（3）现代教学技术手段的应用：

①企业仿真教学平台：充分利用校内实训环境，理论和实践教学均采用机房，课堂与实习环境一体化，硬件和软件环境与企业相一致，教学流程与工作流程相一致，使学生未出校门已体验到企业环境和工作过程。

②交互式学习：采用多媒体教学软件，实现广播教学，教师编码示范，学生可即时操作，通过广播某学生的问题解决方案，进行讨论和学习等，通过分析、讨论、思考的互动式教学，活跃了课堂气氛，提高了学习兴趣，收到了较好地教学效果。

③网络平台：开发网络课程，为学生提供课程的教学资料，实训项目样本；充分利用 Internet，引导学生搜索资源，查阅技术资料；利用电子邮件、QQ 等方式实现在线答疑，与学生经常沟通，及时了解学生学习状态、教学意见或建议。

④虚拟现实技术：

- 虚拟动画：针对课程中的重点和难点知识，制作成虚拟动画，使抽象知识得以直观化表述，有利于帮助学生理解和运用，提高教学质量和效率。
- 虚拟项目：将操作环节复杂实训项目的操作实现过程制作成录像，学生可以通过网络下载，自学实训项目的操作，突破了传统教学的局限，为学生提供了更为广阔的学习空间。

⑤团队协作：组织学习小组、项目小组，进行课堂学习讨论、项目开发，通过问题研讨、角色扮演、分工合作、协调沟通、项目演示答辩，激发学生的学习热情、创新意识，引导学生主动学习、勤于思考，培养自主学习、团队合作、沟通表达的能力，有效地提高了学生的专业技术能力、自信心以及合作沟通能力。

2.教学评价、考核建议

依据职业能力要求，构建以能力为核心的考核评估体系。

以岗位标准为准绳，强调综合能力评价，注重学习过程中的行为表现，构建系统、全面的形成性考核评估体系。

（1）考核内容全面、系统、多样：围绕课程目标，将理论知识点、技术应用、项目分析、项目规范化、沟通表达、职业素质等内容纳入考核范围，并加大能力素质所占比重，对学生进行多元化角度的综合评价。考核评价体系图如图 5–23 所示。

（2）考核方式注重过程表现、形式灵活多样：通过平时考核、平时作业、随堂实训，对于学生基本职业素质、知识点的理解，以及基本应用能力加以评定；笔试是考核学生对基本概念的理解、理论知识掌握程度；课程设计所采用的过程评价、项目提交、项目演示、答辩方式，则是考量学生在项目完成过程中的行为表现，检查学生分析设计、综合应用、团队协作情况，评价学生的综合能力。

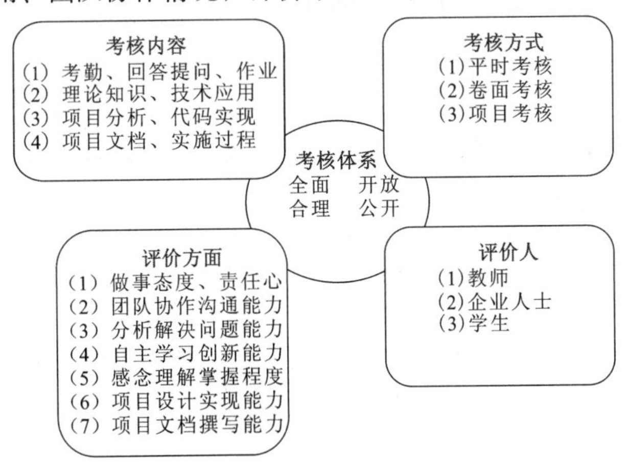

图 5–23 考核评价体系图

(3) 学生和企业人士参与评估：评估人员不仅限于老师，通过学生互评、企业专家点评等形式，使考核更为公平、全面，符合企业标准。

课程考核方案如表 5–40 所示。

表 5-40　课程考核方案

序号	考核方式	考核内容	考核要求	考核标准	权重
1	平时考核	出勤、回答问题、作业	做事态度、责任心强、表达能力和理解能力好	满分 100	20%
2	卷面考核	理论知识、知识应用	能够很好地理解概率、掌握知识技术的应用	满分 100	30%
3	项目考核	项目分析、项目实现、时间控制、项目文档	设计合理性好、逻辑准确性高、功能实用性强、代码和文档符合国际规范标准，分析解决问题的能力、协作沟通能力、学习创新能力强	满分 100	50%

其中，项目考核是过程性评价，包括专项能力训练和综合能力训练两部分，满分均为 100 分，分别占课程总评成绩的 20%、30%。

3.教学管理

建议：针对不同生源特点的教学管理重点与模式。

继续专业学习深造建议：

根据《面向 21 世纪教育振兴行动计划》精神，中央和地方各级教育行政部门以及有关高职高专院校，都在探索多种形式为高职高专毕业生继续深造开辟多种渠道。目前在各地试行的主要有以下几种：

1. 转升本科

(1) 专转本。

(2) 专接本。

(3) 成人“专升本”。

(4) 参加高等教育自学考试。

(5) 学习高职高专的“双专业”。

2. 报考研究生

除了上述进入本科继续学习外，还有一条重要的深造渠道是报考国内院校相应或相关专业的研究生，直接接受更高一个层次的研究生教育。

3. 出国留学

(1) 与国外大学合作办学，提供深造机会。

(2) 直接出国深造。高职高专毕业生与其他层次类型的毕业生一样，有着众多的渠道,进行学习与深造。

第 6 章　高职信息化教学

6.1　高职信息化教学面临的机遇和挑战

6.1.1　国家教育信息化整体推进战略

教育信息化是衡量一个国家和地区教育发展水平的重要标志，是实现教育现代化、创新教学模式、提高教育质量、促进教育公平的迫切需要。

2010 年 3 月，国家颁布《国家中长期教育改革和发展规划纲要（2010—2020）》（以下简称《纲要》），教育信息化作为单独一章列入规划，把教育信息化纳入国家信息化发展整体战略。《纲要》指出“信息技术对教育发展具有革命性影响，必须予以高度重视”。

2012 年 3 月，教育部发布《教育信息化十年发展规划(2011—2020)》提出了未来十年我国教育信息化发展“三基本两显著”的总体目标。

教育部副部长杜占元指出，推进教育信息化当前和今后一个时期的重点工作，就是要大力推进“三通两平台”建设，即宽带网络校校通、优质资源班班通、网络学习空间人人通。建设教育资源公共服务平台，建设教育管理公共服务平台。

2012 年 5 月，教育部以教职成〔2012〕5 号文件印发《教育部关于加快推进职业教育信息化发展的意见》，明确指出，加快推进我国职业教育信息化建设，是适应当今世界信息技术发展趋势，迎头赶上发达国家和地区的教育技术水平，抢占国际教育信息化发展制高点，构建国家教育长远竞争优势的战略举措。

2014 年 6 月，国发〔2014〕19 号《国务院关于加快发展现代职业教育的决定》（以下简称《决定》）发布，提出到 2020 年，形成适应发展需求、产教深度融合、中职高职衔接、职业教育与普通教育相互沟通，体现终身教育理念，具有中国特色、世界水平的现代职业教育体系。

《决定》要求提高职业教育信息化水平，构建利用信息化手段扩大优质教育资源覆盖面的有效机制，推进职业教育资源跨区域、跨行业共建共享，逐步实现所有专业的优质数字教育资源全覆盖，支持与专业课题配套的虚拟仿真实训系统开发与应用，推广教学过程与生产过程实时互动的远程教学。加快信息化管理平台建设，加强现代信息技术应用能力培训，将现代信息技术应用能力作为教师评聘考核的重要依据。

在与《决定》配套、由教育部等六部门颁布的《现代职业教育体系建设规划》(教发〔2014〕6 号，以下简称《规划》) 中提出要加速数字化、信息化进程。要推进信息化平台体系建设，将信息化作为现代职业教育体系建设的基础，实现“宽带网络校校通”“优质资源班班通”“网络学习空间人人通”。加强职业院校信息化基础设施建设，到 2015 年宽带和校园网覆盖所有职业院校，加强职业教育信息化管理平台建设，到 2015 年基本建成职业教育信息化管理系统，并与全国公共就业信息服务平台联通，实现资源共享。

加强职业教育数字化资源平台建设，到 2020 年，数字化资源覆盖所有专业，建立全国职业教育数字资源共建共享联盟，制定职业教育数字资源开发规范和审查认定标准，推进建设面向全社会的优质数字化教学资源库，提高开放大学信息化建设水平，到 2020 年信息技术应用达到世界先进水平。”

《规划》还提出，“加快数字化专业课程体系建设，加紧用信息技术改造职业教育专业课程，使每一个学生都具有与职业要求相适应的信息技术素养。与各行业、产业信息化进程紧密结合，将信息技术课程纳入所有专业，在专业课程中广泛使用计算机仿真教学、信息化实训、远程实时教育等技术，加快发展数字农业、智能制造、智慧服务等领域的相关专业，加强对教师信息技术应用能力的培训，将其作为教师评聘考核的重点标准，办好全国职业院校信息化教学大赛。

国家层面职业教育信息化推进战略指明了方向，高职教学的信息化正面临前所未有的机遇和挑战。

6.1.2　高职信息化教学现状调查

为了对职业院校信息化教学基本情况有一个较为客观的了解与把握，2014 年 6 月教育部职业院校信息化教学指导委员会秘书处联合各省信息化教学指导专家组和相关课题负责人开展了职业院校教师信息化教学基本情况调查。获得的数据以及分析反映了当前高职院校信息化教学的现状。

调查分为三方面：第一，教师基本情况调查，明确调查数据的样本特性和整体覆盖面；第二，教师授课环境与软件工具使用情况调查，分析目前各职业院校教师授课环境基础情况及专业软件对教学过程的支撑情况；第三，教师信息化教学相关理念的认识与应用情况调查，进一步了解教师信息化教学理念与应用方面的不足。

调查数据显示，高职示范院校教师授课环境硬件基础相对好一些，经过示范校建设的洗礼，学校在信息化教学基础设施建设方面有一定投入，对于教师授课环境建设比较重视。

然而，与《规划》的要求还有一定距离，仍需继续加大投入，以实现 2015 年宽带和校园网的全覆盖。

在职业教育数字化资源建设、数字化专业课程体系建设，以及用信息技术改造职业教育专业课程方面急需加快步伐，深入推进。

在网络教学平台、教学过程的自动化评价手段、教学互动方式、虚拟仿真软件或专业化软件的应用、信息化教学相关概念的了解与应用等方面比较薄弱，有待进一步提高。

特别是与各行业、产业信息化进程紧密结合，在专业课程中广泛使用计算机仿真教学、信息化实训、远程实时教育等技术方面，急需加强培训，提高教师信息技术应用能力。

以下是调研的一些具体数据和分析：

1. 教师基本情况调查及分析

（1）调查教师地域分布情况。在调查的样本中，一共有 15 个省、自治区、直辖市的高职院校教师参与了调查，其中北京、上海、湖北的教师人数最多，分别占总体比例的 31.56%、16.67%、16.67%，其次是西藏和内蒙古，分别占总体比例的 8.87%和 7.09%，陕西、辽宁、湖南、山东、河南和吉林，分别占总体比例的 4.61%、3.19%、2.84%、2.13%、2.13%和 2.13%，其他几个省和自治区，即海南、四川、江西和新疆都只有少量的教师参与了调查。占总体比例 5%以下的省、自治区、直辖市参与教师不多、不够典型，对此部分省、自治区、直辖市不做进一步分析。除此之外，我们以北京、上海、湖北、西藏、内蒙古、陕西、辽宁、湖南、山东、河南、吉林等 11 个主要地区进行分类数据分析。

（2）调研教师专业大类分布。调查样本中，一共有 15 个专业大类的高职院校教师参与了调查，其中电子信息大类、文化教育大类人数最多，分别占总体比例的 46.81%、14.89%，其次是艺术设计传媒大类和制造大类，分别占总体比例的 7.8% 和 7.45%，财经大类、轻纺食品大类、农林牧渔大类、交通运输大类、土建大类、医药卫生大类和旅游大类，分别占总体比例的 5.67%、4.26%、3.9%、2.84%、1.77%、1.06%和 1.06%，其他几个专业大类公共事业、公安、法律、材料与能源大类都只有少量的教师参与了调查。占总体比例 1%以下的专业大类参与教师不多、不够典型，对此部分数据不做进一步分析。地域情况分析如图 6–1 所示，专业大类分析如图 6–2 所示。

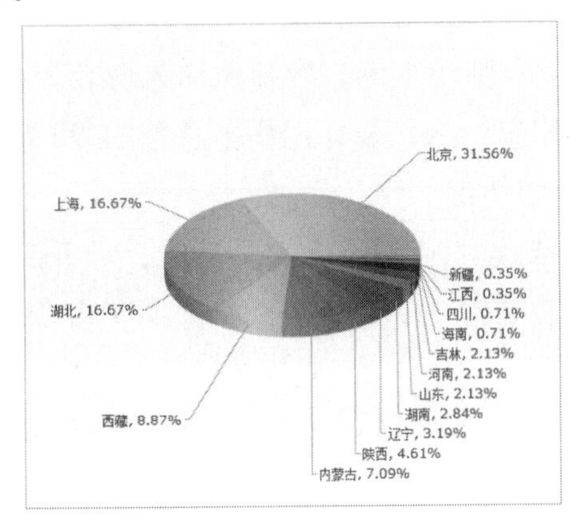

图 6–1　地域情况分析

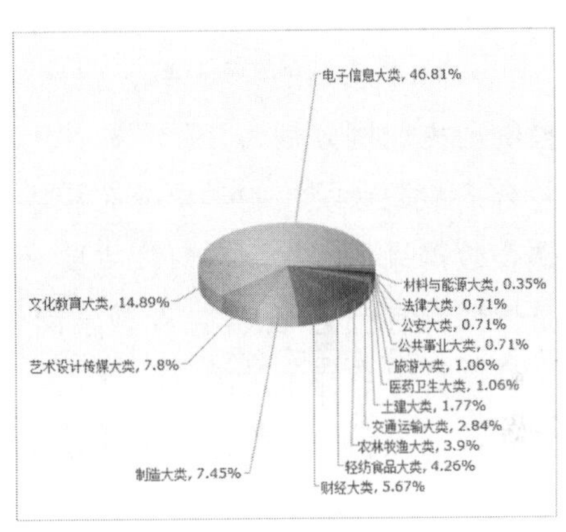

图 6–2　专业大类分布情况分析

（3）调研教师基本情况。参与调查的教师男、女性别比例分别为 35.82%、64.18%，中青年教师占主体，年龄在 25～45 岁之间的教师占总量 82.62%，任职年限 5 年以上占总量的 81.21%，对目前在校教师的基本情况有一定代表性。教师基本情况调研表如表 6–1 所示。

表 6–1　调研教师基本情况表

性别比例/%		年龄分布/%			任职年限/%				
男	女	25～35	36～45	46～55	2～5	6～10	11～15	16～20	20 年以上
35.82	64.18	46.45	36.17	12.41	12.77	29.08	25.18	10.99	15.96

教师年龄情况如图 6–3 所示，教师企业工作年限情况分析如图 6–4 所示。

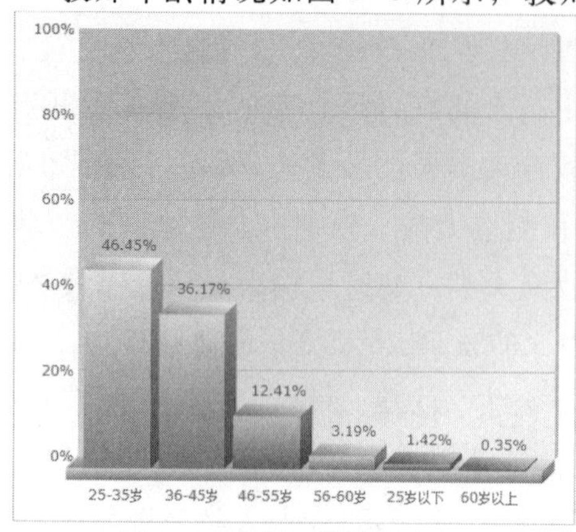

图 6–3 教师年龄情况分布

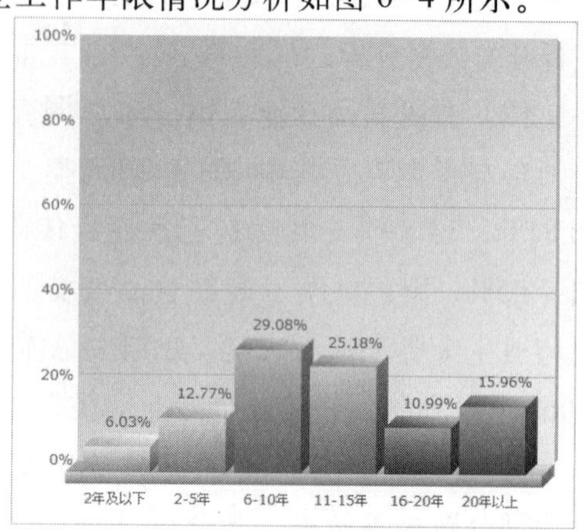

图 6–4 教师企业工作年限情况分布

参与调查的教师学历以本科、硕士为主，比例分别占样本总量的 43.62%和 51.77%，占样本总量的 95.39%。职称构成以讲师为主体，教师职称为助教、讲师、副教授的所占比例分别为 17.38%、49.65%和 23.4%，合计占样本总量的 90.43%，比较符合一般职业院校的学历分布和职称分布情况。

调查数据显示本次调查对象主要来自各高等职业院校的教学岗位，对于信息化教学整体情况有一定代表性。在教学岗位的教师占 71.63%，教学管理岗位占 19.5%，两类岗位合计占总样本量的 91.13%。

调查数据显示，目前职业院校教师缺少企业工作经验具有普遍性。参与调查教师没有在企业工作过的占样本总量的 37.23%，工作时间不到 1 年的占 23.4%，教师没在企业工作或在企业工作不到 1 年的合计占样本总量的 60.63%，需要考虑为老师创造合适的企业工作环境，加强教师职业岗位的认知和职业技能的提升。教师学历、职称、岗位及企业年限情况如表 6–2 和图 6–5～图 6–8 所示。

表 6-2 教师学历、职称、岗位及企业年限情况调研表

学历/%		职称/%			岗位/%		企业工作年限/%	
本科	硕士	助教	讲师	副教授	教学	教学管理	没工作过	1 年以下
43.62	51.77	17.38	49.65	23.4	71.63	19.5	37.23	23.4

（4）调研教师所在学校情况。参与调查的高职院校中 77.3%为国家级示范校或骨干校，省级示范校占 7.8%，普通院校仅占 14.89%。从整体样本数据来看，本次

调查数据所反映的信息化教学基本情况在全国来看应该处于较好水平，并对国家级示范校、省级示范校有一定代表性。教师所在学校类型分布情况如图 6–9 所示。

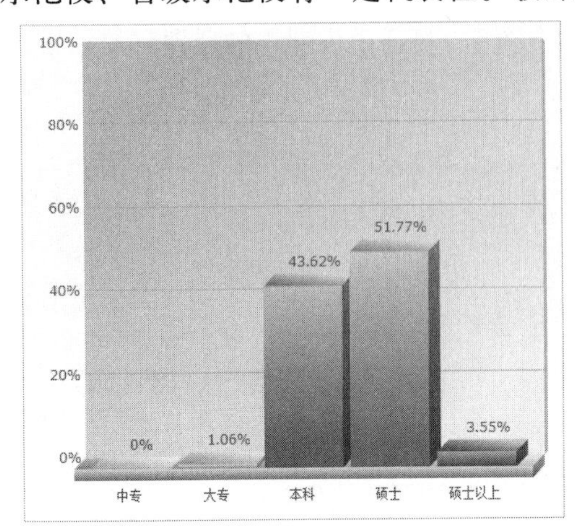

图 6–5　教师学历情况分布

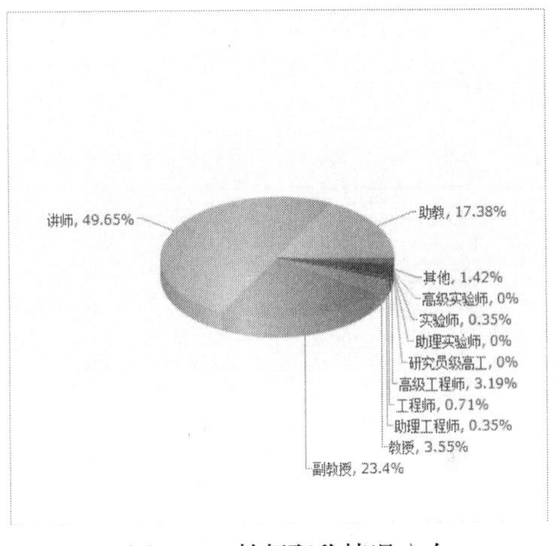

图 6–6　教师职称情况分布

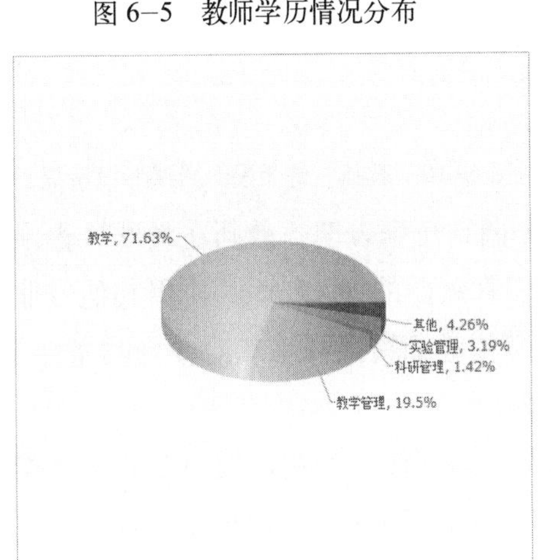

图 6–7　教师岗位情况分布

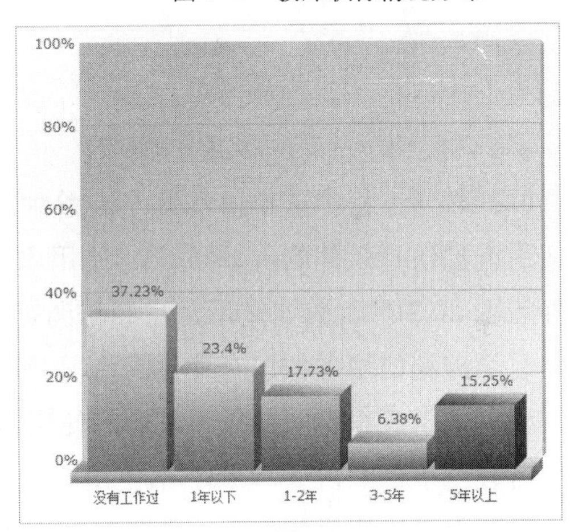

图 6–8　教师企业工作情况分布

2. 教师授课环境与软件工具使用情况调查及分析

(1) 教师主讲课程的授课环境情况。本次数据调查主体数据来源国家级示范校、省级示范校，从调查数据也可以看出，本次调查取样的教师授课环境基础相对好一些，具有带投影、教师机和学生机的授课环境占到将近一半。调查数据表明，主讲课程使用带投影、教师机和学生机多媒体授课环境的教室占 52.48%，使用带投影、教师机多媒体授课环境的教师占 37.23%，使用普通教室的占 9.93%，带录播系统的教室占 0.35%。很明显，教师的授课环境硬件条件相对好些，但仍需继续加大投入，以进一步实现网络环境下多媒体授课环境的全覆盖。教师主讲课程的授课环境情况如图 6–10 所示。

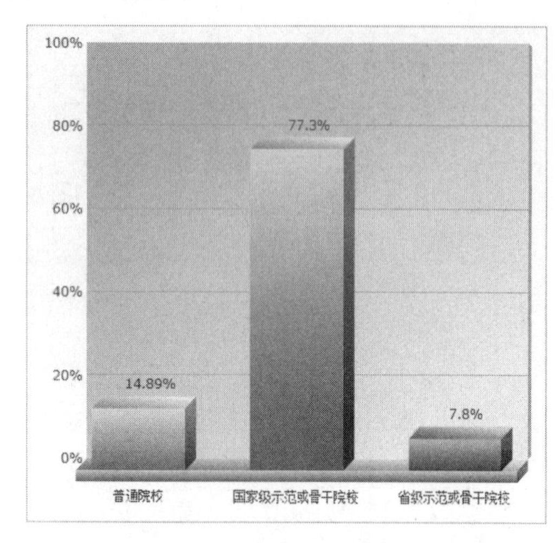

图 6–9　教师所在学校类型分布情况　　　　图 6–10　教师主讲课程的授课环境情况

（2）教学过程中虚拟仿真软件使用情况。调查数据表明，教师在教学过程中没有使用虚拟仿真软件的占 64.18%，使用虚拟仿真软件的占 15.6%，使用其他专业化软件的占 20.21%。数据显示，在参与调查的学校教师授课环境相对良好的条件下，实际教学过程使用虚拟仿真软件的情况并不多。

（3）教学过程中网络教学平台的使用情况。调查数据表明，教师在教学过程使用网络教学平台的占 31.91%，不使用的占 68.09%，说明在参与调查的职业院校中，网络教学平台的建设与使用非常薄弱，这也代表了目前职业院校信息化建设的整体情况，网络硬件基础设施基本完善，但支持网络环境下的教学过程的软件平台尚不具备，需要在院校信息化教学进程中深一步推进。

在使用网络教学平台中，有 58.89%的网络教学平台是学校自主研发的，有 34.44%的网络教学平台是购买的商品化软件，另有 6.67%的教师使用的是租用的软件教学平台。调查数据显示，院校使用成熟网络教学平台的比例不高，职业院校网络教学平台商品化市场和产品成熟度水平还有待进一步加强。

（4）制作课程资源所使用的工具情况。调查数据显示，在教学过程使用的课程资源主要采用的制作工具是 PPT。参与调查教师中 99.29%使用 PPT 制作课程资源，使用图片处理软件（Photoshop、美图秀秀等）的占 34.04%，使用视频处理软件（Premiere、会声会影、QQ 影音等）的占 31.21%，使用音频处理软件（CoolEdit、GoldWave 等）的占 19.15%，使用二维动画制作课程资源的占 15.25%，使用网页制作软件（Dreamweaver 等）的占 11.35%，使用 SPSS 等统计类软件的教师占 3.19%，使用 NoteExpress 等管理类软件的占 0.35%，其他工具占 2.48%。虚拟仿真软件的使用情况如图 6-11 所示，网络教学平台开发与购买情况如图 6-12 所示。

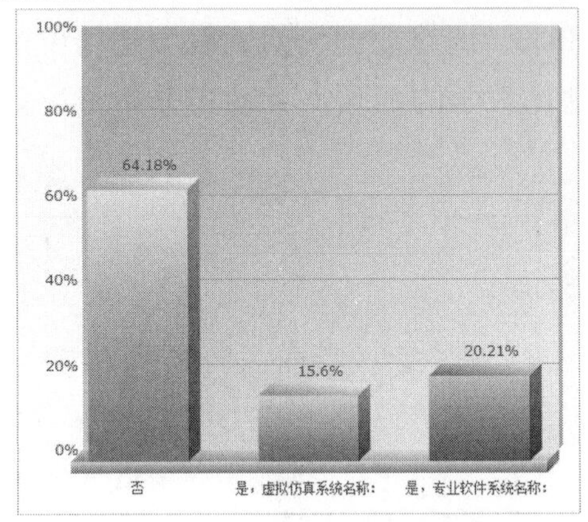

图 6-11　虚拟仿真软件使用情况

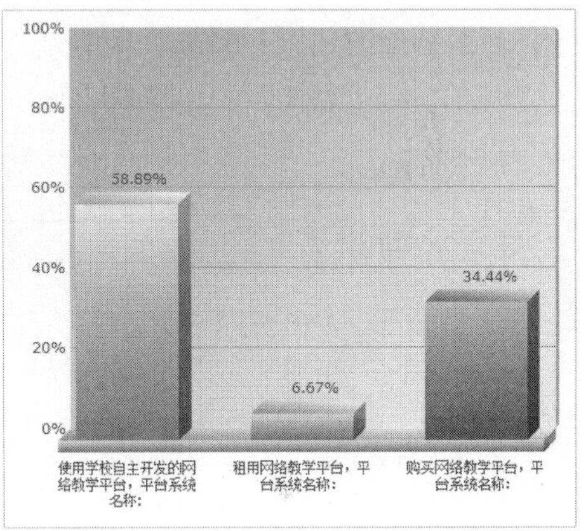

图 6-12　网络教学平台开发与购买情况

课程资源制作工具的使用情况如表 6-3 所示。

表 6-3　课程资源制作工具使用情况

制 作 工 具	使 用 情 况
PPT 制作	99.29%
图片处理(Photoshop、美图秀秀等)	34.04%
视频处理(premiere、会声会影、QQ 影音等)	31.21%
音频处理(CoolEdit、GoldWave 等)	19.15%
二维动画制作(Flash 等)	15.25%
网页制作(Dreamweaver 等)	11.35%
三维动画制作(3ds Max 等)	9.22%
SPSS 等统计类软件	3.19%
NoteExpress 等管理类软件	0.35%
其他	2.48%

（5）学习过程评价手段使用情况。调查数据显示，学习过程评价手段采用纸质版随机评测的占 48.23%，线下表格评测、在线评测（有专用软件平台）、电子版随机测评分别占 37.94%、34.94%、23.4%。数据说明学习过程测评手段仍以纸质版随机测评为主体，专用软件平台的使用较少。学习过程评价手段使用情况如图 6–13 所示。

（6）教学过程中师生互动方式情况。调查数据显示，在教学过程中采用现场互动方式的占 85.82%，这充分显示了职业院校实体教育、面对面教学的课堂教学特点。使用通信工具（QQ、微信、微博、其他）的占 60.28%，使用邮件的占 39.36%，使用专用平台的占 23.05%，其他方式占 2.84%。调查数据说明，教学过程中的网络教学平台支撑仍然是职业院校当前信息化教学的弱项。互动式分析情况如图 6–14 所示。

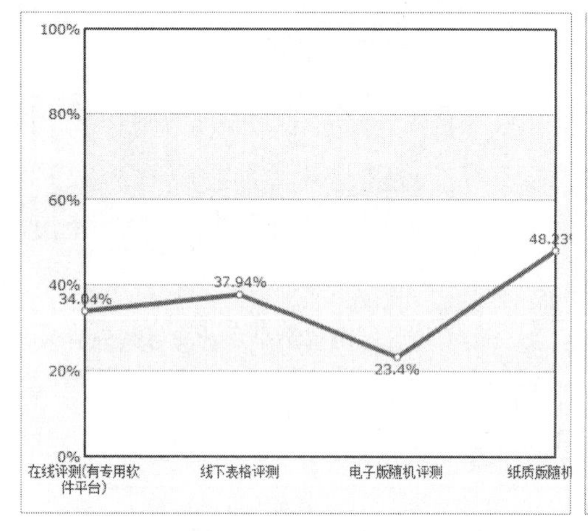

图 6–13　学习过程评价手段使用情况

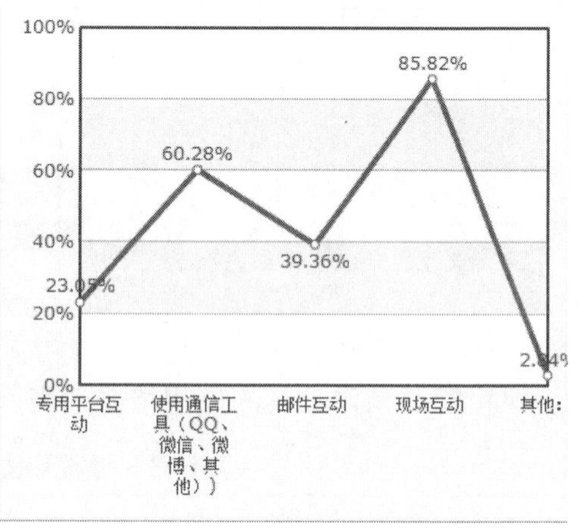

图 6–14　互动方式分布情况

3.教师对信息化教学相关概念的认识与应用情况

关于教师信息化教学意识方面，我们重点针对目前流行的信息化教学相关概念，调查教师对信息化教学相关概念的了解与应用情况。

调查数据显示，对微课的认知度最高，知道微课的教师占 69.86%，其次是网络课程，占总量的 62.77%，数字教材、信息化教学设计、对 MOOC 认知的教师比例分别为 58.87%、55.32%、45.74%。

总体来说，教师对微课、网络课程、数字教材、信息化教学设计等概念的了解达到一半以上，只有对 MOOC 的认识没有超过 50%，但也接近一半。说明高职院校教师对目前流行的信息化教学相关概念有一定了解。

但在设计、应用方面较差，不足 15%，而参与建设的比例不到 3%。数据说明目前高职院校教师对于信息化教学相关概念尚处于认知起步阶段，需要在应用与建设方面予以引导和加强。信息化教学相关概念认识与应用情况如表 6–4 所示。

表 6-4　信息化教学相关概念认识与应用情况

认识应用 / 相关概念	不知道	知道	设计过	设计并应用过	参赛或参与建设过
信息化教学设计	14.54%	55.32%	12.77%	14.54%	2.84%
微课	20.92%	69.86%	3.9%	4.96%	0.35%
MOOC	42.02%	45.74%	9.57%	1.06%	1.42%
网络课程	10.28%	62.77%	14.18%	10.64%	2.13%
数字教材	29.43%	58.87%	10.64%	1.06%	0%

调查数据显示，教师的信息化教学意识方面有一定基础，对信息化教学相关概念有一定了解，在信息化教学设计理念方面较好，但在信息化教学推进过程中的深入程度不够，多数停留在概念认知阶段，对于信息化教学的内涵建设仍很欠缺。

6.1.3　信息技术发展冲击下的教学变革

信息技术的发展对人类社会的生产与生活方式产生了巨大影响。

互联网改变了人们沟通、交流的方式，每个人都可能成为互联网上信息的生产、传播、创造高手，收发电子邮件成为人们日常生活中必不可少的工作。QQ、微信的交流分享成为人们沟通交流的重要平台。

互联网成为人们行动的百科全书。通过互联网，了解行业动态，知晓国家的大政方针，查询出行路线、采购日常物品、预订机票和酒店，等等。无论是生活还是工作，不管我们做什么事情，做事之前一定要上网查找相关信息资源。

互联网环境下的电子商务对零售业及传统批发业带来的巨大冲击，3D 打印对制造业的重塑，数字摄影技术对胶片行业的影响，互联网对媒体行业、邮递业、通信业的冲击，微信对传统电信业的影响，互联网金融对传统银行业的影响，云计算技术、大数据、物联网技术等信息技术的迅猛发展，无不对传统行业带来颠覆性改变。

在职业教育教学领域，大规模开放网络课程、云计算、移动学习、大数据、学习分析、社交媒体、3D 打印技术、物联网、虚拟仿真技术等对职业教育教学将带来巨大冲击。

1. 信息技术对教育教学环境的改变

近年来，MOOC 大规模开放网络课程的兴起，给高职院校带来冲击的同时，也带来更多的思考。如何将这种大规模开放网络课程的教学方式、教学理念与实体教育教学相融合，将学校的线下教育与线上教育相结合，探索网络教学、混合教学、协作学习等多种模式融合的教学方式，构建学习型社会，为每一个学习者的终身教育服务，是我们面临的重要课题。

信息技术在教育领域的广泛应用，转变了教育教学环境，促成了一个网络化、数字化和智能化的泛在学习环境的日渐形成。在这个环境中，每一个学习者即是资源的创造者，也是资源的使用者，在教与学之间，架构了一个全新的、无限开放、资源共享、即时互通的教学空间，这种教学环境对实体教育、课堂教学带来巨大冲击。

2. 信息技术对传统教学观念的改变

在传统教学观念中，教师将自己所具有的知识和经验传授给学生，教师作为知识的复制者和灌输者，帮助学生记忆和存储前人积累下来的知识经验。教师教什么，学生学什么。教师是课堂教学的主角，学生只能被动接受。

随着互联网时代的到来，网络空间提供了更为丰富的资源，远远超过一位老师所能掌握的知识与技能。只要不是由个人掌控的垄断知识，学生所学的大部分知识都可以在互联网上找到答案。教师的角色不再是讲授知识，而应该是教会学生如何确定自主学习的目标，如何搜索知识，如何筛选大量的信息为自己所用。

教师将成为学生自主学习的引领者、合作者和解决问题的指导者，从“教”学生，转变为“导”学生。教师教给学生的不再是知识，而是获取知识的能力，是信息获取的能力，是信息筛选的能力，是知识辨别的能力，是知识创新的能力。

3. 信息技术对教师教学能力要求的改变

教师的教学能力，决定了教育的方式，决定了未来劳动力的素质。在互联网时代，在信息技术发展的冲击下，教师仅仅具有专业知识与技能已经远远不够了。我们所面对的学生是在互联网环境下成长起来的网民，是伴随新技术诞生而成长起来的信息技术应用高手，让不懂或不会应用信息技术的老师去教这些信息化环境下成长起来的学生，实在难以承担责任。

面对信息化环境下成长起来的学生，面对新兴的移动学习方式，面对虚拟仿真等专业化软件支撑的教学过程，教师的信息化教学能力亟待提升。

不会使用虚拟仿真软件的老师，怎么能够用虚拟仿真软件引导学生？不会使用微信的老师，怎么能够用微信与学生互动？不会使用手机上网的老师，怎么能够使用移动互联网络与学生互通？教师对信息技术的掌握与应用落后于学生，教师没有使用信息技术武装自己、提高自己，教师没有与学生一起面对信息技术的发展而成长、进步，可能会带来教育的失败。

4. 信息技术对课堂教学方式的改变

高职学生学习情绪化较强，对感兴趣的东西学习积极性较高，对于内容枯燥的内容则学习效率较低。对实践性环节的学习兴趣高，对理论课程的学习兴趣差。对于动手操作更感兴趣，更愿意通过亲身体验的驱动来学习。

针对高职学生的特点，如何借助信息化教学环境和信息技术手段，通过科学的教学设计、有效的教学方法和教学策略，把学习过程中的发现、探究、研究等认知活动突显出来，调动学生观察事物、思考问题的积极性，让学生从现象中发现本质，从过程中发现规律。使学习过程更多地成为学生发现问题、提出问题、解决问题的过程，提升学生自主学习、自主探究、自主创新的能力。

信息化课堂教学方式的改变，是随着社会进入到信息时代而产生的一种以教师为主导、学生为主体的新式教育形态。

5. 信息技术对学生学习方式的改变

学习是学习者建构内在的心理表征的过程，学习者并不是把知识从外部搬到记忆中，而是以已有的经验为基础，通过与外界的相互作用来建构新的理解。

目前智能手机、平板计算机的使用日益普及，移动应用程序的多样性极大扩展了移动设备的功能。这种数字化、媒体化、网络化、智能化的移动学习方式（尤其是可以随时随地随身学习），满足了社会各层次各种类型学习者的学习需要，将成为人类不可或缺的重要学习方式。

在信息化环境下，在信息技术支持下，在教师的引导下，基于丰富的教育教学资源，学生的自主学习、探究式学习、协作学习成为主流学习方式。学生通过自主学习完成教师布置的学习任务，在主动探究和积极实践中获取知识和能力，发现问题，解决问题。

在学生完成学习任务、解决实际问题、获取知识和能力的过程中，教师则成为答疑、解惑的辅导者，帮助学生破解学习难点。学生在自主学习过程中的自动化评测，为学生对知识的正确获取提供有利保障。

大数据环境下的学习分析，为更好地为学生提供个性化服务提供了基础数据资料和分析软件支持。学生的学习兴趣、学习过程中的障碍、在不同学习点上的成绩反馈等等，借助学习分析软件，对学习行为进行数据分析，改变教学方式，使学生保持学习积极性。

通过自主探究学习，通过在解决真实问题的过程获取知识和能力，学生的知识、技能、思维、情感态度与价值观等得到全面发展，也只有这种学习方式，才能培养出具有创新意识的技术、技能型人才。

6.1.4 推进教育信息化，实施提升教师信息化教学能力系统工程

1. 推进教育信息化，首先是提升教师信息化教学能力

在信息技术迅速向各行各业渗透融合的现代社会，教育信息化是新时期深化教育改革发展的重要特征之一，它是现代教育技术与装备在教育教学过程中广泛深化应用的核心内容。加快推进职业教育信息化的发展，将大大提高职业教育教学效益、推进职业教育改革、促进职业教育均衡公平发展。职业教育信息化发展需要大量的物质投入，但是更重要的是加快提升整个职业教育系统人员的信息化素养，首先是提升广大教师的信息化教学能力。

教师的教学能力，决定了教育的方式，而教育的方式，又决定了未来劳动力的素质。我国的经济发展方式由投资拉动转向创新驱动，产业结构由粗放型、能耗型转向集约型、环保型，都需要高素质劳动力的支撑。因此，加快提高我国教师的教学能力，是对我国经济社会发展的有力支持，也是投入产出比率最高的建设项目之一。

迅速提升教师的教学能力，特别是信息化教学能力，可以促进国家经济社会发展，使我国从一个使用新技术的国家，变成一个还拥有高绩效劳动力的国家，最终

变成一个知识经济和信息社会的国家。通过教师信息化教学能力的提高，有力促进教学质量的提升，更好地实施因材施教，保证学生（未来的公民和劳动者）能够获得所需要的越来越多的复杂技能，来支持经济、社会、文化和环境的发展，同时提高他们自身的生活水平。

2．教师信息化教学能力提升是一项系统工程

教师信息化教学能力的提升是一项系统工程，仅靠教师自身的努力是远远不够的，需要方方面面的支持、投入、组织与推进。

首先，需要政府在资金投入上的扶持、培训政策上的引导、教师评聘考核指标体系的完善。在职业院校信息化教学基础设施建设方面，需要政府有针对性地加大投入，构建扎实的硬件基础。在教师信息化教学能力培训方面，要配套建立专业化培训体系、培训计划和培训专家队伍。将教师信息化教学能力与教师课堂教学紧密结合，避免单纯信息技术能力考核，建立科学的考核评价指标，纳入教师评聘考核体系。

其次，学校领导观念要更新。信息化教学能力提升需要学校政策主导，专家引领，整体推进。

对于教师在教学过程中应用信息技术方面要建立科学、合理的鼓励机制，从政策层面激发教师学习信息技术、掌握信息技术、应用信息技术的积极性。

学校要有计划、系统地、逐阶递进地邀请相关专家进行引领性培训，引进新思想、新观念、新方法、新技术，从教学理念、教学设计、教学方法与工具、教学组织、教学评价等各环节全方位提升教师的信息化教学能力。

第三，推进应用于课堂教学的新技术培训。

教师信息化教学能力背后的技术支撑是教师对新技术的掌握和运用能力。信息化环境下的教师备课与授课不是单纯使用网络、计算机和投影，需要对多种新技术的了解、掌握和灵活运用，特别是虚拟仿真技术的掌握和运用。利用无线网络、移动设备、云端软件，以及与实际职场相吻合的虚拟仿真软件，把工厂、设备、施工现场及施工过程搬到学校，使学生能够借助软件掌握真实职场所需要的技术技能，进而提高教学效率与效果。

对于这些新技术的认知和使用，需要政府、企业、社会团体和学校各方面相关技术人员的研究与探索，不是将新技术直接介绍给教师，而是将新技术与教学的融

合应用推送给教师，也包括微视频的制作技术、数字资源的制作技术，等等。

提升教师的信息化教学能力是一项社会化工程，在推进数字校园建设的进程中，在推进信息技术与教育教学融合应用的探索研究过程中，在适应新的教学方式与学习方式的思想观念转变过程中，需要政府、企业、社会团体、学校及教师的共同努力，不断提高自身信息素养，促进教师队伍信息化教学能力的快速提升。

信息技术对职业教育教学的影响是深远的，信息技术与职业教育教学的融合应用有待在未来的教学过程中去探索和研究。本章在讨论高职信息化教学面临的机遇和挑战同时，在如下第二和第三两节还给出了信息化教学的两个典型案例——微课程与翻转课堂应用案例，以期启发并推动高职信息化教学的实践探索，同时，在第四节介绍了台湾地区对教育信息化平台的认识和反思，以及可以借鉴的案例，以期开拓大陆信息化教学的视野并汲取宝贵的经验。

6.2 典型案例一：微课程及其教学实践

6.2.1 微课程概念及特点

1．微课程概念

“微课”作为一种利用现代教育技术的新型课程形式近年来成为国内课程研究的热点，对于“微课”的概念目前还没有统一定义。一些学者仅从不同的角度给出自己的理解。

胡铁生老师在国内较早提出微课概念。他认为微课是“微型教学视频课例”的简称,将微课定义为“按照新课程标准及教学实践要求，以教学视频为主要载体，反映教师在课堂教学过程中针对某个知识点或教学环节而开展教与学活动的各种教学资源有机组合”(胡铁生，2011)[①]。黎加厚教授认为微课是与“课”相对应的概念,是从翻转课堂中涌现出的新概念。他将微课定义为“时间在 10 分钟以内，有明确的教学目标，内容短小，集中说明一个问题的小课程”，主要使用“微视频”作为记录教师教授知识技能的媒体(黎加厚，2013)[②]。焦建利教授从微课兴起的根源和应

① 胡铁生. “微课”：区域教育信息资源发展的的总趋势[J]. 电化教育研究，2011(10):61−65.

② 黎加厚. 微课的含义与发展[J].中小学信息技术教育，2013(4):10−12.

用发展角度,将微课定义为“以阐释某一知识点为目标,以短小精悍的在线视频为表现形式,以学习或教学应用为目的的在线教学视频”，是在线学习实践中极其重要的学习资源(焦建利，2013)[①]。

2．微课程的特点

尽管对于微课的具体定义和描述不一而足，但是大家对于微课的理解仍然可以看出有些共同点，从这些共同点不妨可以总结出微课程所应具备的特点。

（1）教学活动完整。微课的实质是“课”，即需要完成一次完整的教学活动。有教学目标、教学内容、教学过程、教学评价等。教师通过微课的设计，构建学习者自主学习的环境，自主完成一个教学知识点的学习。微课不是多种教学资源的简单“积件”，它是以网络技术、多媒体技术以及移动技术为支撑的，通过精心的教学设计将教学过程有机组织起来，完成教与学活动动态应用过程。

（2）教学时间短。微课的教学时长一般为 5～8 分钟，最长不宜超过 10 分钟。有研究发现人的短时关注力最佳时间就十分钟左右，超过这个时长人就容易转移注意力。因此，微课的最佳时长就是十分钟左右，那么微课的内容设计上，应尽可能进行知识点分割，将知识体系划分为小粒度、自包含的组块。

（3）教学内容少。微课一般问题聚焦，主题突出，一个微课程围绕一个知识点或技能点进行教学，具有不可再分性，不能再进一步划分成更小的知识单元。

（4）教学平台开放。微课可以通过视频、动画、图片集等一种或多种媒体组合的形式呈现,这些都超越了传统课堂的单一空间限制。而且微课是以网页的方式将某个知识点或教学主题相关教学资源进行结构化组合，形成了一个主题突出、资源有序、内容完整的结构化资源应用环境。微课同时还具有半结构化框架的开放性优点，具有很强的生成性和动态性，其中的资源要素(包括微课视频、教学设计、素材课件、教学反思、教师点评等)都可以修改、扩展和生成，并随着教学需求和资源应用环境的变化而不断地生长和充实，进行动态更新。

6.2.2　微课程案例

随着高校教育教学改革的不断深化，微课、慕课等利用现代教育技术的新的教

① 焦建利.微课及其应用与影响[J]. 中小学信息技术教育，2013(4):13−14.

学形式也成为了高校课改的前沿阵地。作为高职类商科课程如何利用微课有效管理和整合碎片化的学习时间提高专业技能也日益成为教师研究的新热点。以下以宁波职业技术学院国际经济与贸易专业“制单与审单”课程的微课作为案例，探讨商科类课程的微课开发与实施。

1. 微课教学分析

（1）学习者的特征与教学局限性分析。在互联网时代，学习的碎片化特征已日趋明显。微博、微信、微小说、微访谈、微电影等微时代产物以闪电的速度在社会普及。我们的学生正是伴随着互联网时代兴起而成长的一代人。他们对“内容短小、精悍，情节具体而连贯”的内容有着天然的亲近感。所以一般而言，微课的时间安排要求控制在 10 分钟左右，一般不超过 15 分钟。这是大部分学生能持续注意的时间，超过这个时间，就有可能造成注意力不集中甚至注意力转移的现象。

由于商业企业对业务资料的保密性需求，国际经济与贸易专业的学生很难通过课程项目体验到真实完整的业务流程。在以往的教学中只能通过半模拟半描述的方式来完成工作过程的体验和学习。以至于有些学生在大三实习期间碰到具体的工作还是很难在短时间将学校所学应用于实际。所以，具有连贯的工作情景的微视频教学也是学生了解具体工作操作流程和内容的最有效方式。

（2）课程的应用分析。“制单与审单”是宁波职业技术学院国际经济与贸易专业面向大二学生开设的一门专业核心课。学生通过这门课程要学会通过不同的业务主管部门办理和制作各种外贸单据，并能分析和处理外贸单证制作过程中的问题。在对外贸流程大致了解的基础上，“制单与审单”这门课程还涉及更深入细致的业务协调和沟通工作。工作场景的变换更为频繁，操作过程更为烦琐，涉及的业务信息更为具体。当涉及与不同业务部门共同办理的那些单证业务采用微视频这种形式拍摄真实业务的具体操作过程，既展示了具体的业务处理过程，又保护了企业重要信息不被泄露，最大限度地还原了工作过程的真实性和连贯性。

在这门课程中把这些需要多部门参与、制作流程复杂的单证作为可应用微课的教学单元筛选出来，以校企合作的企业真实业务为背景，拍摄这些单证典型而完整的办理和制作过程。以工作任务为主线，将拍摄的视频设计整理成“完整流程展示”“流程分步详解”“常见问题分析”3 种不同类型和层次的微课视频，每个视频对应单个小粒度的知识点，但每个微课视频却不是没有关联性的散点式知识点，他们都支持同一情景的聚合重组。

2. 微课教学设计

选取“产地证制作”这一教学单元进行微课设计。“产地证的制作”的学习过程中主要有以下内容：产地证的作用、产地证的申领、产地证的项目内容、产地证的缮制要点。其中，产地证的作用和内容在课堂通过业务单据展示和讲授完全可以达到教学目标。但是，产地证的申领程序因涉及的行业认证过程，这些需要真实企业的认证账号，而且在制作产地证过程中实际是通过账号进入统一的电子平台进行操作的。所以，学生尽管理论上能完成的产地证制作，但在实际工作中往往会碰到电子平台输入的障碍。而微课正是针对学生在该知识点学习过程中遇到的这一难点进行设计。通过微课视频来展示完整的实际企业如何整理认证材料、具体的申领步骤展示、电子平台的认证和登录等。

(1) 设定教学目标。“产地证的制作”这一单元的微课设计是通过创设“中国一家出口企业按照国外客户要求需要提供产地证”的问题情境，借助相关教学文本资料，企业业务视频，电子操作平台软件等，对产地证制作这一教学单元进行深入的剖析后，明确使学生达到如下目标：

① 掌握产地证申领企业认证要求和需提交的认证证件。

② 掌握产地证申领流程。

③ 重点掌握电子平台录入产地证的步骤。

④ 深入理解产地证的制作要求。

这一教学单元可根据教学内容制作成“产地证申领流程”“产地证制作”“产地证制作的常见问题”三次微课。

(2) 组织教学内容。采用启发式教学法及任务驱动教学法，在真实的任务情景中根据工作流程顺序安排教学内容。引导学生带着真实的任务在探索中学习。

① 提出问题 “出口企业第一次申请办理产地证，要通过哪个部门经过怎样的流程办理？”引发学生思考， 然后用图片和流程图的方式解答:一般原产地证书要到中国国际贸易促进委员会通过网站登录和现场办理。

② 通过录屏方式录制：进入中国国际贸易促进委员会网上商务认证中心，点

击企业注册进行企业信息填报，结合企业的相关资料文本图片进行视频指导填报内容和步骤。具体并全面地展示企业网上注册并申请的整个过程。在关键的细节部分插入有可能填报失误的情景，同时提醒学生注册申领的周期和注意事项。

③ 跟踪拍摄产地证现场申请和交流过程。先提出问题“申领产地证需要提交哪些证件？”插入 PPT 和图片复习产地证申请的材料准备，然后展示在产地证申领现场和办证人员具体的递交证件和交流过程。在贸促会工作人员核对证件无误后接收发放的认证卡和认证号，完成现场申领。

④ 通过录屏方式展示电子平台获取用户账号并通过账号进入填制产地证的过程。这段视频进行中设计穿插了产地证和填制产地证相关文本的图片展示，产地证项目内容复习。根据网页设计的项目顺序逐一演示所有项目的信息获取和填报方法，并最终演示打印出产地证成品并盖章的图片。

⑤ 通过设置产地证制作过程中常见的错误、特殊和意外的情景问题，编辑产地证制作过程中对填制错误、特殊和意外情况的应对过程的视频，形成产地证制作常见问题及应对的微课。

以上教学内容是根据整个产地证制作教学单元设计的微课教学过程，同时根据知识点的独立性和设计的时长选取的最典型和代表性的问题进行视频编辑。上述过程既可分为 3 个内容交叉又，可相对独立的微课视频：

产地证的制作流程：包括 ①、②、③的全部和④的典型过程环节。

产地证的制作：包括④的具体演示过程和相关资料的图片和 PPT 展示。

产地证制作的常见问题：包括⑤的演示内容和 PPT 演示的各种对应情景描述。

(3) 选择媒体和教学方法。在微课的制作过程中为了更好地通过真实工作场景视频进行完整的教学设计，融合了图片、PPT、Flash 和视频等多种元素进行相关知识点的分析和讲解，在微课视频的录制部分混合采用了外拍和录屏这种方式，结合微课的教学内容选取适当的视频制作方法，再经过教师和技术人员的精心设计和后期编辑，得到文、图、声、像俱佳的微视频。利用任务驱动和问题导向来串联这些视频和教学资源，在网络平台还可以继续通过反馈互动的教学方法进行教学。通过微课平台上设置留言板，学生可以就视频观看和学习过程中的问题进行交流。教师可以足不出户与学生进行交流研讨，达到互助互学、共同提高的目的。

6.2.3　教学实践与反思

1．微课的资源聚合

微课的本质是“课程”，是在微型资源的基础上附加了教学服务的小型化课程，是内容、服务和互动的载体。具体来说，作为适用于移动学习、泛在学习、终身学习等新型学习方式的课程。微课虽然小，相对独立，但要有序。单个微课一般仅承载单个、微小的知识点，显得零散，但由于知识点间存在一定的关联，因此微课间必然也存在一定的关联，而不是无序的。若忽略微课间的关系，使微课处于无序状态，则容易导致学习者学习某门微课后，无法确定下一步该学习的微课。因此，微课设计时，需对微课的教学信息进行准确描述，并建立微课间的关联，保证微课处于有序的状态，从而帮助学习者快速获得所需微课，并为聚合成更大粒度的课程提供依据。

微课设计首先要对所承载的知识粒度进行划分：一方面,在设计移动学习资源时，应尽量将学习内容按知识点进行分割，保证一个学习内容中仅包含一个知识点，以适合短时间、短流程的片段化学习；另一方面，为了适应学习者非连续的注意状态，学习资源应微型、小粒度,同时要保证所传递知识的完整性。“制单与审单”的微课程是根据同一情境的联系来实现微课内部各要素的聚合，以及将相关主题的微课聚合成粒度更大的课程。将微型资源内容按照一定的结构进行聚合可成为微课群(其本质是课程)，即实现了“用户可以将自己感兴趣的微课结构化成一个整体，对外发布的构想。” 如创建了产地证申请、产地证制作、产地证制作的常见问题等微课程，可以把有关产地证的课程聚合成产地证缮制的微课群。同样，有关产地证、检验检疫单据、出口许可证的微课，学习者也可将这些微课聚合，形成一个介绍官方单据制作的微课群作为更为综合的微课群。需要说明的是，微课群的结构和微课一致，只是粒度变大，内容更加丰富，组织更加有序。

2．微课的教学评价

微课作为一门“课程”在设计时还要考虑通过教学评价促进知识进一步建构和深化。在微课平台提供与内容紧密相关的评价项目实现在移动学习中与学生的交互和信息的双向交流。这些评价设计不仅能激发学习动机,也能促进学习者进一步建构知识。同时，与教学内高度融合的评价项目设计还使学习活动更加有针对性,学习过程更加科学、流畅,帮助学习者形成“学习—反思—学习”的学习过程。通过学习评价部分,课程开发者可以查看学生的评价信息,了解学习情况,为调整课程内容和设置提供判断的基础。

“制单与审单”根据教学目标、教学活动设计教学方案和评价体系。在评价方案中,每个知识点应占一定的分数比例,分值的设置根据项目的难度和内容设定。 每个知识点的掌握情况都根据内容设计相对应的评价测试，评价结果可供学生本人和教师查询。除此之外，还考虑了一定比率的过程性评价。微课学习评价不能仅依赖于最后的考试,而应将过程性评价和结果性评价相结合,通过学习活动、交互与评价指标,在跟踪用户学习行为、学习时间、学习过程信息的基础上,对学习效果做出评价,全面反映学习情况。

3．微课的反馈互动

仅仅向学习者提供学习内容并不能真正促进有效学习的发生，微课的设计也应从面向内容设计转向面向学习过程的设计。即不仅要考虑学习内容的多媒体表现形式,更要考虑如何更好地促进学习者学习，要按学习逻辑，合理安排活动步骤，促进学习者对内容知识的深度加工。因此,要实现学习者与微课的双向互动,学习活动不可或缺。比如,在著名的 TED−Ed 网站中,每一节微课中不仅包含微视频,还包含“观看视频（Watch)”“思考题（Think)”“深入学习（Big Deeper)”三大模块和一些辅助资源。它的思考题部分包含五道选择题和三道问答题。在选择题中，若用户判断错误，微课平台不仅提供反馈，还提供视频回放提示,将学习者引导到对应的视频位置再次观看。此项功能不仅能较好地实现及时反馈，也使用户与视频内容之间实现深度交互。这三大模块间形成较为一体化的界面承接用户体验,用户可以边看视频边练习、测试等。通过这样互动的教学设计为学习者更好地提供学习支持,促进学习者与微课的交互,使他们对知识有更深入的理解。

交互性好的微课应该在如何学习、积极参与、提供实时反馈等方面为学习者提供选择。 每门微课应融入与内容相对应的学习活动,如讨论、投票调查、提问答疑、在线交流、发布作品以及一些学习反思、练习测试等。但这些交互功能的设计和实施需要很强的信息技术能力，所以，微课的制作不仅需要专业教师在根据专业学习内容精心设计教学内容，还需要与教育技术专家合作开发可交互的教学活动，促进信息技术与学科教学的有效整合。

6.3　典型案例二：翻转课堂及其教学实践

6.3.1　翻转课堂概念

随着信息技术与教育的深度融合，翻转课堂作为一种基于信息技术的新型教学模式，近年来在国内外掀起了一股“翻转”之风。翻转课堂是从英语 Flipped Class Model（或 Inverted Classroom）翻译过来的，通常被翻译成“翻转课堂”“反转课堂”或“颠倒课堂”，或者称为“翻转课堂式教学模式”，简称为 FCM。

什么是翻转课堂？下面先来透视一般的课堂：在世界各个地方，每天至少有数亿学生走进教室学习，这些教室基本上都大同小异，几十名学生，几排整齐的课桌，老师在讲台上辛勤地讲解，学生在下面有的埋头记笔记、有的看着老师发呆、有的在课桌下偷偷玩手机、有的趁机打盹……这样的教学模式不容易顾及到每个学生的个性化差异。学生在同一个教室接受的是一样的信息、一样的进度，当老师呈现一样的知识时，每个学生的反应是不同的：张三听懂了，李四没有弄懂，王五觉得无聊。一天的课堂学习结束了，大家都回家开始完成作业。类似张三这样的学生很快就完成了作业；王五能基本完成大部分作业；而像李四这样的学生就很纠结，因为他还需要更多的帮助。

如何扭转这样的局面呢？“翻转课堂”就是解决问题的好方法。在翻转模式下，每天学生在家通过个性化的平台学习知识，张三遇到不会的问题可以马上查看讲解，不把问题留到后面；王五也不再觉得无聊，因为他可以根据自己的能力做额外的拓展练习；李四也不再纠结，因为他可以借助微视频反复学习他没有掌握的内容，如果还有不解，可以随时寻求老师和同学的帮助，互动学习平台让他和同学及老师的沟通变得随时随地、简单高效。就像家庭作业不同一样，上课形式也变得不一样了。老师不仅仅站在讲台上讲授，而是走进学生中间。翻转课堂使老师对每个学生学习情况的真正了解成为可能。上课前老师可以根据每个学生的不同情况单独备课，解决学生的个性化问题。在传统模式下，老师站在学生和知识中间；但在翻转课堂模式下，学生直接获取知识，老师更加关注学生获取知识的效果和能力。

综上所述，翻转课堂是一种与传统课堂截然不同的教学模式，它的基本理念是：把传统的“先教后练”模式“翻转”过来，变成“先学后练”，让学习者在课外时间完成针对知识点的自主学习，课堂则变成了教师与学生互动的场所，主要用于解答疑惑、汇报讨论。国内外的许多学者归纳了翻转课堂实施涉及的经验：精制教学视频；颠倒传统教学流程；让学生真正自主学习；把学习从追求学历的禁锢中解放出来。而教学视频的使用与传统教学流程的颠倒是翻转课堂的最具特色的两大标志性要素。

6.3.2 翻转课堂案例

“计算机基础”作为高职非计算机专业学生的一门公共基础课，在培养学生的计算机应用技能和信息素养方面起着基础性和先导性的重要作用。由于高职学生生源多样、计算机基础不平衡、学习兴趣差异明显，课程内容更新快；再加上原来教师授课时间偏长，而学生实操时间偏短，师生互动不够等，这些都对“计算机基础”课程的教学改革提出了严峻的考验。如下是采用翻转课堂进行“计算机基础”课程教学改革的实践探索。

1.“翻转课堂”的缘起

（1）高职院校“计算机基础”课程教学面临的问题：

① 学生基础不平衡，对传统的课堂教学提出了严峻的挑战。由于高职学生生源多样，来自不同地区学生在计算机基本应用能力方面存在明显差异。面对水平层次各异的学生，教师的课堂教学无法满足全体学生的学习需求。突出表现为：教学进度无法统一；教学难易无法统一；无法照顾全体学生需求；众口难调……

② 教学内容更新快，课程容量大，单凭课堂教学无法跟上实际需求。由于信息技术发展迅速，软硬件更新换代频繁，新理论、新方法层出不穷，因此“计算机基础”课程承载的内容越来越多，课程容量越来越大，单一的课堂教学总是无法跟上技术的发展，无法适合实际的需求。另外，由于课时的限制，课堂上不可能讲授更多新的内容，课程内容难于延伸到课外。

③ 传统的教学方法使分层教学面临困境，难以真正因材施教。为了适应学生

"非零基础但不平衡"的现状，很多学校实施了分层教学。普遍的做法是：在本课程开课的第一周进行摸底考试，根据摸底结果，将学生分为：免修级、正常级和补修级，这样初步解决了学生个体之间基础差距过大的问题。但通过每个模块的"课前问卷"发现，每个学生对各模块知识的掌握情况又有较大差异。再加上在教学中，教师的信息化手段主流采用的还是"PPT+投影仪"的模式，教学方法仍是教师讲授为主、学生被动聆听的方式，师生之间缺乏互动，难以激发学生内在的学习动机，导致教学效果不明显。因此，这样的分层教学只是从整体上把学生划分为几个等级，无法真正实现个性化教学。

(2)"翻转课堂"是解决问题的有效手段。

针对"计算机基础"课程传统教学中面临的困境，"翻转课堂"模式可以有效解决上述问题。

① 翻转课堂将教学过程转移到"课下"，学生有充足的时间总结所学知识，教师可以更加有效地利用课堂时间，达到真正意义的"解惑"目的。

② 翻转课堂从根本上翻转了教师与学生的角色定位。教师从知识的灌输者变成学习方法的引导者；学生从被动聆听变成了主动学习、自主学习。

③ 翻转课堂为学生提供的学习支持平台和自助导学系统，提供了新鲜、丰富的课程资源，学生可以根据自身认知程度进行选择性学习，以满足不同水平学生的学习需求，满足学生的个性化需求。

综上所述，在理想的状态下，翻转课堂一定能对学生良好的主动学习习惯的养成和教育教学效果的提升产生巨大的积极作用。

(3) 在高职"计算机基础"课程中推行 FCM 的可行性。

从当前高职"计算机基础"课程教学的实践来看，已具备开展 FCM 的基本条件，有一定的可行性。

首先，从课程角度考虑：本课程是门实践性较强的课程，采用的是项目、案例式教学，这种任务驱动式教学方式便于组织自主学习、自主探究类型的教学活动；其次，从教师角度：作为计算机课程的教师，在信息技术领域具备一定的研究能力，可以胜任自主学习平台的构建、多媒体资源的制作、管理和发布。再次，从学生角度：高职生一般都自配有手提或台式 PC，具备一定的信息技术能力和对学习的自我约束和自我管理能力，对各种网络平台的操作和多媒体资源的操作、获取等没有问题，并基本上能按照教师的要求开展自主学习活动。

因此，以上几个方面为在高职“计算机基础”课程中推行 FCM 模式提供了有力支撑。

2．如何构建“翻转课堂”

（1）基于翻转课堂的学习支持体系的建构：

① 规划、整合“计算机基础”课程教学资源，推进教学内容的视频化、模块化建设。

要使教学资源成为学生网络自主学习的优质资源，仅仅是教材的电子化、资源的堆砌、答案汇集的教学资源是无法满足学生的学习需求的。必须对零散的课程资源进行重新规划、整合，对教学内容进行视频化和模块化处理。

为解决此问题，采取的方法与途径如下：

- 梳理、规划、整合本课程资源，并结合课程内容开发优质的网络多媒体资源。
- “计算机基础”网络自主学习环境建设采用视频、音频、动画等交互性强的媒体形式综合表现。
- 为了实施翻转课堂，需要把教学内容录制成微课，即内容视频化，便于学生课下学习；微课的制作融入生动性和趣味性。
- 以项目为主线，贯穿课程内容并进行模块化设计，内容的模块设计限定时间，保证了视频内容不会太长，以免影响学生的学习兴趣。

② 构建学生互动学习平台。为了便于“翻转课堂”的有效开展，必须要为学习者构建一个适合自主学习，方便资源获取，并且还配以一些激励措施和引导手段的“学习支持体系”。“学习支持体系”构建的好坏对学生的自主学习起着至关重要的作用，包括平台界面设计、课程框架设计、课程内容模块设计，其中以课程内容模块中的“学生自助导学系统”的设计为重点。

平台界面设计：清晰、明快的网页界面可以提高网络课程的可读性，吸引学生的注意力。为解决此问题，采取的方法与途径如下：

- 结合本课程的特点，网页风格定位在活泼型，颜色以清淡明快的颜色为主。
- 页面文字从字体、颜色、大小、字间距、行距等多方面综合考虑，提高了网络课程的可读性和清晰度。

● 在设计过程中，注重学习的独立性和个性化，从学生角度出发，设计出友好的课程界面和多种师生交流模式。

课程框架设计：课程框架的有效设计可以更好地规划网页资源，提高网页空间的利用率和版面结构的清晰度，为学生的自主学习提供更好的向导作用。为解决此问题，采取的方法与途径如下：

整个课程框架规划为“成果大展台”“自助学习”“教学资源”“课后强化、互动评价”4 大主要版块，每一版块内再布置相应的内容，如图 6–15 所示。

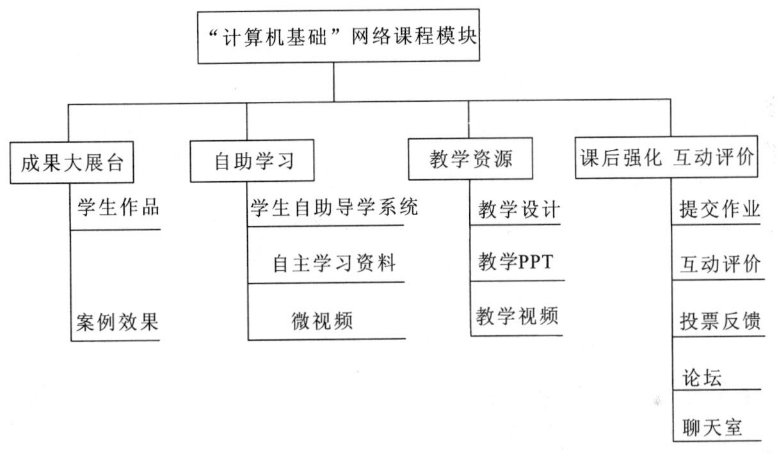

图 6–15　“计算机基础”课程框架图

● “成果大展台”版块，以图片、视频等方式直观展示学生优秀作品和案例效果，激发学生的学习兴趣。

● “自助学习”版块构建了“学生自助导学系统”，该导学系统以文字、图片、视频等多种方式呈现知识内容；为方便学生对资源的获取，提供清晰的导航体系；并通过 Flash 情境创设，激发学生的学习兴趣，促进学生对知识的意义建构。在该导学系统的设计过程中参入游戏元素，以通关晋级的方式诱导学生进行自主学习，既增添了趣味性又可完成学习任务，一举两得。自助导学系统对学生的学习进度进行跟踪并实时呈现分数，该分数记入学生平时成绩单，对学生来说是一种激励机制，对教师而言又是一种监督机制。

● “课后强化、互动评价”版块添加了作业、互动评价、投票、反馈、测验等。从作业的具体形式、参与方法、评价等各方面都采用多元的手段，为学生的自主学习提供良好的检验手段；投票、反馈、论坛、聊天室为学生自主学习提供交流的工具和环境。

课程内容模块设计：课程内容模块主要分为计算机基础知识、网络基础、Word 模块、Excel 模块、PPT 模块和常用多媒体软件应用 6 大模块，具体内容规划如图 6–16 所示。

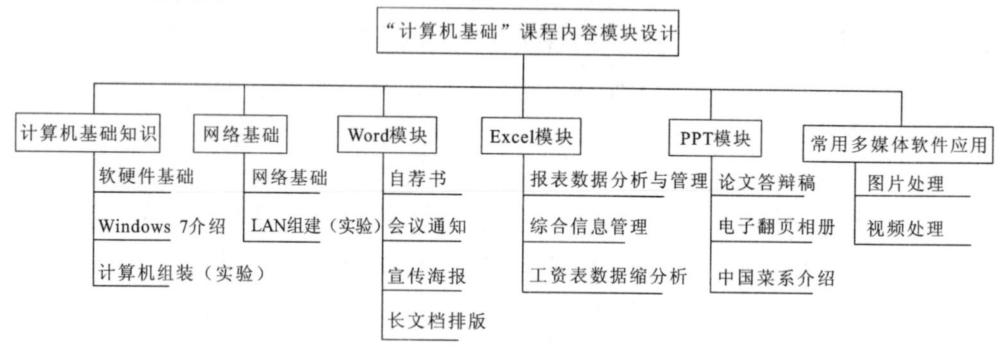

图 6–16 “计算机基础”课程内容模块

（2）翻转课堂教学模式的具体实施。构建适合学生自主学习的环境是实现翻转课堂的前提条件，但实施是关键。

为解决此问题，采取的方法与途径如下：

① 充分发挥教师在学生自主学习过程中的导学作用，引导学生进行自主学习。

② 重新调整教学安排，使虚拟化和现实化并重。

③ 充分利用课程平台的论坛、聊天室、问卷调查、作业等及时掌握学生的学习动态、学习效果，对出现的问题给予及时解答。

④ 在平台中充分运用系统日志跟踪学生自主学习的状况，并给予及时提醒。

⑤ 为调动学生自主学习的积极性，微课设计尽量赋予生动性和趣味性。

⑥ 及时公布学生通过“自助导学系统”学习的成绩和排名，并给予奖励和鼓励。

3．以“邮件合并”为例介绍 FCM 的具体实施

（1）教学准备：

准备 1：学生自助导学系统的构建。在课堂中，“导学系统”是翻转实施的利器。

在导学系统设计过程中注重：任务导读情境化、知识呈现多样化、环节设计游戏化、疑点难点视频化、学习过程轻松化。

① 任务导读情境化：在任务导读环节，通过动画、工作实例等情境引出本次任务，并以提问的形式呈现本次任务应掌握的主要知识点、应解决的问题，能让学生带着目的学习。

② 知识呈现多样化：为了适应不同风格的学习者，以多种方式呈现知识内容，比如 PPT 演示文稿、文本、微视频等形式的学习资源，以满足不同认知风格、不同知识水平学生的需求。

③ 环节设计游戏化：在导学环节的设计过程中，融入游戏化的理念设计实践性任务，按任务的难易程度将任务分为低级（制作信封和成绩单主文档）、中级（批量制作信封）、高级（批量制作带照片的成绩单），以便于不同程度的学生进行选择性学习，能较好地实施“分层教学”。

④ 将疑点难点视频化：对于疑点、难点将其视频化，以在线微视频支持学习活动，便于学生自学时模仿操作。

⑤ 学习过程轻松化：为便于学生资源的获取，整个导学系统提供清晰的导航体系，学生以过关晋级的方式完成知识和任务的学习操作。另外，再加上中英文混搭的学习环境设计和幽默风趣的网络语言运用既将英语渗透于实际应用中，也为自主学习增添了几分乐趣和轻松。

准备 2：学生分组。按学生层次搭配，以 4～5 人为一组，每组设立一名组长，便于课上交流、探讨、协作学习。

在导学系统的设置中利用分数、进度等宏观元素，有效地监控学生的课下学习情况。学生自学的成绩直接反应在平台的成绩中心，以便于随时查看。

（2）教学实施：

课前环节：学生登录互动平台自学“邮件合并”自助导学系统，自学时可利用平台的虚拟课堂、论坛、聊天室、博客等进行组内讨论，并记录自学中的疑点、难

点，以便带到课堂上解决。

课堂环节：

① 任务引入：通过一个简单的引入明确“邮件合并”的两要素。

② 成果检验：按任务设计由浅入深检验自学成果，要求按学号上台，边说边做，人人参与。

③ 疑点难点:教师对自学过程和成果展示过程中学生提出的疑点、难点进行点拨、演示，并随即布置课堂任务，批量制作带照片的本班学生档案卡，来检测大家对知识的掌握情况。本任务以竞赛形式要求组内协作完成，并在课程平台上填写一份“作品自评互评表”，用以检测大家的任务完成情况和小组协做情况。

④ 巩固小结：由学生以发散性思维对本次课知识点、难点、疑点等进行小结，教师再拓展邮件合并的日常应用，并布置下一轮自学的任务，为下一次的翻转作准备。

⑤ 多元评价：邮件合并作业采用个人自评、同伴互评、教师评价的互动评价方式，老师再结合学生课下自学的成绩、进度、小组协作的情况等综合给出本次任务每个学生的成绩。

6.3.3 教学成效与反思

1. 教学成效

在宁波职业技术学院对模具、商务日语、国际贸易、应用韩语共 4 个教学班进行了一个学期“翻转”的尝试。为了检验这样的模式对教学是否有成效，在学期末，对学生进行了一个“基于‘翻转课堂’的本课程学习感受问卷”，问卷共设 16 题，其中单选题 14 题，问答题 2 题，回收有效问卷 145 份。如下是学生的真实反馈（列举几个典型问题）。

（1）单选题反馈情况：

① 对采用“翻转课堂”教学模式的态度的调查结果如图 6–17 所示。

②“翻转课堂”与传统教学模式比较调查结果如图 6–18 所示。

③ 自主学习能力与习惯是否提高和改善的调查结果如图 6–19 所示。

④“翻转课堂”模式下的课业负担的调查结果如图 6–20 所示。

⑤ 是否愿意继续采用“翻转课堂”模式的调查结果如图 6–21 所示。

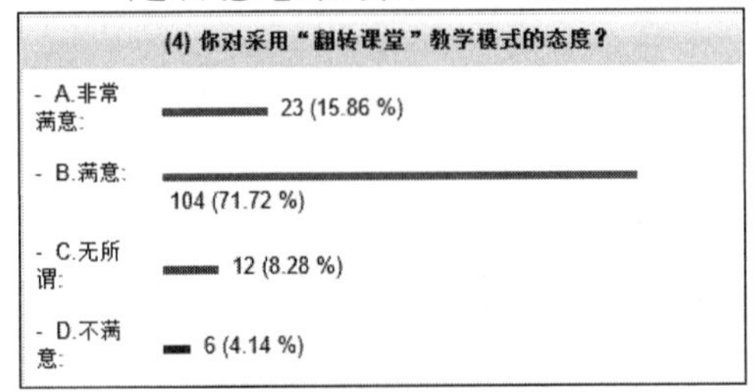

图 6–17　采用“翻转课堂”教学模式的态度调查结果

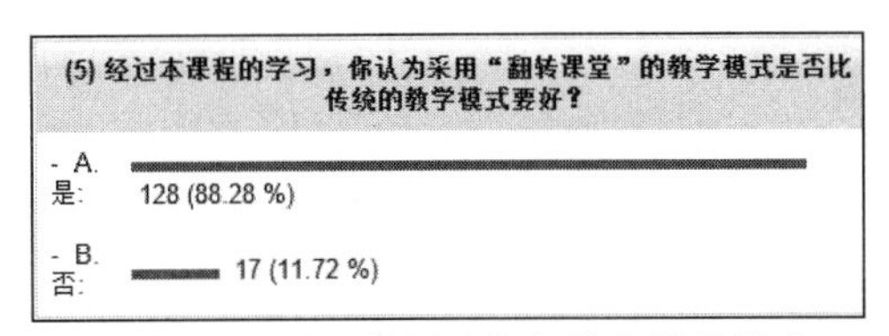

图 6–18　“翻转课堂”与传统教学模式比较调查结果

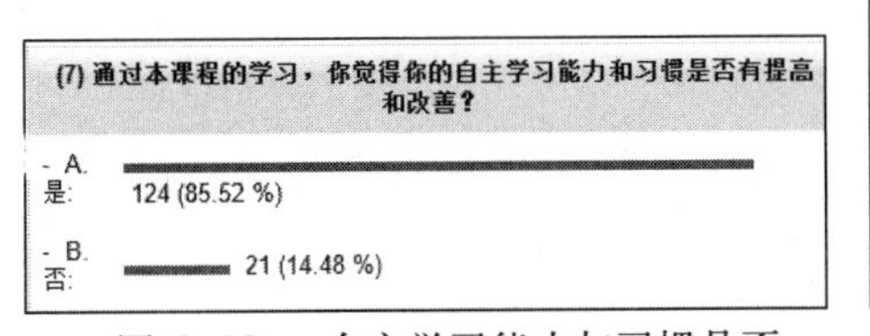

图 6–19　自主学习能力与习惯是否改善调查结果

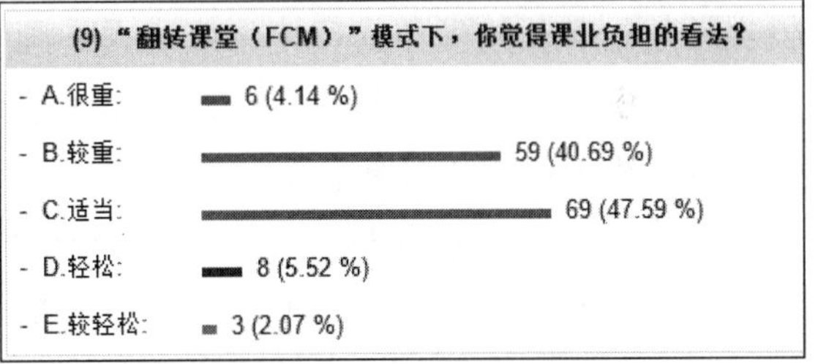

图 6–20　“翻转课堂”模式下的课业负担调查结果

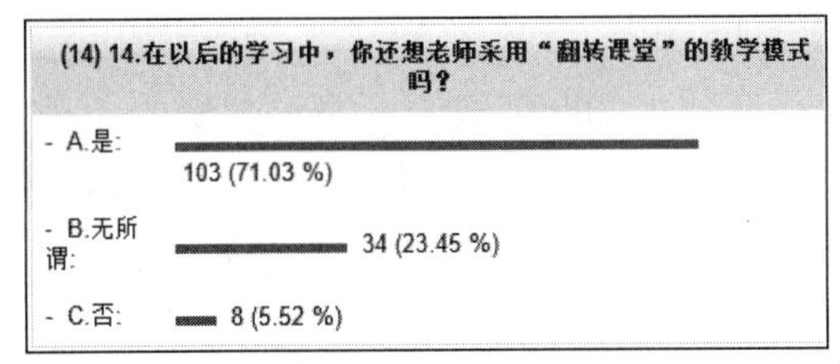

图 6–21　是否愿意继续采用“翻转课堂”模式的调查结果

（2）问答题反馈情况：

问答题第一题为：“你觉得翻转课堂模式最大的好处是什么？”。从学生的反馈中看最突出是:提高了自主学习能力，改善了自主学习习惯；有了课程互动平台可以随时随地地学，想学就学，减少课堂学习的压力，而且还可学到更多的知识；课堂互动好，师生之间同学之间交流多了，既增进了感情又增强了团队协作能力。

问答题第二题为：“在本课程的学习中你还有那些意见和建议？”从学生的反馈中看最突出是:减少课业负担，课下花时间较多；更加完善学习支持体系的构建，增加一些人性化功能，如按钮设计；多一些上台的机会，等等。也有学生反映：还是更喜欢先教后练的传统模式。

2．教学反思

（1）从教师角度：

① 翻转课堂模式对教师的信息化水平提出了较高的要求，特别在学生自主学习平台和导学系统的构建、微视频的制作、管理和发布等面临严峻的挑战，尤其对于非计算机专业的教师更是难上加难。

② 从课堂实施来看，学生通过协作交流相互学习，教师的任务貌似轻了很多，但实际上，教师的工作量相比传统模式是翻倍的，主要集中在课前导学系统构建、教学资源的模块化和视频化建设，且导学系统设计和微视频制作的质量将直接影响学生自主学习的积极性和持久性。

③ 翻转课堂模式较有效解决了因材施教的问题，学生根据自身程度，通过自主平台进行个性化学习，使得不同程度的学生都学有所获取。

④ 翻转课堂模式有效解决了因本课程课时不足所带来的种种问题，比如课程容量小，内容陈旧，课堂上教师讲解过多，学生操练太少等，它将课堂教学延伸到课外，使学生能学到更多的知识。

⑤ 新的教学模式在成效未知的情况下，势必会受到学校、学生、家长的质疑，在传统教学模式根深蒂固的情况下，再加上现行的一些教师考核机制，让施行教学模式创新的教师难免有些顾虑。因为学生对课程的满意度将直接影响任课教师的教学考核。

（2）从学生角度：

① 在翻转课堂模式下，部分学生（成绩中偏后）反映课业负担太重，有压力；由于任务检验采取的是按学号轮流展示的方式，有些计算机程度相对弱的学生为了台上展示的一两分钟，课下花费了很多时间用在观看视频和练习操作上。那么，如何平衡课业负担呢？

② 翻转课堂模式对学生的自主学习能力和学习的自觉性提出了较高的要求。虽然高职生具备一定的自主学习能力，但由于对传统模式的长期依赖，学习的自觉性还是欠缺。如果课前环节没做好，势必影响翻转的效果。那么，如何激发学生课

前自学的热情，使学生真正热衷于课下自学的过程呢？

③ 从课堂互动环节来看，有些学生还是没能积极地参与到讨论交流中，即便轮到上台展示，也是畏首畏尾，胆量欠缺，这跟性格内敛有很大关系。那么，如何采取一些激励措施和引导手段，以激发学生内在的学习动机呢？

(3) 从学校角度：

① 为使翻转课堂更好地实施，考虑到有些学生没有计算机，特别是大一新生，学校应该从硬件方面给予支持，比如课余时间段开设机房为学生自主学习提供方便。

② 为使课堂环节更好地开展互动、协作，建议教室的课桌布局和室内设计可以适当调整。例如，为方便小组讨论，可将课桌摆成以组为单位的圆形或半圆形，教室布置也可以打破现有的一贯布局，设计得更加温馨、惬意，便于沟通交流。

③ 为鼓励实施教学创新的老师，学校应从制度、考核等方面给予支持和帮助，使老师能毫无顾虑地专心教学改革，真正探索出适合学生实际的教学模式。

6.4 台湾地区教育信息化平台的规划与设计

伴随着科技进步，教育领域也受其影响而日渐创新。为追求教学的效率(Efficiency)与效用(Effectiveness)，各种教育理论或原则、教学技术及辅助学习与管理的工具或媒体平台，都在加速迭代更新。随着微计算机、移动网络及云计算的兴起，计算机网络与移动科技的平台普遍深入企业、学校及家庭之中，教育学者将其引为教学媒体与管理或研究的工具，研发了各种信息化教育平台。台湾教育领域学者进行信息化平台的规划、开发与运用已有多年经验，并且取得了丰硕成果，这些优秀经验将有助于我们拓展视野，也将对大陆的教育信息化平台发展有所借鉴和参考。

6.4.1 对信息化平台的概念及特点的认识

1. 信息化平台的概念

教育信息化需要相应的软硬件环境：至少应包括协议(Protocol)与平台(Platform)。协议给出了系统与数据内容在使用或交换方面的规范与格式。平台是指作为教导(Teach)、练习(Practice)、测评(Test)、管理(Manage)、查询(Query)、分析(Analyze)等用途所需的软硬件系统及其承载的内容的总称，如图 6–22 所示。

以信息化教学的呈现方式而言，常见的教育信息化平台有以下几种模式（见图 6–23）：

（1）教导式(Tutorial)。

（2）反复练习式 (Drill and Practice)。

（3）仿真式 (Simulation)。

（4）游戏式 (Gaming)。

（5）问题解决式(Problem-Solving)。

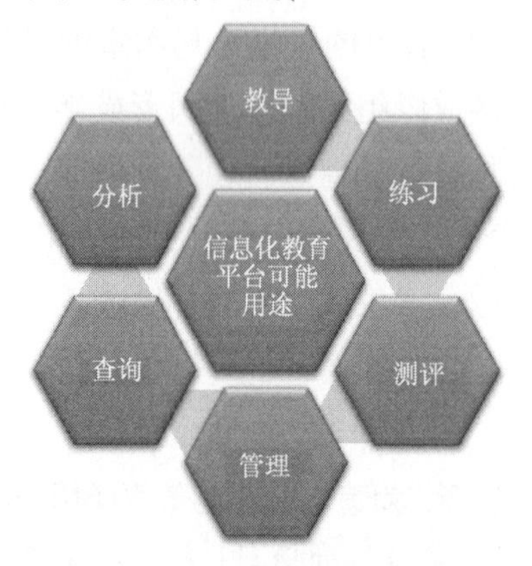

图 6–22　信息化教育平台的用途

图 6–23　运用计算机与网络教学的几种常见模式

从高职信息化教学的角度来看，这几种呈现模式都有其使用的价值。例如，对于抽象的观念或现象，仿真式教学展示的是一种更为有效的方式，如仿真模拟飞机驾驶室内部情况以供学生模拟训练、仿真模拟汽车电气设备或电子电路以使学生理解电路内部运作原理。但是，不同的教学内容有与其相适应的更优的教学呈现方式，并非所有教学单元都需要采用仿真式，毕竟仿真教学所耗费的技术与精力相对较高。而且，为求有效的学习，有些教学单元可能采取多种呈现模式并用的组合方式。

2. 信息化教育平台的特点

尽管对于信息化教育平台的具体定义和描述不一而足，但信息化教育平台的系统技术可能是以在线(On-Line)和非在线(Off-Line)两种被广泛认可的主要方式。无论哪种方式，系统技术都应该合乎教学活动设计的教学、测评、记录或教育管理上的需求，因此通常应具备 e-Learning(数字学习), e-Testing(数字测评), e-Portfolio (数字历程), e-Management(数字管理)等基础功能，如图 6–24 所示。无论是采用云端网络、移动学习或是独立系统，各类信息化教育平台都有共同的特点，归纳如下：

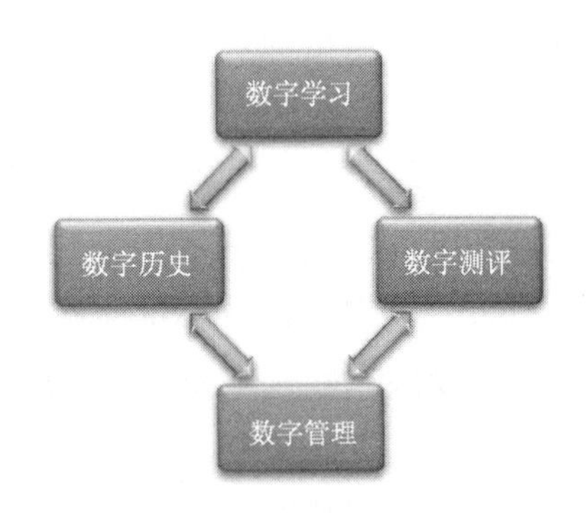

图 6–24　信息化教育平台的基础功能

(1) 信息化教育平台的易用性与有用性。技术接受模型(Technology Acceptance Model，TAM)已被证明可有效地预测用户接受或使用信息系统的行为 (Legris et al.，2003；Straub et al.，1997)。根据 TAM 科技接受模型理论，潜在的外部变量(External Variables)（包括系统设计特征、用户特征、任务特征、开发或执行过程的本质、组织结构等）会影响使用者感知的有用性(Perceived Usefulness)和易用性(Perceived Easy to Use)两项内部变量，因此，只有改善系统的外部变量，让使用者(学生或教师或教学管理者) 对该平台系统感觉“有用”和“易用”，减低系统平台使用上负担程度，建立正确的使用“行为态度”(Attitude Toward Using)与“行为倾向”(Behavioral Intention to Use, BI)，进而促进使用者“实际的使用行为”(Actual System Use)，才能发挥信息化教育平台的使用效益与效能 (Davis，Bagozzi & Warshaw，1989；林信志、汤凯雯、赖信志，2010)。

信息化平台发展技术接受模型如图 6–25 所示。

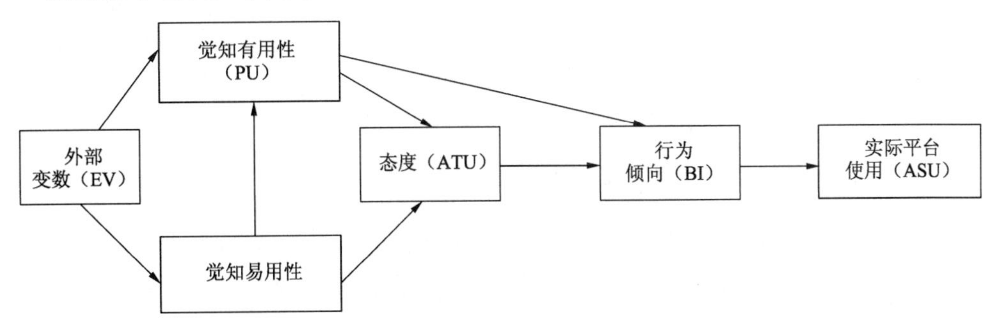

图 6–25　信息化平台发展技术接受模型基本架构

数据源：修改自 Davis，Bagozzi & Warshaw（1989）

(2) 教学活动与管理必要数据搜集的完整性。为满足教学活动设计的教学、测评、记录或教育管理的需求，教育信息化平台能够适当地搜集与记录使用者访问平台过程中的相关行为数据。数据的完整性能够为数据分析的有效性提供更好的保障。

（3）教育信息化数据的可交换性。信息化平台之间的记录数据与内容能够进行交换，系统之间的兼容性、整合性与扩充性才存在。例如，基本记录数据的导入（Import）或是导出（Export）功能与格式，数字内容能够合乎 SCORM 或其他通用课程开发内容标准要求等，都是重要的可交换性指标。

（4）教育信息化平台的扩充性。信息化教育平台的发展是永无止境的，需要与时俱进。除了数据与学习内容的可交换性外，“跨平台”（Multi-Platforms）与“模块化”(modules)的结构规划与设计有助于信息化教育平台的扩充性与升级。

（5）提供平台使用意见的快速反应与更新、维护机制。信息化教育平台由于使用群组有学生、教师、教学管理者等差异化需求的使用者，在教学实际现场运用上必然有问题反映或是瑕疵发生，通常需要立即性的解答与处理。因此，提供快速反应或实时维护的机制，对学校师生来说，至关重要。

（6）平台的安全性与保护机制。信息安全性（Security）是信息化教育平台的特性与基本要求之一，包括使用安全密码、数据传输加密(Data Encryption)。信息化教育平台通常记录或存储师生长期努力的数据或课程开发等心血，数据的多元化备份与安全保护机制，是不可忽略的考虑因素。

信息化平台发展应有的特性如图 6–26 所示。

图 6–26　信息化平台发展应有的特性

3．信息化平台规划与设计的思考阶段

在进行平台规划设计时的思考过程可视化为以下 4 个阶段（见图 6–27）：

（1）信息化教学平台需要解决的问题或满足的需求是什么。

（2）这样设计会产生什么效果，若这样会如何。

（3）这些设计里有什么会让人有教学上的“小确幸”。

（4）什么行得通，最终能解决问题或满足需求吗？其中，教或学上的“小确幸”是指会让使用者（学生、或教师或教学管理者)感到让人惊叹的温馨功能或者信息。

图 6–27　信息化平台规划与设计思考过程的阶段

上述 4 个阶段再配合 9 个可视化常用的处理方法（历程图法、价值链分析、心智图法、脑力激荡、概念发展、测试假设、快速原型、顾客共同创造、学习启动），形成了对规划与设计创新性信息化教育平台的具有可操作性的步骤，可以用图 6–28 来表示其关系。

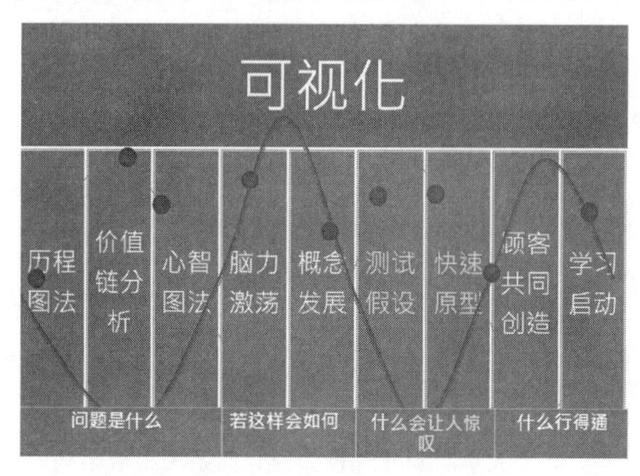

图 6–28　信息化平台可视化规划与设计思考过程与处理方法之关系

图 6–28 将 9 个处理方法分成两组，使用两个相位 180° 差异的正弦波交替移动，表示当正在运用一组方法处理规划与设计思考时，另一组方法先暂时搁置或低调处理，以降低系统平台发展的复杂度。由图 6–28 中可以发现，要了解“问题与需求是什么”时，采用历程图法、价值链分析法与心智图法作为有效的参考方式。为了使信息化系统平台能让师生在使用时有“小确幸”的惊叹感觉，进行“测试假设与完成快速原型”作为试验与改进系统平台的功能或结构的参考依据是很有必要的。

6.4.2　信息化平台开发案例

以下介绍几种在台湾地区教育领域已经开发完成且成功使用中的平台。

1. 技职校院课程数据仓储管理与查询专用教育平台

与一般普通高校或高中相比，高职或大学技术院校职业类科的课程复杂，且必须根据社会与产业的变化与需求进行调整，每个学期的课程名称或课程结构、内容可能有很大幅度的变动，甚至因为招生来源或人力需求结构的变化，专业的增设或更名变动更加频繁。有鉴于此，台湾职业与技术教育的主管单位于 1999 年起，成功运用因特网与数据库技术，建立了一套“大学与技职校院课程数据仓储管理与查询专用平台”，平台基本架构如图 6–29 所示。图 6–30 为运作中的“大学与技职校院课程平台”画面。本课程平台目前的课程数量如表 6–5 所示。

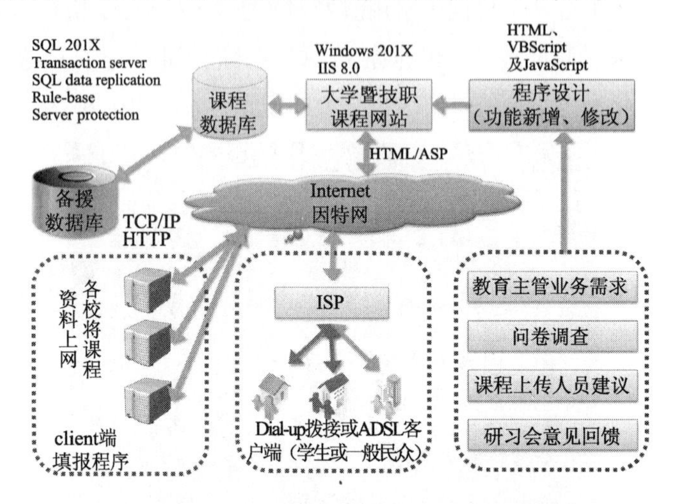

图 6–29　大学与职业院校课程仓储系统平台架构图

数据源：修改自台湾地区教育部门课程计划发展报告书（2010）

图 6–30　大学与技职校院课程平台画面

数据源：台湾地区教育部门课程网（2014）

表 6-5　大学与技职校院课程平台职业学校校数与上传课程数量

校　　制	校　　数	课 程 数 量
科技大学	55	2 960 570
技术学院	22	675 441
专科学校	15	250 591
职高	156	1 706 991
高中附职业科	116	615 833
合计	364	6 209 426

数据源：台湾地区教育部门课程网（2014/9/25 止）

本课程平台除了提供课程数据的整合外，还融合了信息展示(Information Display)、多元服务(Diversified Service)与创意融入(Creativity Integration)等 3 个特色，如图 6−31 所示。

图 6−31　大学与技职校院课程平台提供的 3 个特色

2. 数字教学资源入口网平台

该资源平台采用会员分享知识的机制，台湾地区各级学校(大学、技职学校、中小学、成人终生学习、幼儿教育)的教师都可以将其教学内容上传到平台上进行分享(见图 6−32)，内容的格式包含了文件(doc/ppt/txt/Excel)、图片/相片(.gif/jpeg/bmp)、声音(wma)、影片(wmv)、网页(html)、Flash (swf)等。

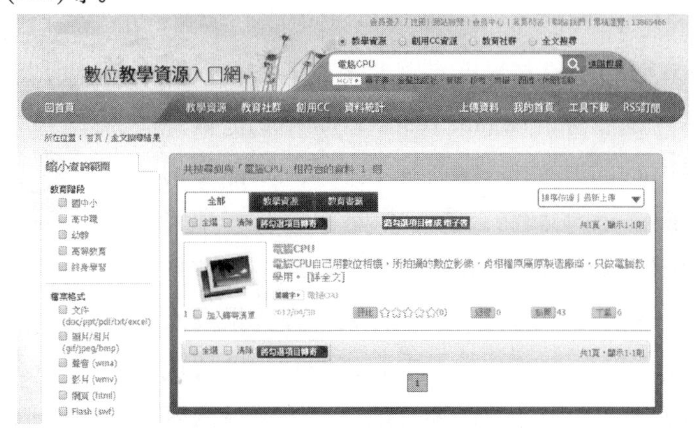

图 6−32　台湾地区各级教师分享课程内容用的数字教学资源网平台

数据源：台湾地区教育部门数字教学资源网(2014)

学习与测评(learning and assessment)用平台的服务器架构案例。“测评”是教学活动中的重要环节，比如有了解学生起点能力的测评(Pre-Assessment)，还有了解学生学习后学业成就的测评(Post-Assessment)，以及教学过程中有针对性的问题诊断测评等。对学生的测评活动不应只是为了测验学生分数、给学生成绩而已，应当是为了提升其学习成效或是诊断其学习问题而设计。例如，为了达到有效学习先进行适当而有效的测评是必需的，以产生学生的学习记录进而做分析与学习问题诊断(Diagnosis)。图 6–33 说明了测评与学习之间，形成“精熟学习的循环”(Mastering Learning Loop) 关系。

图 6–33　优质的学习平台应提供测评与学习间“精熟学习的循环”关系

图 6–34 为典型的学习与测评考试基本平台架构，此案例中学生是在线进行学习与测评，测评/考试服务器(Exam Testing Service)提供身分验证(verification)的功能，数据库放在防火墙后的Intranet(企业内或校园内)网络。进一步而言，有些学习与测评考试服务器(Learning and Exam Servers)平台(见图 6–35)，包含了 Web 查询平台（会员系统、各类报表）、学习/考试服务器（Web Service 学习内容或题库、考试规则、成绩接收等）、学习/测评考试客户端（依照学习内容与进度学习，依照题库、考试规则提供接口给考生进行测评考试）。

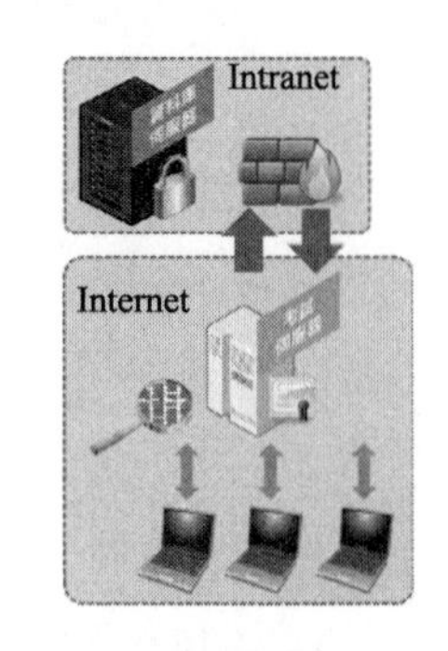

图 6–34　典型的学习与测评考试基本平台架构

客户端实时进行学习判断或测评评分，并且将学习/测评考试结果加密后直接上传给学习/测评考试服务器登录成绩。若发生网络异常而无法成功上传，客户端将学习记录或成绩存储为加密过的文档，管理员可在网络正常时或在其他可联机至服务器的主机上手动上传。

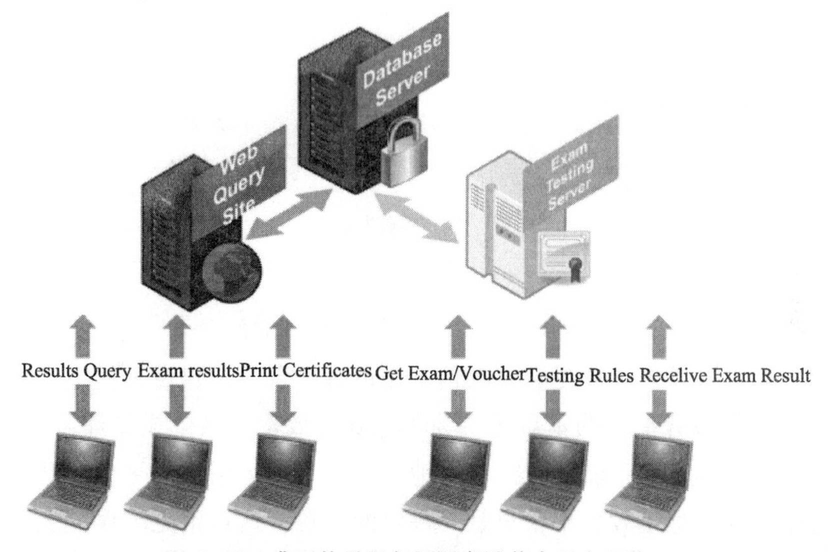

图 6–35　典型的学习与测评考试基本平台架构

数据来源：美国全球学习与测评发展中心（Global Learning and Assessment Development，GLAD）(2013)

6.4.3　信息化平台的反思

建立信息化教育平台，提供给使用者(学生、教师与教学管理者等)的优势或效益至少可归纳为如下几点：

（1）提供不分时间与空间的学习、测评、练习或管理上的便利。

（2）数字化课程内容经过适当的编码后，可以有效地被分类、管理，并具有可重用性(Reuse)。

（3）课程开发内容与学生学习的行为被记录与保留，便于分析与诊断。

（4）满足个性化学习的需求。

（5）可同时进行大量的学习、测评、内容的分享。

优质信息化平台的优势如图 6–36 所示。

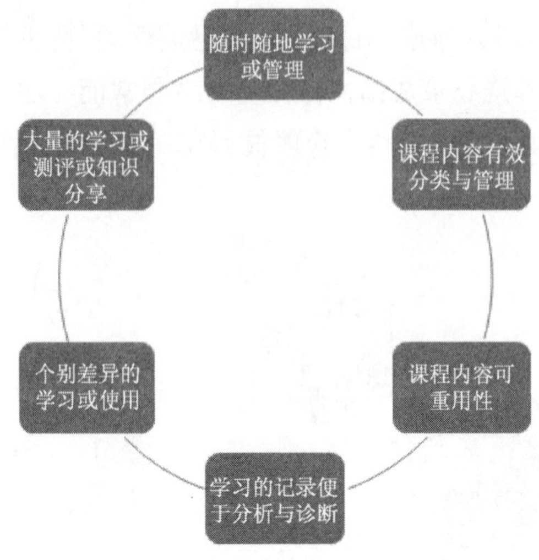

图 6-36　优质信息化平台的优势

然而，为了追求更优质更高效的信息化教育平台，在建设过程中也容易步入误区。虽然信息化教育平台的本质是“为了达到有效率的教学或管理”，如果一味追求高科技、新版本，却不能及时、有效地实施，不能运用教学平台工具于教学活动或管理之中，则信息化教育平台只是一种资源浪费，这是常见的误区之一。第二个误区是，认为信息化教育平台可以取代教师或传统的教学活动，而完全依赖教育平台，将传统教学或管理上的部分优势完全抛弃。对于解决第二个误区建议，应当使系统平台的开发者、教育主管及使用者(教师与学生或教学管理者)深切了解，使用工具的是人(教师与学生或教学管理者)，能否正确有效地发挥平台的功效，使用者(人)的态度与行为意图(BI)是关键。例如，为了达到有效学习先进行适当而有效的测评是必需的，以产生学生的学习记录进而进行分析与问题诊断(Diagnosis)。因此，对使用者进行平台使用的说明与培训是非常必要的。

附录 A 《大学生计算机基本应用能力标准》

A.1 总则

当前正值大学计算机基础教育新一轮改革深化之际，为适应社会对复合型人才的需求，需要进一步巩固和提高大学生计算机应用的水平。目前，国内还没有一个具有普适性的，能统一规范大学生计算机应用能力水平，并提供毕业生入职必备的计算机应用能力的参考标准。因此有必要研制一个科学先进的、具有可操作性的大学生计算机基本应用能力标准，为大学生计算机能力水平提供系统的参考。《大学生计算机基本应用能力标准》适用于本科（文科、理科）、高职等各类高等教育在校大学生，同时也可作为全民信息素养的评价参考。该标准有利于规范和促进全国普通高校学生计算机基本应用能力的均衡发展，完善我国大学计算机基础教育的标准体系，进而最终推动全民信息素养的提升。

在标准研制过程中，以我国初高中《信息技术课程标准》（必修课部分）为基础，参考《全国计算机等级考试一级 MS Office 考试大纲》（2013 年版），并大量吸收了广大一线教师和领域学者的经验及研究成果，力求本标准能够立足我国国情，贴近教育现状。

同时借鉴美国大学计算机基础教材《理解计算机的今天和未来》（*Understanding Computers: Today and Tomorrow , Comprehensive*）（14 版）（简称“美版教材”），以及国际权威的国际互联网和计算核心认证全球标准（Internet and Computing Core Certification Global Standard 4，IC^3-GS4），合理体现信息技术发展对人才的需求变化，使本标准能够与国际水平接轨，并体现计算机领域的发展趋势。

本标准依据计算机应用能力体系框架（详见第 3 章的相关内容）划分为两个能力层次和五个能力模块：第一层次是计算机基本操作能力，包括“认识信息社会”、“使用计算机及相关设备”、“网络交流与获取信息”和“处理与表达信息”四个模块；第二个层次是软件工具应用能力，相应的模块是“典型综合性应用”，包括十二个典型综合性应用任务。

A.2 引用标准

本标准的编写参考了以下三种国内外标准或主流教材：

国际互联网和计算核心认证的全球标准 4（Internet and Computing Core Certification Global Standard 4，IC³-GS4）。

全国计算机等级考试（National Computer Rank Examination，NCRE）一级 MS Office 考试大纲（2013 年版）。

美国大学计算机基础教材《理解计算机的今天和未来》（“Understanding Computers — Today and Tomorrow Introductory”）大纲。

A.3 程度等级说明

本标准按“了解”“理解”“掌握”“熟练掌握”四个等级标明各项主要内容应达到的要求。

了解：指学习者能辨别科学事实、概念、原则、术语，知道事物的分类、过程及变化倾向，包括必要的记忆。

理解：指学习者能用自己的语言把学过的知识加以叙述、解释、归纳，并能把某一事实或概念分解为若干部分，指出它们之间的内在联系或与其他事物的相互关系。

掌握：指学习者能根据不同情况对某些概念、定律、原理、方法等在正确理解的基础上结合实例加以应用。

熟练掌握：指学习者能根据所掌握的某些概念、定律、原理、方法等在正确理解的基础上结合实际加以综合应用，能分析、解决实际工作中存在的问题。

A.4 核心内容

本标准在整体结构上分为两个层次，五个模块，如图 A-1 所示。第一个层次是计算机基本操作能力，分为“认识信息社会”“使用计算机及相关设备”“网络交流与获取信息”和“处理与表达信息”四个模块，并进一步划分为二十个子模块；第二个层次是软件工具应用能力，相应的模块是“典型综合性应用”，包括十二个典型综合性应用任务。

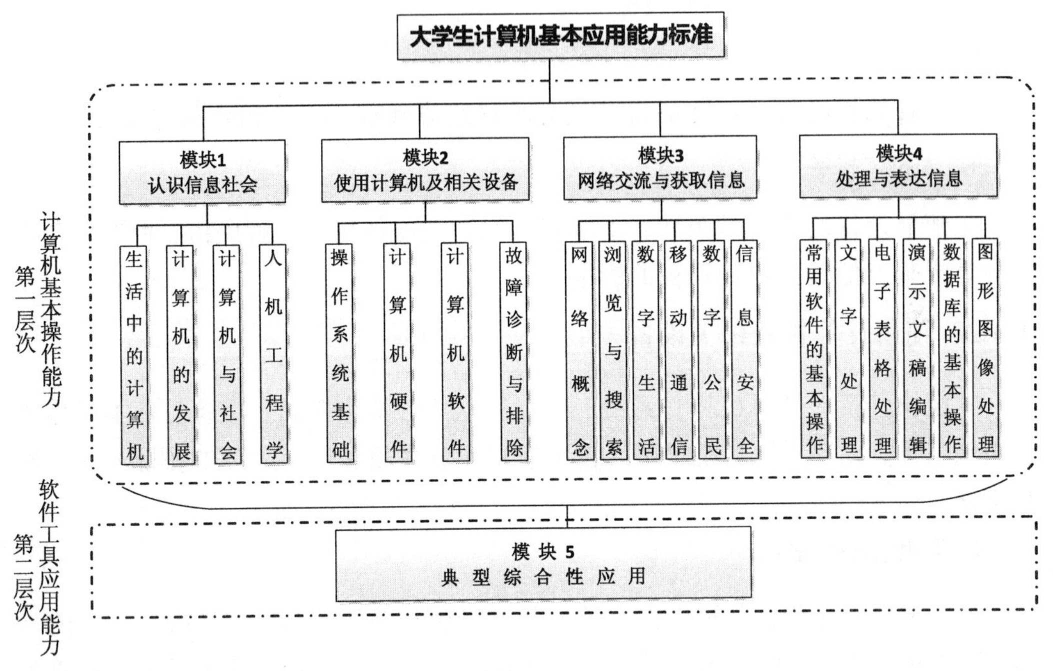

图　A-1

A.4.1　认识信息社会

本模块涉及对计算机的历史、现状与未来趋势的了解，对计算机在信息社会中重要角色的认识，以及对人机工程学的了解。

1. 生活中的计算机

(1) 计算机的生活应用。理解为什么要了解计算机；了解计算机在生活、教育、工作及其他方面的应用。

(2) 计算机的类型。了解不同的计算机类型，如嵌入式计算机、个人计算机与移动设备（如台式计算机、笔记本式计算机、平板电脑、智能手机等移动设备）、服务器、大型计算机和超级计算机。

2. 计算机的发展

了解计算机历史发展简况；了解当前热点（如移动互联、物联网、云计算、大数据等）；了解技术发展趋势和未来的信息社会。

3. 计算机与社会

理解计算机的特点；理解信息社会的益处与风险（安全和隐私问题）。

4. 人机工程学

了解显示器的高度与角度；了解鼠标和键盘的使用；了解座椅、照明、身体姿势等因素对健康使用计算机的影响。

A.4.2 使用计算机及相关设备

本模块涉及对计算机操作系统、硬件和软件的基本概念、功能与基本操作的认识和掌握，以及对计算机维护（包括使用注意事项和常见故障的排除）的了解和掌握。

1. 操作系统基础

（1）定义与作用。理解操作系统的基本概念和功能；掌握常见操作系统的类别（个人计算机与服务器的操作系统，手机及其他设备的操作系统，大型计算机的操作系统）。

熟练掌握开机、关机、登录、注销、切换用户、锁定及解锁。

理解应用软件和操作系统的区别，理解软件与硬件的关系。

（2）管理文件和文件夹。熟练掌握菜单、工具栏、导航和搜索的使用；熟练掌握文件夹视图；熟练掌握文件及文件夹的复制、移动、剪切、粘贴、重命名及删除；熟练掌握快捷方式的创建和使用；掌握键盘快捷键的使用；熟练掌握显示和识别文件的属性及类型；了解常用扩展名及含义（如.docx, .xlsx, .exe, .swf, .pdf, .text, .rar/.zip, .jpg, .tif, .mp3, .m4a, .avi 等）。

（3）配置计算机。熟练掌握 Windows 开始菜单和任务栏的使用；掌握应用程序的运行和退出；熟练掌握桌面可视化选项的设置；熟练掌握系统语言、日期和时间的设置；熟练掌握控制面板的使用；了解操作系统辅助功能选项；熟练掌握输入法的安装和设置；掌握电源管理（包括电源状态检查、电源选项设置及切断电源）。

（4）使用权限。了解组策略（特别是移动组策略）；掌握读/写权限；掌握安装和卸载软件涉及的权限；熟练掌握文件和目录的使用权限。

2．计算机硬件

（1）常用计算机术语。理解中央处理器，包括处理速度、高速缓存（Cache）。

了解显示器和投影（包括彩色和单色显示、屏幕分辨率、适配器、接口和端口、有线和无线显示、2D 和 3D 显示、触摸和手势功能）；熟练掌握鼠标、键盘和打印机（包括个人与网络打印机、打印分辨率、打印速度、连接选项）的使用；了解 3D 打印，了解其他输入/输出设备（包括传声器、扬声器、触摸屏、图形输入设备、扫描仪、条形码读取器等）。

理解存储设备（易失性存储和非易失性存储）；了解随机存储、温式硬盘、固态硬盘、只读存储；了解网络存储与在线云存储；掌握闪存（闪存卡与读卡器、USB）和光驱（只读、可写与可重复读写光驱）的使用；了解二进制的概念、整数的二进制表示、西文字符的 ASCII 码表示、汉字及其编码（国标码）、数据的存储单位（位、字节、字）；理解存储容量单位[百万、千兆、太、一千兆、比特（位）与字节]。

（2）计算机的性能。理解计算机以及外围设备的性能指标；理解存储设备对计算机性能的影响；理解特定设备的优势与劣势；理解处理器、内存与存储设备的区别。

3．计算机软件

（1）软件的类型。了解不同的软件类型，如桌面软件与移动设备软件、下载软件与在线软件、商用软件、免费软件与付费软件、开源软件。

（2）许可证。了解软件的终端用户许可协议（EULAs）、站点许可证、单用户许可证和组许可证。

（3）软件的管理与使用（使用特定工具完成特定任务）。熟练掌握软件的安装、卸载、重装和更新；了解软件版本对硬件型号的要求。

了解常见的文字处理软件、电子表格软件、演示文稿软件、数据库软件和多媒体处理软件，并掌握它们的基本应用；了解其他类型的常用软件（包括娱乐软件、桌面与个人发布软件、教育和参考软件、笔记软件与网络笔记本、统计与个人财务软件、项目管理软件、协作软件和远程存取软件、系统优化软件、数据分析与处理软件）的功能。

（4）软件工具。熟练掌握文件压缩与解压缩操作及压缩包的更新；掌握磁盘管理、检测清除计算机病毒和恶意软件的使用。

4．故障诊断与排除

（1）常见操作系统的维护。熟练掌握操作系统的版本更新；理解安全模式；掌握知识库和帮助的使用；掌握任务及进程管理。

（2）常见硬件及设备的维护。了解硬件、设备固件更新；掌握线缆及接口连接；理解操作系统版本与设备兼容；掌握驱动程序的安装和使用。

（3）备份与还原

了解系统备份与还原；掌握系统备份与还原的方法。

A.4.3 网络交流与获取信息

本模块涉及对网络的认识、网络连接与使用的掌握；对搜索和鉴别信息能力的掌握；对现代网络生活的认识以及常见在线互动的掌握；对在线生活的规则、标准等数字文化的认识，以及对网络安全相关的安全技术和安全立法的了解和掌握。

1．网络概念

（1）因特网连接。了解因特网的基本概念（覆盖范围、带宽、传输方式等）；了解接入因特网的方式（宽带连接、无线上网和无线热点等）；了解网络硬件（网络适配器、调制解调器、路由器、交换机等）；了解无线网络的安全性；了解防火墙和网关的应用。

（2）网络类型、特征、功能。了解公共交换网；了解域名服务系统（DNS）；了解寻址方式；理解局域网和广域网的区别；了解虚拟专用网络（VPN）。

（3）网络故障排除。掌握简单网络问题的排除；熟练掌握 IP 地址的使用。

2．浏览与搜索

（1）区分因特网、浏览器、万维网。理解因特网、浏览器、万维网的概念及三者之间的区别；掌握因特网、浏览器及万维网的使用。

（2）导航。理解域名中.org、.net、.com、.gov、.edu 等的含义及域名中的国家代码；熟练掌握浏览器的选项设置；熟练掌握主页、后退、前进、刷新的功能；熟练掌握搜索功能；掌握超链接的使用；掌握收藏夹、书签和标签的功能；理解插件；掌握历史记录的查看和删除；熟练掌握各类文件的下载与上传。

（3）使用搜索引擎。熟练使用搜索引擎获取知识、解决问题；熟练掌握分类搜索（如文件、图片、多媒体等）；掌握搜索策略（如使用短语、布尔运算符、通配符等）。

（4）评价搜索结果。理解不同来源搜索结果的可信度，如论坛、广告、友情链接、知识库、合法性来源、文章等。

3．数字生活

（1）电子邮件及其管理。熟练掌握电子邮件的使用，包括账号设置、信任设置、邮件主题、邮件正文、回复、回复全部与转发、抄送与密送、邮件附件、地址簿（通信录、组列表等）。

掌握自动回复、外出时自动回复（外出时辅助程序）和自动转发的设置；掌握签名的设置；掌握个人文件夹和存档的设置；了解邮件与垃圾邮件、群发邮件与群发垃圾邮件的区别。

（2）其他类型的在线交流。掌握即时通信与短消息发送的应用，如 Skype、QQ、微信、Windows Live Messenger 等即时通信软件，短信和彩信（多媒体短信）；了解实时视讯的应用，如 Skype 视频通话、网络语音电话和视频会议；了解博客和社交网络（如微博、人人网、QQ 空间）。

（3）在线生活。了解在线购物与在线拍卖、网上银行与网上投资、在线娱乐（音乐、电视、电影、游戏等）、在线新闻与信息（门户网站、RSS 订阅、政府和公司资讯等）、在线教育与写作（在线培训、远程学习、在线测验等）等。

（4）共享文档。掌握共享的方式，包括用电子邮件共享、用网络存储共享、云共享。

4．移动通信

(1) 认识移动互联。了解移动互联网的概念、特点及其与互联网的区别；了解移动通信的概念和特点；了解移动通信的技术发展（1G、2G、2.5G、3G 和 4G）；认识移动互联和移动终端的流行与发展趋势；了解热门移动终端的种类（如智能手机、平板电脑、智能手环、智能手表等）、特点及常见功能；掌握移动终端常见操作系统的使用（如 iOS、Android 等）。

(2) 移动终端的基本应用与维护。掌握适用于移动终端的软件的下载、更新、卸载；掌握移动终端的常见应用，如拍照、社交、记录、分享、搜索、编辑、支付等；了解移动终端的常见问题排查、维护和升级；理解移动终端的安全性。

5．数字公民

(1) 通信标准。熟练掌握拼写规则（包括全部大写与标准大写的区别）；理解口头与书面通信、职场与私人通信的区别；了解在线互动中的道德（如垃圾邮件、网络论战、恐吓、诽谤、中伤等）。

(2) 合法尽责使用计算机。了解审查制度；了解过滤的作用；了解知识产权、盗版及版权使用；了解许可与知识共享的区别。

6．信息安全

(1) 安全访问和数据保护。掌握安全的电子商务网站和安全的 Web 页面的识别；熟练掌握 URL 组成部分的含义；了解存取控制系统，如信息访问系统（如密码）、对象访问系统（如指令卡、门禁卡等）、生物访问技术（如指纹识别、眼膜识别、面孔识别等）、控制访问无线网络；了解硬盘、闪存、移动硬盘的残留数据；了解信息记录程序（Cookies）。

(2) 常见的安全威胁。了解常见的安全威胁，如黑客、僵尸网络、计算机病毒、网络盗窃、网络钓鱼、网域嫁接、在线拍卖欺诈等。

(3) 常见的网络安全技术。了解常见的网络安全技术，如个人防火墙、加密和 VPN、病毒防护、间谍软件防护、反钓鱼工具、数字证书和数字签名等。

(4) 信息安全法律与伦理。了解互联网管理与信息安全方面的法律法规和道德伦理。

A.4.4　处理与表达信息

本模块涉及利用计算机对信息（包括数据）的管理、分析、处理和展示的能力，包括对常用软件基本操作的掌握，以及编辑和处理文档、电子表格、演示文稿、数据库和多媒体等常用软件的基本操作的掌握。

1．常用软件的基本操作

（1）通用基本操作。熟练掌握复制、粘贴和剪切；熟练掌握查找与替换、定位、撤销与还原、显示与隐藏；熟练掌握拖放和选取（包括选取全部、选取多个不相邻对象和排序）；掌握键盘快捷键的操作；掌握拼写检查；掌握参数的设置、重置与自定义；掌握移动设备触摸屏基本操作。

（2）修订。掌握修订的添加、接受与拒绝；掌握批注的新建、删除与编辑；了解比较与合并功能。

（3）打印。掌握打印尺寸和打印每页版数（缩放选项）的设置；熟练掌握逐份打印和打印页面布局的设置；熟练掌握打印预览的使用，并按应用要求进行打印。

（4）格式化。掌握样式的使用；熟练掌握字体、字号及其特殊效果的设置。

（5）导航栏。熟练掌握软件的打开与关闭；熟练掌握窗口最大化、最小化和尺寸的调整；熟练掌握保存与另存为；熟练掌握新建空白文档；以现有文档新建及从已有模板新建；掌握在窗口中搜索的方法；掌握窗口内容的缩放；掌握窗口的切换；理解窗口的只读与保护模式。

（6）多媒体素材。了解多媒体素材的类型与格式；掌握多媒体素材的修改（如尺寸调整、剪裁与旋转等）；掌握应用程序中的嵌入、附加和处理功能。

2．文字处理

（1）布局与排版。熟练掌握文字的输入与修改；熟练掌握段落格式的设置（包括文本缩进、行间距与段间距、段落与表格对齐等）；熟练掌握文档页面设置（包括页眉、页脚和页码等的设置）；掌握文档背景设置；熟练掌握超链接与分隔符的应用；掌握制表位、标尺和书签的应用；掌握脚注、尾注与题注的插入和修改；熟练掌握目录的插入、更新与删除。

（2）绘制表格。熟练掌握表格的创建与修改；掌握表格的修饰（如表格的边框与底纹)；熟练掌握表格中数据的输入与编辑；掌握数据的排序与计算；掌握"表格自动套用格式"功能；掌握文本与表格的互相转换。

(3) 插入对象。掌握多媒体的插入和编辑；掌握图形的创建与编辑（如阴影和三维效果等)；熟练掌握文本框与艺术字的应用；掌握公式与电子表格的插入和编辑。

3．电子表格处理

(1) 布局与排版。了解工作表与工作簿的区别；熟练掌握工作表的重命名；掌握工作表窗口的拆分与冻结；熟练掌握工作表的格式化，包括单元格的拆分与合并，行、列与单元格的插入和删除，单元格尺寸（列宽和行高）的调整，单元格的对齐，单元格底纹和样式的设置，条件格式的设置，样式和模板、自动套用模式的使用。

(2) 管理数据。熟练掌握填充序列；熟练掌握公式的输入与复制；熟练掌握常用函数的应用；掌握绝对单元格引用和相对单元格引用；熟练掌握数据的排序、筛选与分类汇总；掌握数据的合并；掌握数据透视表的应用；掌握外部数据的导入。

(3) 应用图表。熟练掌握图表的建立、编辑与修改；掌握图表的修饰；理解常见图表的区别（饼状图、折线图、柱状图）与适用情况。

4．演示文稿编辑

(1) 设计幻灯片。熟练掌握文本、图片、艺术字、形状、表格、多媒体等的插入及其格式化；熟练掌握自定义动画的设置；熟练掌握幻灯片切换的设置；熟练掌握主题选用、模板应用和背景设置；熟练掌握超链接的设置；掌握幻灯片母版的设置。

(2) 管理幻灯片。熟练掌握幻灯片的添加和删除；熟练掌握幻灯片顺序的修改；了解幻灯片备注；熟练掌握幻灯片放映设置（放映时间、放映方式)；掌握演示文稿的打包。

5．数据库的基本操作

(1) 关系数据库。掌握数据库的基本概念；理解关系模型的组成；掌握关系的基本运算；了解关系数据库标准语言 SQL。

（2）数据管理与数据查询。掌握数据表的新建、删除和修改；掌握数据记录的编辑与排序；掌握运行报告；熟练掌握数据排序。

6．图形图像处理

（1）认识图形图像。了解图形图像及其技术的特点和应用领域；了解图形图像的类型和文件格式；理解数据压缩的必要性和可能性；了解常用数据压缩方法和光盘的存储原理。

（2）处理图形图像。使用基本的图形图像制作和处理工具；掌握基本的色彩调整方法；掌握简单处理图形图像文件的方法。

A.4.5　典型综合性应用

"典型综合性应用"是面向软件工具应用能力的提升。所谓软件工具应用能力是指在具备计算机基本操作能力基础上，以实际应用问题为指向，能够运用与实际应用问题相关的背景知识，设计和优化问题解决方案，完成任务和取得圆满结果的能力。在解决问题的过程中，思维和行动能力将得以体现，同样在该能力培养过程中，思维和行动能力也将得以培养。与计算机基本操作能力最大区别在于软件工具应用能力是以应用问题为指向的，而计算机基本的操作是解决问题的手段。

"典型综合性应用"模块包括（并不限于）十二个典型综合性应用问题，解决这些问题需要的是综合能力，包括对第一层次知识/能力的综合应用，以及系统分析能力、科学思维能力（特别是计算思维能力）和解决问题能力等。在实际教学中，综合性应用的具体载体是教学案例或项目。教师可以根据教学情况自主设计包含（并不限于）以下典型问题的教学案例或项目，进而锻炼学生的计算机综合应用能力，以及通用能力（科学思维能力和科学行动能力）。例如"布局与排版"这一典型问题，可以衍生出在文字处理软件中进行布局排版的案例或项目，也可以是在电子表格软件中布局排版的案例或项目，案例或项目的内容可以涉及名片的制作、海报的制作、论文排版、工作表的格式化、样式和模版、自动套用模式的使用等。

典型综合性应用问题归纳如下：

（1）文件与文件夹管理。

（2）硬软件的管理及一般故障排除。

（3）布局与排版。

（4）表格的制作与编辑。

（5）数据分析。

（6）幻灯片设计与管理。

（7）简单使用小型数据库管理系统。

（8）协同操作。

（9）信息搜索、筛选与评价。

（10）图形、图像的处理。

（11）网络一般故障的排除。

（12）网络生活与信息安全。

A.5 标准使用说明

本标准的研制为大学计算机基础教育教学改革提供了新的思路。有鉴于学生计算机应用能力掌握不均衡的现状，鼓励在统一标准（即本标准）的框架下，各院校进行个性化的“大学计算机”课程设置，即根据各自在校生计算机应用能力已有水平与标准水平的对比，有选择地开设大学计算机基础课程（选择性包括：是否开设、课程内容如何、学时多少、课程形式如何）。

具体做法是：通过符合该标准的测试检验，能够清楚了解当前学生计算机应用能力的掌握水平，以及与标准要求之间的差距，弥补该差距即是各院校大学计算机基础课程的教学目标。

（1）若差距为零，即现有学生已经完全达到该标准规定的掌握水平，则院校可以取消大学计算机基础课程，根据实际情况选择开设其他更高层次的计算机类相关课程（如专业计算机）。

（2）若部分学生已经达标，另一部分学生未达标，院校可以将大学计算机基础设为选修课，建议未达标学生选修，或者可以取消实体课堂，鼓励学生在线自学，直到能够通过标准测试为止。

（3）若学生达标情况分布明显，比如“模块 1 与模块 2 基本达标，而模块 3 与模块 4 达标率低，院校可以组织师资力量设计只针对达标率低的内容模块的大学计算机基础课程，然后采用必修课或同②中的选修和在线课堂的方式。

采用个性化的教学可以满足不同院校的需求和学生水平以及人才发展需求，从根本上解决对大学计算机基础课程是否有必要开设的争议。可见，一个具有普适性的大学生计算机基本应用能力标准，不仅可以衡量学生的计算机应用能力水平，还是“大学计算机基础”课程选择性开设的重要依据。